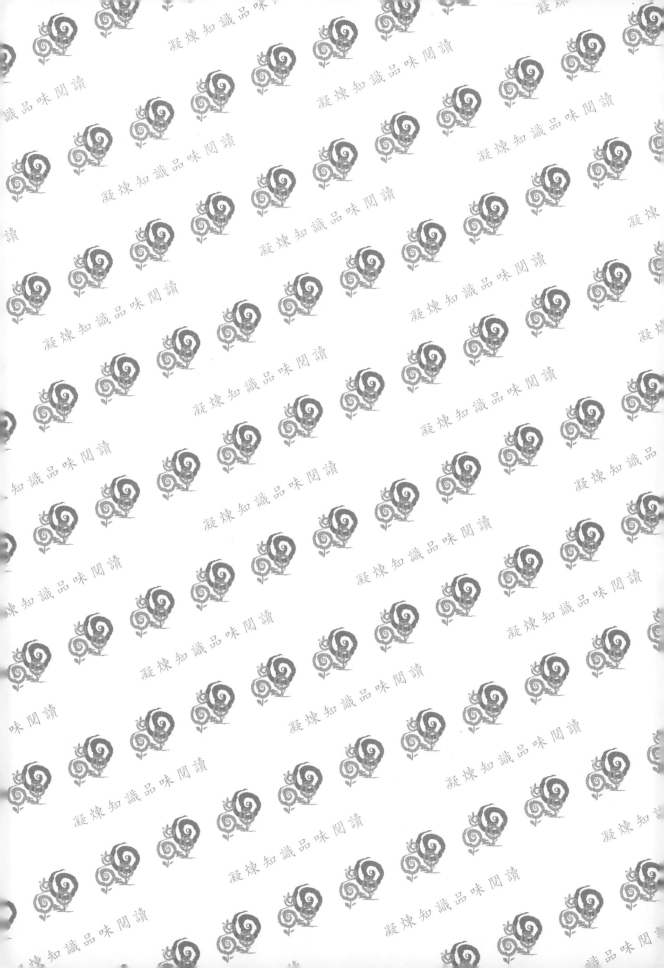

|第二版|

企劃案撰寫實務
理論與案例

戴國良 博士 ———————— 著

五南圖書出版公司 印行

本書緣起

完成這一本書是有一些背景的。

作者工作二十多年來,一直在公司從事著多層面企劃領域的職務,除了自己有高度的興趣之外,也從這裡面學習到了很多東西,能夠與公司不斷同步成長。後來在大學從事專任教職工作,因為工作一直很忙,雖然想把它整理成一本書,但始終抽不出時間。

企劃案撰寫專書

而後作者到書局去翻了一些書,看到有些翻譯自日本或美國有關企劃方面的書籍,雖然內容寫得還不錯,但總覺得與國內的狀況還是有些距離。

另外,我在大學授課的學生,以及我過去在公司上班的年輕企劃同仁們,也經常希望我能把我過去的工作經驗及學理上的學問,整理出一本「企劃案管理」的專書,給他們學習參考。目前已有不少大專院校企管系體會到企劃案管理(或稱企劃實務)的重要性,已列為必選科目或選修科目。依作者二十多年來的工作經驗顯示,「企劃案管理」應列為商學院或傳播學院各系所都應該必修或選修的課程,才符合企業界用才需求。如果一個商學院(或傳播學院)畢業生到企業界上班時,都不能寫好「企劃案」這項基本動作時,那整個大學管理教育的結果,就顯得令人十分擔心。基於這種使命責任,作者更覺得有必要,而且將更有意義,寫出這本國內創新時代教科書。希望各位同學及上班族朋友們,將來在面對上班工作時,都能順利完成上級交辦的各種報告案及企劃案。

另一方面,作者看到坊間所出版的企劃書籍,大都偏向某個領域的企劃,而無法全面性且完整的,將企業界的企劃全貌做出精緻且實務的說明。因此,亦更加深了作者撰寫這本書的動機。

本書內容來源,除了筆者自己二十多年來的工作經驗以及其他部門的工作實務見證外,亦包括了來自其他公司好朋友們意見交流的參考。另外,亦

涵蓋了一些學理上的必要知識在內。本書的企劃案例內容，集中在「行銷企劃」及「經營企劃」兩大類常見與常用到的企劃案例。完整的行銷企劃案撰寫入門基礎知識，供大家參考，具完整性及全方位性。尤其，行銷企劃人員目前在就業市場上，很有需求性，也很適合女性同學的出路。創業企劃書撰寫內容，滿足愈來愈多想要創業的學生及已出社會上班族群的需求。

本書的五大特色

作者對於本書的撰寫，力求做到五點：

1. 內容章節一定要完整周全，不可有所遺漏。
2. 盡量以實務為主，理論為輔。
3. 盡量用淺顯易懂的文字及用詞，來表達每一章節的內容，使每個人易於閱讀。
4. 內容的精神應注重在培養獨立思考、深入分析與決策能力，而不只是變成使用工具，不知有所變通。
5. 希望本書能成為各位同學畢業出去工作後，具有很實用價值的參考工具書。

感謝、感恩與祝福

長久以來，作者深深聽到他們的心聲與進步需求的渴望。因此，本人利用一年時間，一鼓作氣並用盡我全部的功力撰成本書，希望給各位在學同學、老師或是上班族朋友們，能夠有一本很好用的工具書，伴隨著您們上班的工作生涯，而且都能步步高升，不斷學習進步，迎向自己未來的美麗人生。

能夠完成這樣的使命，是本人最大的欣慰與鼓舞。只因為，我在無形中幫助了很多散布在各地我所不知道與不認識的眾多朋友們，這真是一分福田與福報。願深深祝福每一個與我同在的朋友、老師及同學們。祝福您們，並感恩您們。

衷心感謝各位讀者購買，並且閱讀本書。本書如果能使各位讀完後得到

一些價值的話，即是我感到最欣慰的。因為，把我所學轉化為行銷與經營管理知識訊息，傳達給各位後進有為的年輕上班族朋友，且能為年輕大眾種下這一個福田，是我最大的快樂來源。

戴國良 謹識

taikuo@mail.shu.edu.tw

引言

歡迎對「企劃案」或「行銷企劃案」撰寫有興趣的人購買閱讀本書。

我想，本書對年輕上班族應該是非常重要的。因為，各位同學們或年輕上班族在公司上班時，一定經常會有上司請您們寫某某報告，原因是老闆幾天後要聽報告或因應對策。

下面列舉幾個案例，看看公司到底要寫哪些報告？

例1 某保養品公司有新產品上市，要找代言人。長官請您提出一個代言人企劃報告，包括如何找？要找誰？為何找她？找她要做哪些事情？找她會有效嗎？找她要花多少錢？……等。這些都是寫報告的內容之一。

例2 某公司（或某品牌產品）選定某個週六下午要在台北信義威秀電影廣場辦活動，活動內容為何？此報告應如何寫？

例3 維他露御茶園茶飲料品牌在夏天七月分要舉辦一個促銷活動，並擬以「杜拜七星級帆船大飯店」為促銷活動頭獎，請問此 SP 促銷企劃案應如何寫呢？

例4 今年中秋節快到了，遠東 SOGO 百貨公司想舉辦中秋購物節促銷活動，此企劃案該如何寫呢？

例5 VISA 卡擬加強該卡之附加價值，故將與各異業合作給予消費者優惠，此企劃案該如何寫呢？

例6 全家便利商店正研擬農曆七月分時節推出「好神公仔」的創意全店行銷企劃案，此企劃案該如何寫呢？

例7 年底到了，新光三越百貨將盛大推出週年慶活動以達成今年業績目標，此企劃案該如何寫呢？

例8 全聯福利中心計劃與最大日用品商 P&G 單獨合作推出促銷活動，以增加業績，此企劃案該如何寫呢？

例9 遠東集團 Happy Go 紅利集點卡該如何設計規劃，使之更有價值，並吸引消費者去使用及申請，此企劃案該如何寫？

目錄

第 1 篇
企劃理論

第 2 篇

行銷企劃撰寫基本入門知識

第 3 篇

行銷企劃案撰寫全文內容、大綱及案例

第 4 篇

行銷企劃撰寫實務全文案例

第 5 篇

創業企劃案撰寫

第 1 篇
企劃理論

第1章

提升「企劃力」：
關鍵的 20 堂課

01 企劃案撰寫總體架構與思維綜述

一、企劃案架構內容的四綱要與十要件之區別說明

一般來說，談到一分企劃案或企劃書的撰寫，大致上至少應先掌握好四大綱要與十大要件。

(一) 企劃案四大綱要

綱要一：企劃的背景、緣起（對現狀與問題的了解及洞見）

企劃都是有背景的。例如：老闆訂定了什麼目標？董事會有什麼看法？顧客有什麼反應及需求？國外合作夥伴有什麼要求？市場起了什麼狀況？競爭對手有了什麼行動？我們公司內部發生什麼狀況？外部大環境發生了什麼變化？政府法令政策有什麼改變？這些都是企劃的背景與緣起。

　1. 舉例

　　例 01　去年國內汽車銷售大降三成，營收卻只有過去的七成，獲利也大幅衰退。怎麼辦？老闆交待要做影響分析報告及對策報告，以及董事會要求財測或損益表要做調降，並做明年度預測報告及前景分析報告。這些報告怎麼寫？

　　例 02　今年統一星巴克配合美國公司全球性政策要求，全面擴張據點數的通路策略。此報告要怎麼寫？

　　例 03　今年 SONY 台灣公司液晶電視銷售奪下高價冠軍，日本總公司要求寫分析報告，此報告怎麼寫？

　　例 04　今年某食品公司非油炸泡麵上市受挫，執行副總要求撰寫分析報告及對策改善，此報告怎麼寫？

　　例 05　年度快結束了，家樂福量販店要求提出去年度營運績效總檢討，此報告怎麼寫？

　　例 06　新光三越公司在 1 月初要訂下新年度的營運計劃書，此報告怎麼寫？

　　例 07　新光三越今年上半年度面對市場景氣低迷下之業績檢討報告及因

應對策報告，此報告怎麼寫？

例 08 維他露公司產品——御茶園未來三年發展策略報告，怎麼寫？

2. 問題案例

例 01 SOGO 百貨 BR4（捷運站新館）開幕，此對已經非常飽和的台北市百貨市場的影響衝擊問題分析報告。

例 02 NCC（國家通訊傳播委員會）對電信公司要求降低固網費率及行動電話費率的影響衝擊問題分析報告。

例 03 有線電視收視費「分組付費」的影響衝擊問題分析報告。

例 04 歐系化妝品對 SK II 品牌的衝擊影響分析報告。

例 05 今年廣告市場不景氣，對電視公司的衝擊影響分析報告。

例 06 台灣內需市場太小與不易成長，以及少子化與新生人口從每年最高峰 40 萬人，到近年 15 萬人所引起的衝擊影響分析報告。

例 07 液晶電視全面換裝的每年 60 萬台新商機影響分析報告。

例 08 5G 手機全面低價促銷的新商機影響分析報告。

綱要二：企劃的目的（目標是什麼？想達成什麼目的或解決什麼問題）

數　據　目　標	
1. 獲利目標	13. 財務結構目標（負債比率）
2. 毛利率目標	14. 應收帳款周轉率目標
3. 市占率目標	15. Cost Down（成本降低）目標
4. 客戶數目標	16. 多元產品／多元事業結構比例目標
5. 會員數目標	17. 新產品數上市目標
6. 展店數目標	18. 通路結構目標
7. 來客數目標	19. 代理產品目標
8. 續保率目標	20. 生產良率目標
9. 收視率目標	21. 客訴率目標
10. EPS（每股盈餘）目標	22. 戰略性無形效益目標
11. ROE 目標（股東權益報酬率）	23. 年度營收成長目標
12. ROI 目標（投資報酬率）	24. 展店數目標

綱要三：基本戰略（戰略方向、具體指導策略、競爭策略、致勝策略）

例 01　鴻海：速度、成本、品質（速度快、成本低、品質好）。

例 02　新光三越：全國 19 家分館，最大規模經濟。

例 03　統一 7-Eleven：店數最多（市占率 50%，全台 6,500 店）及全店行銷。

例 04　家樂福：全國 300 家店（市占率 60%）。

例 05　舒酸定：「敏感性」贏在差異化。

例 06　統一企業：品牌化經營、戰鬥品牌經營。

例 07　宏碁：品牌 (acer) 經營，不做 OEM 代工。

例 08　蘋果電腦：率先推出 iPod、iPhone、iPad、Apple Watch、Airpods。

例 09　日本 TOYOTA：品質、主力車種 (Camry / Lexus)。

例 10　P&G：多品牌策略、顧客導向及品牌行銷。

例 11　崇越公司：獨家代理知名信越化學公司的優先產品策略。

綱要四：實施計劃內容與項目

1. 對象 (Whom)。

2. 地區 (Where)。

3. 實施期間 (How Long)。

4. 實施內容 (How to Do)。

5. 費用預算預估 (How Much)。

6. 損益分析／效益分析。

7. 時程 (Schedule / When)

　針對實施計劃內容，挑出三項，再做簡述如下：

• **實施方法**：可執行、要周密、要有計劃的、考驗的、要合理的 (Make Sense)、強大的組織人力團隊、要注重中的細節（魔鬼藏在細節裡）、要強調高度執行力的。

• **時程**：要掌握進度、要掌握重點工作項目及快速。

• **預算**：要有工作底稿、合理真實、不浮誇、要追蹤、要反應效益且條列清晰、要能落實達成、認真估計而不是編列的。

(二) 企劃案十大要件 (6W/3H/1E)

　　另外，在實施上，可記住及應用另一種架構上的思考，那就是要看企劃案上，是否完整周全的涵蓋 6W/3H/1E 的十大要件或十個思考點。如有，就表示這個企劃案基本上是思考周全，比較沒有疏漏或被挑出毛病及漏洞。

企劃案十大要件

6W	3H	1E
1. What 　（做什麼、目的／目標為何） 2. Who 　（誰做才能成功） 3. Whom 　（對誰做、對誰提案） 4. When 　（何時做、時程如何） 5. Why 　（為何要如此做、為何是此方案與想法） 6. Where 　（在何處做）	1. How to Do 　（如何做、如何達成、如何做方案） 2. How Much 　（要花多少錢做） 3. How Long 　（時間多長、多久）	1. Evaluation 　（評價、效益、考核）

　　當指導部屬做企劃書或閱讀部屬上呈的專案報告、或是自己在撰寫報告時，都必須隨時想到 6W/3H/1E，是否您的報告書、企劃案，均能完整的涵蓋這十項要求呢？

二、企劃人員的五大問題缺點及不足之處

在作者過去二十多年的實務工作中，看到自己部門或其他部門相關的企劃人員或專業人員在撰寫報告上，經常出現被老闆點出的缺失或被指責的五大問題點或不足之處，包括如下：

(一) 資料情報不足

國內外各種產業、市場及競爭對手的資料情報不知如何蒐集或蒐集不齊全。尤其日文能力、英文能力不足的部屬更是如此。

(二) 報告書內容項目完整性不足

缺乏企劃書或分析報告書的完整性。經常缺東缺西的，總會有所遺漏。

(三) 對企劃書、報告書的判斷力不足

缺乏正確的判斷力。對資料情報或數據的研讀分析，沒有判斷出重要的地方，對問題點的判斷及對原因的解析、對結論與決策的建議，都顯示出判斷力的不足。

(四) 整體下決策能力不足

下決策的能力不足。不知如何下有效、正確、及時、周全的決策指示。

(五) 抓不到主管想要看的東西去做重點

不知道主管想看什麼樣的內容重點。主管可能需要的是了解通路狀況，但部屬的報告可能都在價格上做文章，無法了解主管想要知曉的重點。

三、如何解決企劃力五大不足

作者依據過去二十年來的企業實戰工作歷練及教學研究工作，以及曾經領導過不少 MBA（企管碩士）或一般大學生部屬同仁，總結出，想勝任一位優秀傑出高階主管或企劃高手，應該具備五項內涵深度——經驗、知識、常識、格局及視野，亦即如下圖所示：

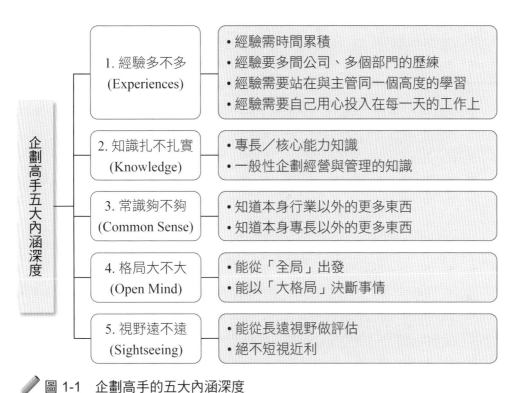

企劃高手五大內涵深度

1. 經驗多不多 (Experiences)
- 經驗需時間累積
- 經驗要多間公司、多個部門的歷練
- 經驗需要站在與主管同一個高度的學習
- 經驗需要自己用心投入在每一天的工作上

2. 知識扎不扎實 (Knowledge)
- 專長／核心能力知識
- 一般性企劃經營與管理的知識

3. 常識夠不夠 (Common Sense)
- 知道本身行業以外的更多東西
- 知道本身專長以外的更多東西

4. 格局大不大 (Open Mind)
- 能從「全局」出發
- 能以「大格局」決斷事情

5. 視野遠不遠 (Sightseeing)
- 能從長遠視野做評估
- 絕不短視近利

圖 1-1　企劃高手的五大內涵深度

(一) 經驗

經驗 (Experiences) 夠不夠、豐不豐富、有沒有身經百戰、有沒有戰功、有沒有人脈、有沒有成功或失敗的啟示、有沒有知道碰到問題該如何完整有效迅速的解決之道或程序等。然而經驗 (1) 需要時間累積；(2) 需要多家公司及多個部門的歷練累積；(3) 需經常與老闆學習如何站在「戰略」及「全局」的觀點來看待任何決策事情及人事；(4) 需要在上班工作的過程中，真心、用心、認真、熱忱的累積所有思考及工作上的處理內容，以及做人做事的深厚道理與體會。

　1.「經驗」是什麼
　　(1) 經驗是「知道事情如何馬上正確及有效的處理及解決」。
　　(2) 經驗是「可以聞出威脅所在」。
　　(3) 經驗是「可以知道如何立刻找到賺錢利基」(Show Me the Money)。
　　(4) 經驗是「知道如何做對的事情；而且事半功倍」。

(5) 經驗是「知道老闆要什麼東西、看什麼報告」。

2. 員工個人要進步，有幾種方向

(1) 會議學習

盡可能出席各種內、外部會議。向老闆學習、向有能力的高級主管學習、以及向其他部門人員學習。

(2) 做中學 (Learning by Doing)

利用每一天上班 10 個小時的每一件事情與任務的處理過程及思考點，不斷學習、觀察及記住。

(3) 向國外取經

多向先進的大國及全球化標竿企業學習。透過實地考察、參訪及談判等，可以學到更多、更新、更好的做法、點子及賺錢的方向及事業。

(4) 多閱讀更多與更新的資料、訊息及情報

包括國內及國外的專業期刊、財經報紙、商業雜誌、網站等。

(5) 進修 EMBA 企管碩士班學程

一方面可提高自己的學歷，二方面可體驗學術性的嚴謹邏輯概念，三方面可以增加全方位的基礎知識。

(二) 知識

知識 (Knowledge) 夠不夠、扎不扎實、有沒有核心專業、有沒有核心能力、有沒有理論基礎、有沒有豐厚學問、有沒有跟得上時代進步的各種**專業知識或廣泛性知識**。知識是發現問題、分析問題、解決問題及撰寫檢討報告或企劃報告的基本力量。

知識有兩大類，第一類是與自己的部門分工有關的專長，也就是**專業知識**。如財會專長、電子研發設計專長、軟體程式設計專長、工業設計專長、銷售業務專長、採購專長、人力資源專長、製播專長、資管專長、策略專長、公關專長、行銷企劃專長、廣告創意專長、網站設計專長、總務專長、語言專長（日文／英文／西班牙文／法文／粵語等）。第二類是非自己專長的知識。統稱為**一般性知識** (General Knowledge)，包括企業管理、經營管理、產業經濟等知識內涵。例如：一位學理工出身的中高階科技公司經理

人，他就應再去唸或自我學習有關 EMBA（企業管理碩士專班）的一般性企業經營管理的知識才行。

＜註解 1＞

　　以財會人員的專業知識來說，您是否知道最新的財務知識變化，包括：

1. 私募基金（Private Equity，簡稱 PE）。
2. ESG（E：環境保護、環境永續；S：社會公益、社會救濟、社會關懷、社會慈善；G：公司治理）。
3. 併購 (M&A)。
4. 公司治理。
5. IR 部門（投資人關係部門）。
6. 股東行動意義。
7. CSR（企業社會責任）。
8. 無形資產價值。
9. BU 制度的損益表編製及分析（BU 係指 Business Unit，即責任利潤事業單位，從大單位 BU，到小單位 BU，甚至有 BU 長之名稱）。
10. ROE（股東權益報酬率）。
11. IPO（公司首次上市櫃）。

＜註解 2＞

　　一般理工背景及文、法、傳播、人文背景的中高階主管或基層人員，非常欠缺企業經營管理的基本用語、架構、項目、邏輯、概念及認知。因此，一定要自我學習或去上課，研習必要的企管知識。包括：

1. 策略管理	2. 組織行為	3. 行銷管理	4. 生產管理
5. 研發管理	6. 創新管理	7. 人資管理	8. 整合行銷
9. 財務管理	10. 產業經濟	11. 賽局理論	12. 個案理論
13. 國際企管	14. 服務管理	15. 其他……等	

(三) 常識

　　常識 (Common Sense) 夠不夠、多不多、有沒有看很多資料、有沒有知

道除了本身行業以外的更多、更廣泛、更多元的訊息與情報。例如：您知不知道別的行業在做什麼事？您知不知道國際財經與股市動態？您知不知道中國的發展情形？您知不知道大環境的變化趨勢？您了不了解消費者的改變方向與需求？你有沒有人文、藝術與文化創意素養？你了不了解國外最先進的科技革新是什麼？您知不知道對手是怎麼成功的？您知不知道國際政治、反恐、軍事、外交變化對我們的影響又是什麼？您了不了解最新的領導、管理與創新的發展趨勢？以及您有沒有經常上網或閱讀國外的財經、技術與企業專業雜誌及刊物報告等。

　　中高階主管如果常識不足，則會出現下列三個不利點：

第一：判斷力及決策力 (Decision Making) 不足。
第二：思考格局不足。
第三：思考視野不足。

(四) 格局

　　格局 (Open Mind) 大不大？是不是一個用人五湖四海的人？是不是站在「戰略制高點」來看待事情的演變及發展？是不是用更**全方位** (Overall) 及全局 (Comprehensive Viewpoint) 的觀點來看待事情？是否有更縝密、更周詳、更大方向與更大企圖心的思維與思考力？我們常說，一個人的格局大小，決定他的事業成就的大小。一個小格局、一個小鼻子小眼睛、一個自我劃地自限、一個只從自己的觀點或自己部門的觀點來從事事件的處理或企劃，那麼必然不會有大成就，而只能是一個小店或一家小公司的規模而已。

　　因此，策略格局、用人格局、思維格局、投資布局格局、行銷格局、研發格局、財務格局、競爭格局、產業格局、大環境格局……等都要看得大、放得大，一定要從全局、一定要從戰略思維去設想事情與分析、評估及執行事情。能夠從全局及大格局去布局事業，事業才會變大、變強壯，而成為市場領導品牌與產業領導地位。以下案例說明「全局」。

> **案例 01**
>
> 　　當年中國改革開放，領導人鄧小平在 1980 年宣告裁軍 100 萬的人民解放軍。鄧小平告訴反對的各軍種將領說，現在全世界都沒有打仗了，

不必浪費太多的軍費在備戰上，應該移轉這 100 萬軍人的經費到經濟建設上，這個問題關乎中國共產黨的生存與否，也關乎中國的國力壯大與否，國力壯大與否不是看人民解放軍有多少，而是看經濟力量是否壯大。這就是「全局」的戰略高度去看待事情。四十年來，中國經濟改革開放已收到成果，GDP 名列全球第二大，為全球第二大經濟體，進出口貿易額全球第二大，外匯存底突破 3 兆，為全球第一。

案例 02

統一企業十幾年來，全力進軍中國市場，目前中國營收額達 450 億，已超過台灣的 330 億營業額。中國市場及人口為台灣的 60 倍，故按理說，中國終極的統一企業市場營收額，可達到 330 億×60 倍＝1 兆 9,000 億元，有做不完的百年生意。這就是從戰略大格局看、從全局看，因台灣市場太小，已較難有大幅再成長機會。

案例 03

鴻海郭台銘三十年前也開始在中國深圳、鄭州、太原、重慶……等地設立代工廠，發揮低成本競爭力，如今鴻海集團合併營收額已突破 5 兆 2,000 億元，且深圳富士康公司也在香港上市，創造公司總市值。這就是郭台銘宏偉的戰略布局及全局觀。

案例 04

台塑集團看準石油產製的價值，要搶中油公司的獨占生意，因此，花費 8,000 億元打造出雲林麥寮六輕廠的偉大事業，如今台塑石化公司的股價亦達 80 元。台塑又計劃興建大鋼廠（看到中鋼大賺錢）。因為王永慶曾說過，這些年來，銀行借款 2% 這麼低的利率，確實是投資擴張大好時機，因為怎麼做，獲利率都會超過 2% 的借款利率成本。這是從全局觀看，這幾年來，台塑四家主力公司的營收額也突破 2 兆元。

(五) 視野

視野 (Sightseeing / Foresight) 遠不遠？是否過於短視？是不是只看近不看遠？是不是急功近利？是不是不夠沉著？是不是有很強的洞察未來的能力與眼光？是否會設想及分析評估到五年、十年之後的狀況演變，將會如何？

是不是看到別人看不到的東西？視野高度夠不夠高？長度夠不夠遠？

1. 視野的項目：

   (1) 台灣經濟視野。

   (2) 中國（兩岸）經濟視野。

   (3) 集團發展版圖視野。

   (4) 國際化／全球化視野。

   (5) 市場競爭視野。

   (6) 產品線、產品結構視野。

   (7) 法令與政策視野。

   (8) 科技視野。

   (9) 競爭對手視野。

   (10) 產業結構視野。

   (11) 國際政經視野。

   (12) 外資視野。

   (13) 其他……等。

2. 技術發展視野舉例：日本卓越企業 Canon 公司，在 2020 年時，社長曾要求一個 30 人的技術研發團隊小組，以半年時間，交出手上現有工作，關在一個地方，專心研發、分析、預判、評估及撰寫出 Canon 公司在十年後（即 2030 年時），應該朝哪些技術領域發展。一定要做出這種預判，然後向社長、會長及董事會做出結論報告。

＜小結＞

總結來說，一家經營績效不佳或無法再成長的公司，我們必然可以說，那是因為公司的老闆或高級主管以及企劃人員都是一群經驗不足、知識不足、常識不夠、格局不大及視野不遠，五大缺失的經營團隊。如果聚焦到一個企劃人員或一般人員來看，我們可以這樣說：經驗、知識、常識、格局及視野等五大內涵深度，決定了這個人、主管領導的成效、績效的好壞、撰寫報告書及企劃書的好壞以及最終下決策能力的好壞。

因此，建議企劃人員一定要把這五項內涵深度放在心裡，隨時隨地都不斷做好充電、再充電的最佳準備，以及學習、再學習的最佳用心努力。

四、如何指導部屬所提企劃案或報告案

——提升自己看企劃報告能力的三個原則

第一：不能只看部屬報告內容而已，而要跳脫出來。

第二：要問寫此報告的人，是否真的具有此行的專業知識及經驗。

第三：報告內容應具備十七要點，以免遺漏，如下圖：

報告內容應具備的十七要點內容
1. What（要做什麼、什麼目標與目的）
2. Why（為何如此做，是何原因）
3. Where（在何處做）
4. When（何時做，何時完成）
5. Who（誰去做，誰負責）
6. How to Do（如何做，創意為何）
7. How Much Money（要花多少錢做，預算多少）
8. Evaluation（評估有形及無形效益）
9. Alternative Plan（是否有替代方案及比較方案）
10. Risky Forecast（是否想到風險預測、風險多大）
11. Market Research（是否有進行市調、行銷研究）
12. Balance Viewpoint（是否有平衡觀點，沒有偏頗）
13. Competitive（是否具有贏的競爭力）
14. How Long（要做多長）
15. Logically（是否具合理性及邏輯性）
16. Comprehensive（是否具完整性及全方位觀）
17. Whom（對象、目標是誰）

✎ 圖 1-2　報告內容應具備要點

五、企劃案撰寫內容的五大關鍵思考思維

做任何的營運檢討分析報告或企劃案報告書，總結來看，要牢記下列五大指導關鍵點：

(一) 內部／外部大環境分析是首要步驟

　　任何報告書／企劃案，必然要先做內外部環境的分析、預估、預判及說明。沒有大環境變化分析，怎麼會有後續的執行策略及行動方案呢？

外部大環境變化分析的十一個項目

1. 經濟環境
2. 消費環境
3. 下游客戶環境
4. 上游供應商環境
5. 政策法令環境
6. 政治動向環境
7. 科技環境
8. 產業結構環境
9. 市場競爭環境
10. 國際政經與國際產業環境
11. 國內成本環境

圖 1-3　外部大環境變化分析

公司內部環境變化分析的九大項目

1. 董事會與董事長的政策方針、基本原則及願景目標
2. 公司的經營策略抉擇
3. 公司的人力資源條件
4. 公司的財會條件
5. 公司的組織變革
6. 公司的產銷變化
7. 公司的研發技術條件
8. 公司的國外策略聯盟合作環境
9. 公司的管理改革變化

圖 1-4　內部環境變化分析

(二) 一定要有數據比較分析

數據比較　分析項目

1. 實績跟原訂預算比較
2. 跟去年同期比較
3. 跟競爭對手／同業比較
4. 跟整體市場狀況比較

✎ 圖 1-5　數據比較分析

(三) O-S-P-D-C-A 的六步驟思維

任何計劃的完整性，應有下列六個步驟思維，必須牢牢記住：

◎	**Objective**（目標／目的）	• 要達成的目標是什麼 • 有數據及非數據的目標區分
S	**Strategy**（策略）	• 要達成上述目標的競爭策略是什麼 • 什麼是贏的策略
P	**Plan**（計劃）	• 研訂周全、完整、縝密、有效的細節執行方案或計劃
D	**Do**（執行）	• 展開執行力
C	**Check**（考核）	• 查核執行的成效如何，以及分析檢討
A	**Action**（再行動）	• 調整策略、計劃與人力後，再展開行動力

✎ 圖 1-6　O-S-P-D-C-A

另外，值得提出的是，在 O-S-P-D-C-A 之外，共同的要求做好兩件事情，一是應專注發揮我們自己的核心專長或核心能力 (Core Competence)。二是要做好大環境變化的威脅或商機分析及研判。如下圖所示：

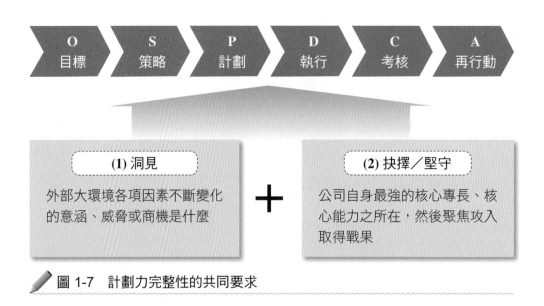

圖 1-7　計劃力完整性的共同要求

(四) 如何從解決問題角度看 Q→W→A→R 四步驟思維

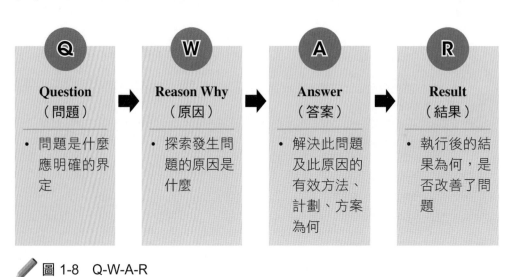

圖 1-8　Q-W-A-R

(五) 回到綜合面向，牢記住 6W/3H/1E 的十點思維

✏️ 圖 1-9　6W/3H/1E

02　什麼才是好的企劃案

一、好的企劃案，應具備十三個要項指標

在從事企劃工作生涯中，以及過去擔任高階主管，或是從事教學與撰書工作中，常被問及，到底什麼樣的企劃案（企劃書）才算是一個好的、優秀的企劃案呢？仔細思考及回想過往的一切及各公司老闆的需求狀況後，列出下列十三個要項指標，包括：

(一) 您的企劃案，是否真的能夠有效解決公司當前最迫切的問題？

(二) 您的企劃案，是否真的能夠有效的帶給公司短期或長期獲利（即 Show Me the Money）？

(三) 您的企劃案，是否真的能夠使公司反敗為勝？或轉虧為盈？

(四) 您的企劃案，是否真的能夠使公司維繫這個產業的領導地位與這個市場的品牌地位？

(五) 您的企劃案，是否真的能夠使公司在任一個面向，都能轉危為安？

(六) 您的企劃案，是否真的能夠洞見全局及洞見未來？

(七) 您的企劃案，是否真的能夠使公司超越競爭對手？提高市占率、提高收視率、提高閱讀率？

(八) 您的企劃案，是否真的能夠使您的事業部門、您的公司、您的集團能夠持續核心競爭力？以及成功地不斷擴大事業版圖？

(九) 您的企劃案，是否真的能夠有效達成年度預定的業績目標或預算目標？而不會有打折扣的狀況？

(十) 您的企劃案，是否真的能夠有效的改善整個公司或事業部門或產品線的

戰略結構性？而發揮長遠的正面影響？

(十一) 您的企劃案，是否具有執行的可行性？可達成性？及做對的事？還是只是一個「紙上報告」(Paper Work) 而已？徒然浪費人力、物力及財力而已？

(十二) 您的企劃案，是否結構完整、邏輯嚴謹、內涵創新？

(十三) 最後，您的企劃案，對公司或集團的品牌、聲望等無形資產價值的累積提升，以及對公司的整體總市值提升，是否帶來潛在的助益？

如下圖所示：

什麼才是「好的」企劃案
- 1. 案子能夠立即、有效解決公司當前的問題
- 2. 案子能夠「Show Me the Money」帶給公司獲利、賺錢的商機
- 3. 案子能夠顯著及大幅度改善公司事業或產品戰略結構，並且影響深遠
- 4. 案子具有可行性及可執行性
- 5. 企劃案是能夠做對的事情，做出正確的事情
- 6. 案子能夠解決公司面臨的重大危機，轉危為安
- 7. 案子具有高度及全局的洞見思維
- 8. 案子結構性完整、邏輯性嚴謹以及具有創新之作
- 9. 案子能夠維繫公司領導地位與領先地位
- 10. 案子能夠反敗為勝
- 11. 案子能夠超越競爭對手
- 12. 案子能夠持續強化公司的核心競爭力
- 13. 案子能夠累積公司的無形資產價值
  （包括商譽能夠超越競爭對手）
  形象能夠超越競爭對手
  品牌能夠超越競爭對手
  專利能夠超越競爭對手
  智財權能夠超越競爭對手
  顧客資料庫……

圖 1-10　好企劃案應具備的十三項指標

二、小結：企劃高手謹記十三個關鍵指標

　　總結來說，作者從事企劃工作十多年來，一直都以前述的十三條關鍵指標，作為我蒐集資料、撰寫報告、上呈老闆、會議口頭簡報、與高階長官及老闆互動答詢、以及到後來指導後進部屬工作時的重要**信念** (Faith) 及**原則** (Principles)。

　　深信唯有記住及達成應用這十三個關鍵指標，才會被上司、長官及老闆所肯定及拔擢重用。因為，您的企劃工作表現，是真的對公司有價值及有貢獻的，這是誰也不能否認的。

　　掌握以上十三個關鍵指標，您一定可以成為一個優秀卓越的企劃高手。

03　企劃與判斷力

一、判斷力為何重要

　　判斷力非常重要，比任何事都還重要。尤其身為一個企劃人員，在思考、分析、蒐集、撰寫及表達一個企劃案的內容，是否具有可行性、盲點在哪裡？問題點在哪裡？疏忽點在哪裡？關鍵點在哪裡？如何執行？以及商機在哪裡等，均需仰賴您有高超及迅速的判斷力與決斷力才行。

　　身為企劃人員或領導主管，如缺乏精準及正確的判斷力，將會造成下列九個不利點，如圖1-11所示。

圖 1-11　缺乏判斷力會造成九個不利點

以下為圖中內容：

判斷力為何重要

1. 缺乏判斷力，就蒐集不出更有效的訊息情報，供為撰寫企劃案

2. 缺乏判斷力，就寫不出老闆想要的東西及內容

3. 缺乏判斷力，就洞見不到潛在的新商機

4. 缺乏判斷力，就洞見不到潛在的新威脅

5. 缺乏判斷力，可能會誤導老闆做出錯誤的決策

6. 缺乏判斷力，就可能在執行過程中，發生疏失，或 Trouble（問題）

7. 缺乏判斷力，就可能使公司不知為何而戰

8. 缺乏判斷力，就不可能寫出一份非常好的企劃案

9. 最終，可能使公司失去整體競爭力及領先地位

二、增強決策與判斷能力的十一項要點

　　作為一個企業家、老闆、高階主管、企劃主管，甚至是一個企劃人員，最重要的是展現「決策能力」或「判斷能力」。因為，這是企業經營與管理的最後一道防線。究竟要如何增強自己的決策能力或判斷能力？國內外領導幾萬名、幾十萬名員工的大企業領導人，他們之所以卓越成功擊敗競爭對手，取得市場領先地位，不是沒有原因的。最重要的原因是：他們有很正確與很強的決策能力與判斷能力。

　　依據作者的觀察及工作與教學經驗，歸納下列十一項有效增強自己決策能力的要點或做法，提供各位讀者參考。

企劃人員增強決策與判斷能力的十一項要點

1. 多看書、多吸取新知與資訊（包括同業與異業）
2. 應掌握公司內部各種會議的學習機會
3. 應向世界級卓越公司借鏡
4. 提升學歷水準與理論的精實
5. 應掌握主要競爭對手與主力顧客的動態情報
6. 累積豐厚的人脈存摺
7. 親臨第一現場，腳到、眼到、手到、心到
8. 善用資訊工具
9. 思維要站在戰略高點與前瞻視野
10. 累積經驗能量，養成直覺判斷力或直觀能力
11. 有目標、有計劃、有紀律的終身學習

圖 1-12　十一項有效增加決策能力的要點

(一) 多看書、多吸取新知與資訊（包括同業與異業）

多看書、多吸取新知與資訊，包括同業及異業的資訊，是培養決策能力的第一個基本功夫。統一超商前總經理徐重仁曾要求該公司主管，不管每天如何忙，都應靜下心來，讀半個小時的書，然後想想看，如何將書上的東西，用到自己的公司，用到自己的工作單位。

依作者的經驗與觀察，吸取新知與資訊，大概有幾種管道：

1. 專業財經報紙（國內外）。
2. 專業財經雜誌（國內外）。
3. 專業研究機構的出版報告（國內外）。
4. 專業網站。
5. 專業財經商業書籍（國內外）。
6. 國際級公司年報及企業網站。

7. 跟國際級公司領導人（企業家）訪談、對談。

8. 跟有學問的學者專家訪談、對談。

9. 跟公司外部獨立董事訪談、對談。

10. 跟優秀異業企業家訪談、對談。

以作者為例，長期以來，每個月都會透過下列管道吸取新知與資訊：

• 報紙：《經濟日報》、《工商時報》、《聯合報·財經版》。

• 雜誌：《商業周刊》、《天下》、《遠見》、《今周刊》、《管理雜誌》、《會計研究月刊》、《數位時代》、《Career》、《廣告雜誌Adm》、《動腦雜誌》。

• 日文雜誌：《日經商業週刊》、《鑽石商業週刊》、《東洋商業週刊》、《日本資訊戰略月刊》、《日本銷售業務月刊》。

• 中文商業書籍：每週至少一本。

• 網站：國內外專業網站、相關公司網站、證期會、上市櫃公司網站等。

• 值得一提的是，吸收國內外新知與資訊時，除同業訊息一定要看，非同業（異業）的訊息也必須一併納入。因非同業的國際級好公司，也會有很好的想法、做法、戰略、模式、計劃、方向、願景、政策、理念、原則、企業文化及專長等，值得借鏡學習與啟發。

(二) 掌握公司內部會議是自我學習的大好機會

大公司經常舉行各種專案會議、跨部門主管會議或跨公司高階經營會議等，這些都是非常難得的學習機會。從這裡可以學到什麼呢？

第一：學到各個部門的專業知識及常識。包括財務、會計、稅務、營業（銷售）、生產、採購、研發設計、行銷企劃、法務、品管、商品、物流、人力資源、行政管理、資訊、稽核、公共事務，廣告宣傳、公益活動、店頭營運、經營分析、策略規劃、投資、融資……等各種專業功能知識。

第二：學到高階主管如何做報告及如何回答老闆的詢問。

第三：學到卓越優秀老闆如何問問題、如何裁示及如何做決策，以及他

的思考點及分析構面。另外，老闆多年累積的經驗能量也是值得傾聽。老闆有時也會主動拋出很多想法、策略與點子，亦值得吸收學習。

(三) 應向世界級的卓越公司借鏡

世界級成功且卓越的公司一定有可取之處，台灣市場規模小，不易有跨國籍與世界級公司出現。因此，這些世界級 (World Class) 大公司的發展策略、人才培育、經營模式、競爭優勢、決策思維、企業文化、營運做法、獲利模式、組織發展、研發方向、技術專利、全球運籌、世界市場行銷，國際資金……等，在在都有精闢與可行之處，值得我們學習與模仿。

借鏡學習的方式：

第一：展開參訪實地見習之旅。讀萬卷書，不如行萬里路，眼見為實。
第二：透過書面資料蒐集、分析與引用。
第三：展開雙方策略聯盟合作，包括人員、業務、技術、生產、管理、情報等多元互惠合作，必要時要付些學費。

(四) 提升學歷水準與理論精進

現代上班族的學歷水準不斷提升，大學畢業生滿街都是，進修碩士成為晉升主管職的「基礎門檻」，進修博士亦對晉升為總經理具有「加分效果」。這當然不是說學歷高，就是做事能力強或人緣好，而是如果兩個人具有同樣能力及經驗時，老闆可能會拔擢較高學歷的人或是名校畢業者，擔任主管。

另外，如果您是 40 歲的高級主管，但您 30 多歲部屬的學歷都比您高時，您自己也會感受到些許壓力。提升學歷水準，除了帶給自己自信心，在研究所所受的訓練、理論架構的井然有序、專業理論名詞的認識、整體的分析能力、審慎的決策思維等，以及邏輯推演與客觀精神建立等，對每天涉入快速、忙碌、緊湊的營運活動與片段的日常作業中，恰好是一個相對比的訓練優勢。唯有實務結合理論，才能相得益彰，文武合一（武是實戰實務，文是學術理論精進）。這應是養成最好的決策本質所在。

(五) 應掌握主要競爭對手動態與主力顧客需求情報

俗謂「沒有真實情報，就難有正確決策」。因此，儘量周全與真實的情報，將是正確與及時決策的根本。要達成這樣的目標，企業內部必須要有專責單位，專人負責此事，才能把情報蒐集完備。好比是政府也有國安局、調查局、軍情局、外交部等單位，分別蒐集國際、中國及國內的相關國家安全資訊情報，這是一樣的道理。

(六) 累積豐厚的人脈存摺

豐厚人脈存摺對決策形成、決策分析評估及下決策，有顯著影響。尤其，在極高層才能拍板的狀況下，唯有良好的高層人脈關係，才能達成目標，這並不是年輕員工所能做到的。此時，老闆就能發揮必要的功能與臨門一腳的效益。

(七) 親臨第一線現場，腳到、眼到、手到及心到

各級主管或企劃主管，除坐在辦公室思考、規劃、安排並指導下屬員工，也要經常親臨第一線。例如：想確知週年慶促銷活動效果，應到店面走走看看，感受當初訂定的促銷計劃是否有效，以及什麼問題沒有設想到，都可以作為下次改善的依據。

另外，親臨第一線現場，主管做決策時，也不至於被下屬矇蔽。所謂親臨第一線現場可包括：

1. 直營店、加盟店門市。
2. 大賣場、超市。
3. 百貨公司賣場。
4. 電話行銷中心或客服中心。
5. 生產工廠。
6. 物流中心。
7. 民調市調焦點座談會場。
8. 法人說明會。
9. 各種記者會。
10. 戶外活動。

11. 顧客所在現場。

(八) 善用資訊工具，提升決策效能

IT 軟硬體工具飛躍進步，過去需依賴大量人力作業，又費時費錢的資訊處理，現在已得到改善。另外，由於顧客或會員人數不斷擴大，高達數十萬、上百萬筆客戶資料或交易銷售資料等，要仰賴 IT 工具協助分析。

目前各種 ERP、CRM、SCM、POS……等，都是提高決策分析的好工具。

(九) 思維要站在戰略高點與前瞻視野

年輕的企劃人員，比較不會站在公司整體戰略思維高點及前瞻視野來看待與策劃事務，這是因為經驗不足、工作職位不高，以及知識不夠寬廣。這方面必須靠時間歷練，以及個人心志與內涵的成熟度，才可以提升自己從戰術位置，躍升到戰略位置。

(十) 累積經驗能量，成為直覺式判斷力或直觀能力

日本第一大便利商店，7-Eleven 公司前董事長鈴木敏文曾說過，最頂峰的決策能力，必須變成一種直覺式的「直觀能力」，依據經驗、科學數據、與個人累積的學問及智慧，就會形成一種直觀能力，具有勇氣及膽識下決策。

(十一) 有目標、有計劃、有紀律的終身學習

人生要成功、公司要成功、個人要成功，總結而言，就是要做到「有目標、有計劃、有紀律」的終身學習。

終身學習不應只是口號、不應是片段、不應只是臨時的，不應只是應付公司要求，不應只是零散的；而是確立願景目標，訂定合理有序的計劃，要信守承諾，以耐心及毅力進行終身學習。這樣的學習才會成功。

三、增強決策能力與判斷能力的十六項要點

企劃人員或領導主管要如何才能有效提升個人的判斷能力呢？這個問題一直被作者的部屬、學生、好朋友們問到。而我也發現時下年輕朋友們的缺

點之一就是缺乏「判斷力」。亦即，有時候他們沒想到或沒判斷出這個企劃報告哪裡有缺失、哪裡寫得不對、哪裡有問題、以及什麼是老闆想看的，這是很普遍性的缺失。這些都是我指導底下部屬過程的常見之心得歸納。

　　如下圖所示，總結出企劃人員應如何才能有效提升判斷力，大致有如下十六項要點：

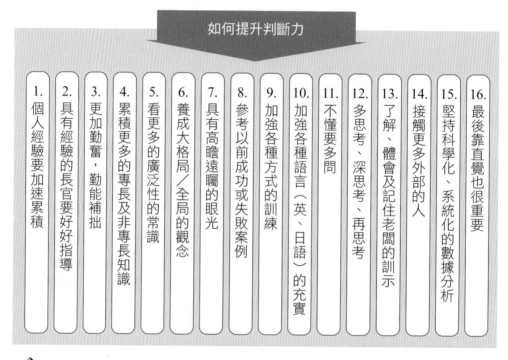

如何提升判斷力

| 1. 個人經驗要加速累積 | 2. 具有經驗的長官要好好指導 | 3. 更加勤奮，勤能補拙 | 4. 累積更多的專長及非專長知識 | 5. 看更多的廣泛性的常識 | 6. 養成大格局／全局的觀念 | 7. 具有高瞻遠矚的眼光 | 8. 參考以前成功或失敗案例 | 9. 加強各種方式的訓練 | 10. 加強各種語言（英、日語）的充實 | 11. 不懂要多問 | 12. 多思考、深思考、再思考 | 13. 了解、體會及記住老闆的訓示 | 14. 接觸更多外部的人 | 15. 堅持科學化、系統化的數據分析 | 16. 最後靠直覺也很重要 |

圖 1-13　提升判斷力的十六項要點

04　企劃與思考力

一、辨思力與判斷決策力

　　所謂成功企劃案的產生過程，應該會受到兩種比較高層次的關鍵無形能力的影響，歸納為兩種力量：

(一) 辨思力

　　亦即指**辯論與驗證**及**思考**的能力養成。當面對一企劃案的構思、撰寫、

完成及交付執行之前，到底有沒有經過多人及多個單位的共同討論、辯論與
驗證、集思廣益、佐證以及深思考。依作者過去多年的實務經驗，有不少的
公司、不少部門及不少的個人，是沒有經過辨思的過程，這就增加了很大的
失敗風險因子。

(二) 判斷與決策力

意指是否有能力判斷出對與錯、是與非、值得與不值得、現在或未來、
方向對不對、本質是什麼、為何要如此做等，相關必須讓您做下判斷的人、
事、物。然後，最後是 Yes or No 的決策指令力。

茲圖示關係如下：

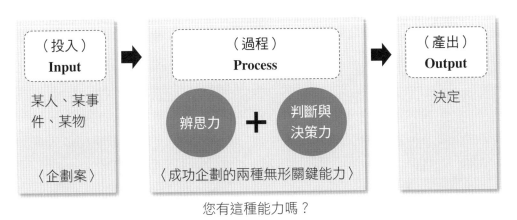

圖 1-14　企劃過程中的兩種無形力量

二、深思考

一定要有深思考的習慣及能力，才會有與眾不同的洞見及觀察，也才會
看出企劃的問題點及商機點。但這必須平時即養成深思考的習慣性動作，而
不是人云亦云，人家講什麼就附和，沒有自己的一點主見、分析、觀點及判
斷力。如此成功的企劃案就會離您愈來愈遠。所以，您的心裡、您的腦海裡
一定要隨時放著「深思考」三個字。請務必思考、再思考、三思考及深思
考，然後再做發言、下筆、結論、做總裁指示與指導。犯錯的機會就會降到
最低，而成功機會則會提升到最高。我相信，一個企劃高手，亦必然是一個
會「深思考」的高手。

三、提升深思考能力

怎麼樣才會有深思考的習慣及能力，歸納十點如下圖示：

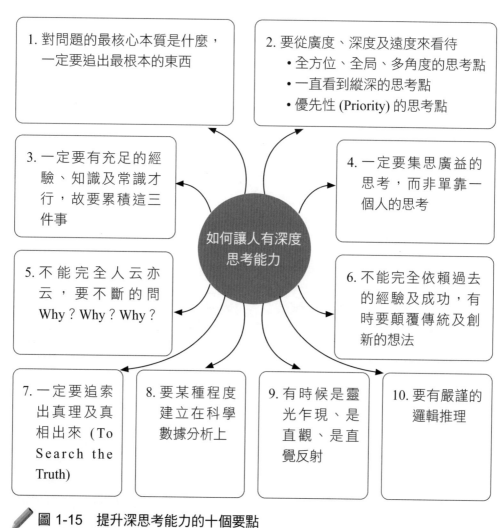

1. 對問題的最核心本質是什麼，一定要追出最根本的東西

2. 要從廣度、深度及遠度來看待
   • 全方位、全局、多角度的思考點
   • 一直看到縱深的思考點
   • 優先性 (Priority) 的思考點

3. 一定要有充足的經驗、知識及常識才行，故要累積這三件事

如何讓人有深度思考能力

4. 一定要集思廣益的思考，而非單靠一個人的思考

5. 不能完全人云亦云，要不斷的問 Why？Why？Why？

6. 不能完全依賴過去的經驗及成功，有時要顛覆傳統及創新的想法

7. 一定要追索出真理及真相出來 (To Search the Truth)

8. 要某種程度建立在科學數據分析上

9. 有時候是靈光乍現、是直觀、是直覺反射

10. 要有嚴謹的邏輯推理

圖 1-15　提升深思考能力的十個要點

05 企劃與顧客導向力

一、企劃核心點：顧客導向信念的實踐者

任何行銷企劃或業務企劃的最核心點，均應必須圍繞在堅定及實踐顧客

導向的根本信念及指針。不了解顧客的需求，不能為顧客創造物超所值的價值，以及一旦離開了顧客，那麼您將一無所有，任何的企劃案也都不會成功。在企業實務上，包括產品開發、包裝設計、功能設計、定價企劃、通路企劃、物流企劃、促銷企劃、業務企劃、廣告企劃、媒體企劃、新商機企劃、服務企劃等，諸多企劃的第一條守則，就是：「請您實踐顧客導向。」

二、顧客導向四大意涵

(一) 必須不斷的滿足顧客的既存需求及未來性需求。這種需求包括經濟物質面的心理、心靈面的雙重需求滿足。

(二) 必須帶給顧客「物超所值」的價值感受，為他們創造想要的價值。

(三) 必須帶給顧客「信賴」永恆保障感受，並讓顧客偏愛與忠誠於您，然後變成您是顧客日常生活中不可或缺的一部分。那您就成功了！

(四) 必須不斷帶給顧客新奇的驚喜，並從心中喊出：「哇！了不起！這就是我想要的！」

三、企劃人員培養及深化顧客導向力的八項要點

　　綜合以前到現在的經驗及研究，我認為任何部門企劃人員都應持續性培養及深化他們內心的「顧客導向」信念及一貫思維，這可以從下列幾點做起：

(一) 把顧客導向的實踐，放在企劃案第一頁

　　公司應明文規定，任何企劃案一定要在第一頁闡明：本企劃案是否實踐了顧客導向？如何實踐？必須具體說出來，或是用數據表現出來。並且，還必須說明顧客到底在想什麼？顧客為什麼需要您？為什麼要選擇您？Why？

(二) 讓顧客參與您的工作

　　公司應要讓顧客參與、企劃及設計您正在做的事情。讓顧客融入我們企劃發想及創意創新的關鍵一環。並且在參與過程中，用心聽取顧客的聲音 (Voice of Customers, VOC)，並做出適當與準確的評估、分析及判斷，擷取有價值的部分。

(三) 您必須親自研讀行銷學書籍

沒有修過行銷學課程的非商管學院畢業生，應該自我修習研讀行銷學 (Marketing) 的大學教科書或商業行銷書籍。必須具備這門基礎學問知識，在語言及思維中，才會有顧客導向的信念及影子。

(四) 把顧客當成老闆

把顧客放在上帝的位置，再把顧客當成是發您每月薪水的公司老闆，老闆講的話，您當然會用心聽。因此，老闆的心、顧客的心，就是您的心。

(五) 把顧客導向融入企業文化及工作流程

應把顧客導向，納入成為公司組織文化的「一環」，工作流程與機制的重要「關卡」，以及控管的要點。甚至，在公司一進門門口或工廠一進廠的門口，就應該掛著醒目的顧客導向相關的標語及標牌。

(六) 從各種數據分析中，觀察顧客導向

應該多從各種營運數據及市場數據中，去觀察顧客的需求、偏好、選擇及消費是什麼。因為數據會說話，數據代表著顧客的走向及實際正在發生的事情是什麼。

(七) 在第一現場多觀察顧客

企劃人員平常應多在各種場合、多觀察顧客言行舉止，以及多思考顧客要的是什麼、顧客還有什麼沒有得到滿足的，以及我們未來努力的空間何在。

(八) 把自己當成顧客

最後一點，建議企劃人員把自己當成是顧客、是消費者。如果是這樣的東西、這樣的服務、這樣的價位、這樣的品質、這樣的設計、這樣的功能、這樣的品牌、這樣的地點，然後思考您會買它嗎？您必須將心比心、設身處地的，如果您是消費者，您將會如何選擇？

四、小結：顧客導向既是起始點，也是終結；顧客導向就是企劃案的「聖杯」所在

企劃力的本質就是**顧客導向力**的本質反應，成功的企劃案必然在起心動念上是以顧客導向為起始點；並且再以貫徹顧客導向的執行力過程，作為它的終結點。因此，總結說：「顧客導向」就是企劃案的「聖杯」所在。因為，在這個聖杯，將指引您及您的各種企劃案，奔向正確的光明大道而成功不墜。

06 企劃與商管知識力

如何成為優秀的企劃人員與企劃高手呢？這並不是一件容易的事。寫企劃案，人人多少會寫。但是，要寫出真正好的企劃案或計劃報告，優秀的企劃高手應具備哪些學理知識或是企劃技能？下面將進一步說明。一般來說，優秀的「綜合企劃」高手，能夠應付各種不同目的與不同構面的「綜合企劃案」，應該具備三大類學理知識與相關技能。

一、企劃高手應具備的三大類學問知識

(一) 相關產業的知識

每個企劃人員在各自不同的產業上工作，都會對自己的產業或行業有基本的認識。比較困難的是，有時候企劃案會涉及到不同行業的分析、評估與規劃。這時，企劃人員必須多多請教該行業的專業人員，才能有效解決自己在**產業知識** (Industry Knowledge) 上的不足。

所謂「隔行如隔山」，不同的產業，均有一套不同的產業結構、產業知識與產業發展狀況。企劃人員面臨不同產業需求的時候，除自己必須蒐集相關產業的基本資料之外，加強研讀、借助外部專業機構、外部專業報告與外部專業人員的諮詢、訪談、委外研究等，均屬可行之道。

(二) 相關專業企管功能的知識

相關**專業企管功能的知識** (Business Function Knowledge)，就是指「企

業功能」中的各種不同的分工功能，包括財務領域的專業、生產領域的專業、採購領域的專業、研發領域的專業、策略領域的專業、人力資源領域的專業、業務領域的專業、行銷領域的專業、法務領域的專業、行政總務領域的專業以及資訊電腦領域的專業等。一般公司組織的安排，大致上也是依據專長（專業）功能去劃分組織結構與組織單位名稱。

(三)「跨領域」的商學專業學理知識

　　跨領域的專業學理知識 (Cross-Function Knowledge)，就是一般企劃人員較為疏忽或認識不足的部分，此部分之學理知識，尤待企劃人員的加強。

　　所謂「跨領域」的商學專業學理知識，主要包括六個方面：

1. 策略領域學理知識。
2. 行銷領域學理知識。
3. 經濟學領域學理知識。
4. 財務分析與會計報表領域學理知識。
5. 企業經營與管理概論之學理知識。
6. 國內外財經、法令、社會、科技之環境知識。

表 1-1　六大跨領域學理知識

學理知識	助益重點
(一) 策略領域	對制訂集團、公司或專業群總部之策略方向、目標、競爭策略與計劃步驟內容
(二) 行銷領域	對如何創造公司營收成長的原因、方向、步驟、計劃內容
(三) 經濟學領域	對產業結構、產業競爭、規模經濟等之分析與規劃
(四) 財會分析領域	對財務分析、會計報表分析、數據來源的前提假設與營運效益等分析
(五) 企業經營與管理概念領域	對企業經營循環與管理循環之內容與計劃之分析、規劃
(六) 國內外各種環境構面知識領域	對掌握及分析國內外、政治、經濟、法令、社會、文化、人口、結構、科技、競爭動態等環境變化，擴大企劃案的思考架構及背景分析

　　企劃案的分類很多，層次及範圍皆不盡相同。但是對於真正能夠應付各種企劃案的「綜合企劃」或「經營企劃」人員而言，必須擁有比一般部門內配屬的企劃人員更豐富的「跨領域」學理知識才行。否則沒有辦法做好真正大型或是高難度的企劃大案。為什麼企劃人員除了各行業的專業知識，以及自己專業分工部門功能的專業知識外，還必須具備跨領域的學理知識呢？總結一句話，這六個跨領域學理知識有助於企劃案的撰寫與架構思考，否則企劃案的層次內涵將會有所不足。

二、六項企劃撰寫技能

　　一般化企劃技能 (General Planning Skill & Capabilities)，是指在撰寫企劃案時，如何撰寫以及如何呈現企劃案的總體表現。這六大項「一般化企劃技能」，即：

(一) 組織能力

　　架構能力、組織結合能力、邏輯分析能力。對於任何一個企劃案，是否能夠很快地組織架構出整個企劃案撰寫內容綱要的邏輯、內容與順序？

(二) 文字能力

　　文字撰寫能力、下標題能力。具有無中生有或錦上添花的文字撰寫能力與下標題能力？能讓企劃案看起來很順暢，重點明確、不必多做說明就能讓他人看得懂？

(三) 蒐集能力

　　蒐集資料能力。是否具有各種來源管道的資料蒐集能力？包括公司內部及外部的資料來源。

(四) 判斷能力

　　重點判斷能力、決策建議能力、替身角色扮演想像力。對於蒐集到的資料，經過您或小組成員共同分析、討論後，能夠對企劃案撰寫內容的重點所在加以有效掌握？並且對於報告內容的重要決策與方案，有能力提出建議或對策？

(五) 工具能力

電腦美編作業軟體應用能力。是否有能力使用電腦美編作業軟體？包括 PowerPoint 簡報作業軟體等。

(六) 口語表達能力

簡報表達能力。能很穩健、清晰與不會緊張地做企劃案的口頭報告或簡報表達。就作者多年來的工作經驗及觀察顯示，在這四大類企劃人員應具備學理知識與技能中，一般對於第一類相關產業的知識與第二類的專業功能知識，比較熟悉且上手，問題並不大。對第三類跨領域學理技能及第四類的一般化企劃技能，就較無法百分之百勝任，顯得有所不足與實力欠缺。

三、充實「跨領域」學理知識與技能

一般非專業的企劃人員，應該如何充實這六大跨領域共通的學理知識呢？大致有以下幾種方式：

(一) 到各大學「EMBA」班進修二年，除可獲取學位外，亦可加強充實上述的六項學理知識。
(二) 購買六大領域的「教科書」或是「商業書籍」，利用晚上自我研讀進修。
(三) 參加各種專業研修課程，例如：各企管顧問公司、會計事務所、各大學附屬訓練班及各訓練機構等。
(四) 每天閱讀財經報紙與雜誌及其他國內外專業商業專書、期刊及相關網站等。

四、小結：「學問知識」是基礎內功，不能沒有，否則會很空洞及缺乏邏輯思維

本堂課所談的是身為一個企劃人員，要踏出成功的第一步，就必須扎實及強化自身企管、財會及商管類的學理知識不可，千萬不要認為這只是理論而已。我認為個人最大的財產及能力來源，就是我真的唸通、唸熟這些商管類的專門知識，這就是我今日企劃功力的基礎內功。如非商管學院畢業的朋

表 1-2　六大跨領域學理知識之重點內容

學理知識	重　點	
(一) 策略領域	1. Porter 一般性競爭策略 2. SWOT 分析 3. Porter 產業五力架構分析 4. 核心能力理論 5. 資源基礎理論 6. 競爭優勢理論	7. 創新理論 8. 成長策略 9. 購併策略 10. 全球布局策略 11. 群聚策略
(二) 行銷領域	1. 行銷導向（顧客導向） 2. 產品定位 3. 市場區隔 4. 目標行銷 5. 行銷 4P 組合策略	6. 行銷研究 7. 消費者行為 8. CRM（顧客關係管理） 9. 其他
(三) 經濟學領域	1. 產業結構分析 2. 產業競爭 3. 規模經濟 4. 範疇經濟 5. 交易成本理論	6. 內部化理論 7. 價格策略 8. 賽局理論 9. 雁行經濟 10. 群聚經濟效應
(四) 財務分析領域	1. 獲利力分析 2. 營運力分析 3. 財務結構分析	4. 現金流量分析 5. 上市櫃分析 6. 資金募集分析
(五) 企業經營與管理 　　概念領域	1. 企業功能循環理論 2. 管理功能循環理論	
(六) 國內外各種環境 　　構面領域	國內外產業、競爭者、經貿、社會、人口結構、科技、 法令、運輸、資金、政治與市場發展之影響分析	

友們，若缺乏這方面的學理知識，相信您們寫出來的報告或會議上呈現的報告，一定會很空洞、缺乏邏輯思維、內容凌亂，會缺乏足夠的結論判斷力。因此，學校再進修或自我利用時間研讀透徹，把這些基本少林武功基礎唸好，才能下山比武，否則或可生存於偶然一時，但不可能長久生存於一生。因為一個沒有內涵的人，終究是會被看穿的，還能位居主管高位嗎？答案當然是否定的。因為，現在是一個高度「能力」競爭時代。

07 企劃與可行性力

一、不具可行性的失敗案例

　　過去曾親眼目睹或閱讀過別人的經驗，看到不少在重大企劃上的失敗案例，這些包括：

(一) 新產品開發上市失敗。　　　　(八) 多角化發展失敗。

(二) 新業務延伸失敗。　　　　　　(九) 技術研發失敗。

(三) 新事業投資失敗。　　　　　　(十) 設廠地點失敗。

(四) 新地點設店失敗。　　　　　　(十一) 組織變革失敗。

(五) 海外投資失敗。　　　　　　　(十二) 廣告企劃失敗。

(六) 併購失敗。　　　　　　　　　(十三) 管理決策失敗。

(七) 自有品牌開發失敗。　　　　　(十四) 其他各種企劃的失敗案例……等。

　　基本上來說，上述各種的失敗，總結來說就是：不具可行性。但是他們又要硬推，終究是以失敗收場。

二、不具可行性的背後，原因是什麼？為何不具可行性，仍要一意孤行做下去？

　　作者歸納出很多實務上的案例，說明不具可行性的企劃案，但承辦部門或人員仍要提出，或老闆仍要做；分析這些背後的原因，大概有以下幾點：

(一) 公司老闆或承辦人員嚴重缺乏或忽略「顧客導向」的精神。

(二) 公司老闆個性上過於「專斷獨裁」及「一意孤行」。

(三) 公司各級長官真的是「無能」，是唯唯諾諾的一群人。

(四) 公司缺乏辨證、互動討論及公開民主討論機制 (Mechanism) 與組織文化。

(五) 有些人有私心、有私利可得。

(六) 缺乏嚴謹的市場調查或產業調查支持。

(七) 承辦人員缺乏經驗及專業能力。

(八) 公司治理不佳，或根本沒有公司治理。

(九) 所提的企劃案已超出自己核心競爭能力事業以外的事情。

(十) 過度樂觀與自信的組織文化與習性所致。已被過去的成功，沖昏了頭。

三、重大企劃案失敗的代價

　　企劃案有大、小案之區分，小案失敗了還好，大案失敗所造成的損害可就不輕了，能不慎重哉。各部門一定都會有一些屬於重大的企劃案，例如：重大新產品開發上市案、重大轉投資案、重大設廠案、重大併購案、重大市場開發案、重大廣告宣傳案……等。這些重大企劃案失敗的代價，可能會造成：

(一) 資金的損失。

(二) 造成公司可能連年虧損。

(三) 耗損人力與組織。

(四) 市占率下滑。

(五) 獲利率下滑。

(六) 營收衰退。

(七) 成本不斷上升。

(八) 技術落後。

(九) 公司股價下滑。

(十) 影響組織士氣。

(十一) 公司整體體質受損。

四、企劃案透過十一個管道及方法以驗證可行性（**Feasibility Study**，可行性研究）

　　重大企劃案應盡可能**驗證** (Verify) 或**證明** (Prove) 它的可行性到底如何。一定要有相當的把握性，才是最負責任的企劃態度。實務上，對於可行性的支撐及相關做法，大概有幾個方式或來源，包括：

(一) 透過市調或民調

包括焦點團體座談會、電話訪問、填問卷、一對一面談、街訪、家庭留置問卷訪問、網路民調等，各種可行的方式，以了解消費者或目標客層是否接受這個企劃案的內容、產品、服務或價格等。

(二) 透過產業調查

可委託專業研究單位進行某種新產業、新商機及新商業模式的調查研究及評估分析。

(三) 聽取第一線人員的意見

多聽取第一線銷售人員、第一線通路商、第一線經銷商、第一線零售商、第一線大客戶等之行銷意見與市場可行性評估意見。

(四) 聽取專家學者的意見

多聽取相關領域的專家及學者們的意見及看法。

(五) 參考國外數據佐證

查詢國外先進國家及先進國外大企業，是否有這方面成功的案例，或相關數據做參考佐證。

(六) 參考國外權威研究報告

蒐集國外相關權威研究機構的付費研究報告。

(七) 國外參訪見習

親赴國外實地考察參訪，並比較與國內環境的異同點，再做評估。

(八) 小規模試行

可考慮小規模或小地區試行看看，然後才見機行事、且戰且走。

(九) 多個方案比較

企劃應提出多個不同觀點下的不同計劃案，比較它們的優缺點、優先順序性、前提條件、可行性程度、難易度、成本與效益分析等之對照分析說明。

(十) 邀聘退休顧問

邀請國外退休專家人員擔任公司技術顧問或經營顧問，提供他們過去的寶貴經驗。

(十一) 實驗及檢證

若涉及有實驗性質的，則可以在實驗多次之後，經由科學化的數據結果作為佐證依據。

五、小結：「沒有可行性」的企劃案，就不要為它花費心力

過去看很多沒有經驗的各單位企劃人員、助理人員，經常提出一些一看就知道不具可行性的企劃案或分析報告。支付這些人不低的薪水，但卻做些不具可行性、不具效益的企劃報告，浪費公司的薪水成本。

因此，期盼各級主管及各承辦人員，一定要提出具有高度可行性的案子，並且證明它們具有市場可行性、技術可行性及消費者需求可行性，然後才能為公司創造營收、創造獲利、創造品牌及創造市占率。

總之，本堂課的重點是，重大企劃案的提出，您必須說服大家，並且證明 (Prove) 這個案子是具有「可行性的」(Feasible)，讓大家願意支持您及協助您。

08　企劃與獲利力、效益力

一、企劃與獲利力四點正確概念

企劃與獲利力的關聯性當然是非常密切的。我認為企劃與獲利力之間，應該要有正確的認知：

(一) 在不景氣時期，能夠為公司「獲利」及「賺錢」的企劃案，才是好的企劃案，也才是老闆喜歡的企劃案。

(二) 企劃案若不能直接獲利賺錢，至少也要具有「間接性」協助獲利的效益存在才行。

(三) 企劃案固然要寫得好，寫得完整縝密，寫得具有創新性，但是如未能為

公司獲利賺錢，那寫得再好也屬枉然。

(四) 企劃案不只是寫滿文字，寫滿做法或創意而已，而是要提出數據目標，並驗證獲利的可行性。

總之，企劃若最終不能與獲利賺錢的指標相結合，那麼企劃的效益也就不存在。

二、可以創造獲利力的企劃案

從企業實務角度看，企劃可從「節流」或「開源」這二個角度去思考及規劃獲利績效。

(一) 節流企劃案 (Cost Down Plan)

1. 零組件、原物料採購成本降低。
2. 人力與組織精簡降低成本。
3. 製造流程成本降低。
4. 產品設計成本降低。
5. 廣告支出降低。
6. 一般管理成本降低。
7. 工廠合併降低成本。
8. 組織整併降低成本。
9. 移廠海外降低成本。
10. 自動化設備降低成本。

(二) 開源企劃案 (Increase Revenue Plan)

1. 促銷活動。
2. 新通路開發。
3. 新產品開發上市。
4. 廣告活動。
5. 新業務拓展。
6. 新客戶開發。
7. 定價策略。
8. 業務組織強化。
9. 賣場／店頭行銷。
10. 國內外參展活動。
11. 特別銷售活動。
12. 提箱秀展活動（名牌精品）。
13. 直效行銷活動。

三、獲利企劃案四原則

依據我個人及其他成功朋友們的意見及經驗，企劃人員要打造出具有獲利企劃案的終極目標，應該掌握四項原則，如下：

(一)「如何獲利」放在第一個思考點

企劃人員必須把「如何才能獲利」這六字，始終放在企劃工作的第一個思考點及第一準則上。一定要念茲在茲，如影隨形、不離不棄，並成為工作信仰與指導方針。

(二) 驗證企劃案可行性

企劃人員必須多方面的、盡可能的去驗證企劃案的可行性，以及數據目標達成的可行性如何。不能太過自信、樂觀、也不能太過浮誇。必須實事求是，並且要有精準的預測才行。

(三) 新藍海、新契機

企劃人員應該努力尋求突破、尋求創新、尋找新藍海、發掘新商機、做不一樣的事情，做出有特色的事情，然後才有可能達到獲利性。

(四)「顧客導向」根本問題

企劃人員最後及最根本還是要回歸到顧客導向上來。如何為顧客創造出更多的滿足需求及物質與心理上的價值出來，這是永遠要努力的空間所在。

四、小結：「獲利更多」，是企劃力的終極目的

總結來說，任何公司的最終經營績效，就是看營收及獲利是否達成目標，是否不斷保持成長與領先。因此，各部門企劃人員依此根本目的，亦應配合如何更加用心思考、分析、評估、討論、規劃及實踐獲利更多，或提出效益更大的各種大型企劃案的推動。當企業獲利不斷成長及增多，就代表著這家公司的企劃團隊力量必然非常優秀卓越。因此，我們應拒絕沒有任何獲利或效益可言的企劃案的提出，因為那無疑是一種浪費與做白工，一定要Stop！

09　企劃與反省檢討力

一、「反省與檢討」四點正確概念

本堂課是比較特別的一堂課,稱之為反省力或檢討力。在過去的工作經驗中,時時刻刻反省,才能得到深刻的不斷進步。沒錯,「唯有反省,才會有進步」,沒有反省能力的人,絕對會一錯再錯。企劃工作亦是如此。

企劃力的提升,必須對企劃案反省與檢討的正確概念如下:

(一) 流動式企劃概念

企劃案不是一案而終,一定要「流動式」企劃案的概念。要隨著企劃案執行的狀況,以及內外部環境的變化而調整因應。

(二) 檢討結案報告

企劃案一定要有「結案檢討」報告。從檢討中,吸取成功或失敗的原因,以及未來精進改善之道。失敗的勿再重犯,成功的更應發揚光大。

(三) 在反省中,累積更多企劃 Know-How

企劃力是在不斷的自我反省思考中,然後不斷得到改善與進步,並且累積更豐富、更快速度的企劃 Know-How。

(四) 容許創新風格

應該容許適當的創新失敗,因為很多的創新企劃是不太容易評估它們的可行性,只有試 (Try) 過之後,才知道結果是什麼。因此,新企劃案一定會有風險,只要這個風險是我們可以忍耐及控制的,就沒有問題。

二、反省?檢討?負面的八項反省檢討內涵

身為一個企劃人,究竟應反省什麼、檢討什麼呢?歸結以下比較重要的幾點:

(一) 反省檢討──績效為何沒達成

應反省檢討企劃案為何沒有達成原先預訂的績效目標？問題究竟出在哪裡？為何會出現這些問題？Why？

(二) 反省檢討──執行力為何出問題

應反省檢討企劃案在執行過程中，發生什麼問題？為什麼會發生這些問題？Why？

(三) 反省檢討──預算為何超支

應反省檢討企劃案的預算為何會超支？Why？

(四) 反省檢討──規劃當時疏失

應反省檢討企劃案在設想時，忽略了什麼？為何會有這些疏失？Why？

(五) 反省檢討──為何忽略外部環境變化

應反省檢討企劃案的外部環境及消費者環境發生哪些變化？而企劃案為何沒有發現這些變化？Why？

(六) 反省檢討──競爭對手是否比我們好

反省檢討企劃案與競爭對手互做比較，我們投入成本及效益是否優於對手？或劣於對手？Why？

(七) 反省檢討──人與組織的本質問題

應反省檢討我們人與組織素質及戰力的問題所在。

(八) 反省檢討──企劃決策過程問題

應反省檢討我們對企劃案的決策過程中，發生什麼問題？

總結來說，一個失敗、不成功或者表現平平的企劃案，大致有幾個大方向的問題：

(一) 企劃案本身就有問題

　　包括各種設想不周、各種疏忽、過於樂觀、創意不足、不具可行性、不具顧客導向、不夠精準、不能有效解決問題、時效過了、老調重彈、新瓶裝舊酒、沒有差異化、沒有特色化、與競爭對手相比，遜人一

籌等。

(二) 企劃案本身沒問題，但後續「執行力」出了問題

　　包括執行的領導者、執行的部門、執行的團隊、執行的人員以及執行的督導員等，各層面的人才素質、人才的經驗、人才的用心度及人才的合作團隊心等，都可能出現了問題。因此，無法做出如企劃案設想的水準及要求目標。深一層來看，「執行力」其實就是「人」的問題居多。但「人」的問題，也特別困難解決。

(三) 企劃案沒問題，執行力也沒問題，但仍無法達成預計目標，那就是外部環境發生激烈的變化，這一部分是難以控制

　　例如：景氣低迷，即使 SP 促銷企劃案加碼投入，仍不易達成成長目標數字，因此可說是非戰之罪。

三、反省與檢討

　　企劃目的沒有百分之百達成，除做以上反省檢討外，另外一個問題是跟誰或對誰反省及檢討呢？

(一) 首先，要對「自己」檢討。做「自我深切」的檢討，要痛定思痛，不要再做出沒有效益的企劃案或報告案，公司「每個人」若都能自我反省檢討及改善進步，整個公司也就會跟著進步。

(二) 其次，要對公司「老闆」表示自己的反省檢討。因沒有達成老闆預期的希望，而感到慚愧，尚待後續的改善努力。

(三) 再次，要對自己部門「長官主管」表示反省檢討。另外，也要對其他部門「長官主管」表示反省檢討，因為大家是一個共同的工作團隊。

10 企劃與執行力

一、執行力經常出現的問題暨其原因

　　執行力非常重要。有好的企劃案，未必一定會成功，因可能在執行過程中出現問題。包括：(1) 執行的人不對；(2) 執行過程未按照計劃做；(3) 突

發狀況發生；(4) 執行力的品質打了折扣；(5) 執行的人經驗不足；(6) 首次執行此類案子，缺乏經驗。

　　執行力被打折扣，就等於工作成果被打折扣，工作任務績效目標就未能順利達成。因此，要找出到底執行經常出現哪些問題？這些問題又該如何解決呢？執行經常出現的問題及其原因，大致如下所示：

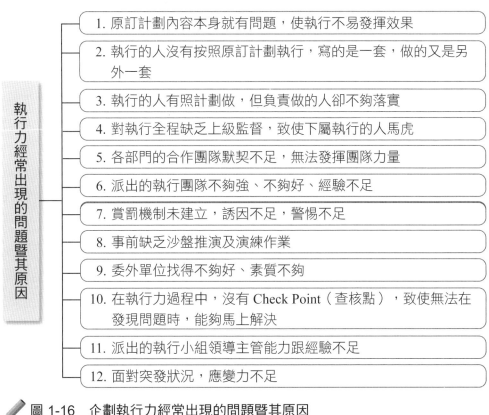

　　執行力經常出現的問題暨其原因

1. 原訂計劃內容本身就有問題，使執行不易發揮效果
2. 執行的人沒有按照原訂計劃執行，寫的是一套，做的又是另外一套
3. 執行的人有照計劃做，但負責做的人卻不夠落實
4. 對執行全程缺乏上級監督，致使下屬執行的人馬虎
5. 各部門的合作團隊默契不足，無法發揮團隊力量
6. 派出的執行團隊不夠強、不夠好、經驗不足
7. 賞罰機制未建立，誘因不足，警惕不足
8. 事前缺乏沙盤推演及演練作業
9. 委外單位找得不夠好、素質不夠
10. 在執行力過程中，沒有 Check Point（查核點），致使無法在發現問題時，能夠馬上解決
11. 派出的執行小組領導主管能力跟經驗不足
12. 面對突發狀況，應變力不足

圖 1-16　企劃執行力經常出現的問題暨其原因

二、執行力不足歸納的「人」與「機制」問題

　　總結上述來看，這十二項的執行力問題產生暨其原因，我們可以綜合歸納為兩大類最根本的原因及核心，那就是：

(一)「人」的問題

　　包括人的素質、經驗度、工作能力、用心度、投入度、團隊等。而這些

「人」，又包括「領導主管」及「基層執行員工」人的問題。

(二)「機制」的問題

包括嚴謹的制度、流程、規章、操作手冊、辦法、IT 系統、對策應變等。所以，公司要提升企劃的執行力，或是企劃主管要提升企劃的執行力，必須關注及安排好「人」的問題及「機制」問題才行。一旦「人」不行或是「機制」不行，兩者缺一都會傷害到執行力的要求，因此公司一定要努力做好「人」及「機制」的兩個核心重點。

三、解決執行力問題的四個階段步驟

公司應如何有效的解決執行力問題，前述「人」及「機制」問題，是比較根本的，但也比較複雜及高難度，也非一時可以解決的，一個公司「人」的問題，總不能說全部馬上把人員換掉或 fire 掉，就會有一批更好的人進來。企業界人與組織問題是比較耗時處理的，在有些特殊行業人才，更是具有封閉性、不足性及困難性的。因此，我們從另一個角度來看，即：**從計劃階段→正式執行階段→執行中階段→執行後階段**等四個階段，應注意到哪些執行力上的問題及事項，從這裡來做預防及強化，以期執行力的成效能夠得到提升，並且也希望這四個階段的規範注意要點，能成為執行力「機制」的重要內涵，如圖 1-17 所示。

四、小結：做到「允文允武」，既會企劃撰寫，也會落實執行力

身為企劃人員一定要非常注意後續執行力的問題。不管自身參與執行過程，或是由人負責執行過程，都必須有責任關注、提醒及參與執行力的落實，才算是一個盡責與好的企劃人員。因為企業畢竟與學校或公家機構不同，它要的是一個有成效的結果，而不是一份完美的企劃案，卻沒有美好的結果。所以在學校考試、寫報告，也許會有很好的企劃報告，但企業界要的是「實戰」，以及實戰「成果」。因此，企劃案「寫」得好，固然重要，但後續的「執行力」，更為重要，兩者必須串連，一併看待，才是最完美與最實在的。

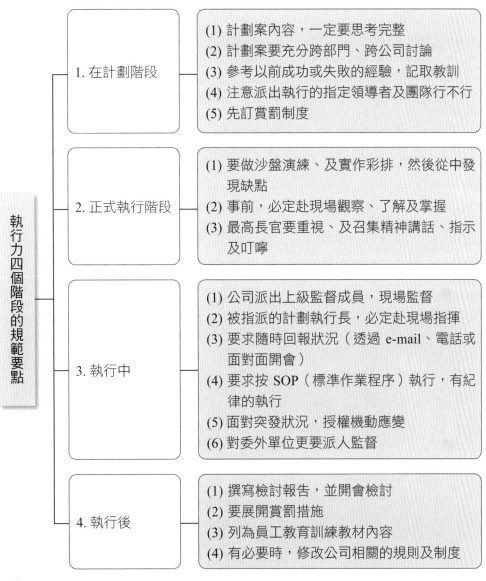

執行力四個階段的規範要點

1. 在計劃階段
(1) 計劃案內容，一定要思考完整
(2) 計劃案要充分跨部門、跨公司討論
(3) 參考以前成功或失敗的經驗，記取教訓
(4) 注意派出執行的指定領導者及團隊行不行
(5) 先訂賞罰制度

2. 正式執行階段
(1) 要做沙盤演練、及實作彩排，然後從中發現缺點
(2) 事前，必定赴現場觀察、了解及掌握
(3) 最高長官要重視、及召集精神講話、指示及叮嚀

3. 執行中
(1) 公司派出上級監督成員，現場監督
(2) 被指派的計劃執行長，必定赴現場指揮
(3) 要求隨時回報狀況（透過 e-mail、電話或面對面開會）
(4) 要求按 SOP（標準作業程序）執行，有紀律的執行
(5) 面對突發狀況，授權機動應變
(6) 對委外單位更要派人監督

4. 執行後
(1) 撰寫檢討報告，並開會檢討
(2) 要展開賞罰措施
(3) 列為員工教育訓練教材內容
(4) 有必要時，修改公司相關的規則及制度

圖 1-17　執行力應注意的四個階段規範要點

　　最後，建議企劃人員不能只會寫企劃案，沒有強大的執行力。很多企劃人員擅長於紙上作業 (Paper Work)，但卻不喜歡或不擅於到第一線去落實執行力。這種企劃人員是不會有成長、進步及成功的。所以，企劃人員要提升企劃力，一定要「允文允武」才行，亦即文的要企劃能力，武的要有執行能力，這樣「文武合一」，才是最佳的企劃人員及企劃力提升的保證。

11 企劃與六到力（現場力）

一、企劃人員六到：耳到、腳到、眼到、手到、口到、心到

身為一個企劃人員，不管是在蒐集資料過程、撰寫過程、分析評估過程或是規劃過程、檢討過程、以及執行過程等，企劃人員都必須用心做到及做好六個到。亦即：「耳朵要親耳聽到、腳要親自走到、眼睛要親眼看到、手要親手摸到、口要親口問到，以及心靈要親身去體會、感受到與思考到。」

(一) 耳到

耳朵要多聽。要聽到內部基層員工、顧客、供應商、學者專家、政府執行部門、會計師及律師等，對本公司的建言。因此，要耳聽八方，然後，自己再做判斷。如果沒有聽到，就會缺乏訊息情報來源。

(二) 腳到

解決問題的人要腳到，親自到發生問題的現場。包括可能是研發設計、生產工廠、品管、倉儲物流、銷售、客戶、供應商、客服 Call-Center 現場等。

(三) 眼到

要親眼看到。光聽到還不夠，要親眼看到及觀察到才可以。所謂眼見為憑，即為此意。因此，自己看到才能體會，才會有所判斷依據。否則只聽別人轉述，易被誤導或斷章取義。

(四) 手到

要實際用手摸到。實作的現場或據點，必須用手去觸摸、操作、實驗、服務等，才會有真感受。

(五) 口到

要親口發問。問出問題的本質與解決方向。因為，不發問只靠聽別人講、只靠眼睛去觀察，仍是不夠的。很多事情的背景及來龍去脈，不是外表呈現的那樣，有更深層的原因造成。因此，要親口發問，而且要懂得問，問

出答案來。

(六) 心到

要用心去感受體會，所謂「心同感受」即為此意。唯有將心比心與認真用心的去思考問題，才會得到比較好的解決對策。

二、企劃應走出辦公室，與第一現場結合，才能切中要點

企劃力的提升，我認為有二個核心本質：

(一) 一定要以「顧客」為核心點

一旦離開了顧客，抓不住顧客的心、滿足不了他們的需求，那就什麼都不是了。

(二) 一定要以「現場」為核心點

不以現場的實況為基準點，那企劃有什麼用呢？現場包括：

1. 工廠現場（生產線、倉庫、品管）。
2. 物流現場。
3. 銷售現場（大賣場、超市、便利商店、百貨公司、經銷店、加盟店、直營店）。
4. 活動現場（公關活動、行銷活動）。
5. 服務現場。
6. 研發與試驗現場。
7. 客戶現場（國內客戶／國外客戶）。
8. 供應商現場（原料／物料／零組件）。
9. 合作夥伴現場。
10. 併購對象現場。
11. 國外先進國家的市場現場。
12. 市調、民調的現場。
13. 其他重要的相關現場地方。

三、企劃的二個核心本質：顧客＋現場

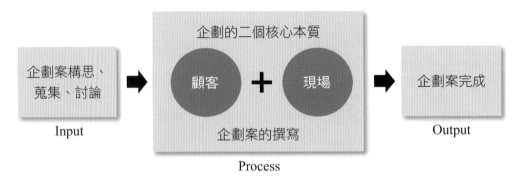

圖 1-18　企劃案的過程

如上圖所示，企劃案的過程，有三個階段：

(一) Input：包括企劃的構思、資料蒐集、訪談蒐集及討論。
(二) Process：主要是企劃案的撰寫，核心即在於掌握住「顧客」及「現場」二件事情。
(三) Output：即是企劃案經過大家共識後而修正完成。

四、小結：堅持從「現場」出發的企劃力

總結來說，我鼓勵所有的各類型企劃人員，一定要切記住，您們的企劃案，一定要以問題發生或問題解決的「現場」，為出發起始點及核心思考點之所在。一切從「現場」出發，貫徹六到的要求標準及規範，然後才會有真正務實、有效、優秀的企劃案出來，以及強大企劃力的提升。總之，堅持從「現場」出發的企劃力！

實戰範例　三個年度營運計劃書撰寫大綱　規範案例

案例 01

　　呈奉「本集團各公司或各事業總部撰寫新一年度的『經營企劃書』架構項目及內涵思維」，請鑒核。

　　說明：

一、面對歲末之際以及新的一年來臨之時，國內外比較具規模及較具制度化的優良公司，通常都要撰寫未來三年的「中長期經營計劃書」或未來一年的「今年度經營計劃書」，然後作為未來經營方針、經營目標、經營計劃、經營執行及經營考核的全方位參考依據。古人所謂「運籌帷幄，決勝千里之外」即是此意。

二、若有完整周詳的事前「經營計劃書」，再加上強大的「執行力」，以及執行過程中的必要「機動、彈性調整」對策，則必然可以保證獲得最佳的經營績效成果。另外，一分完整、明確、有效、可行的「經營計劃書」，亦正代表著該公司或該事業部門知道「為何而戰」，並且「力求戰勝」。

三、附件一所示內容，係提供給本集團各公司或各事業總部作為撰寫即將到來的新的年度：年度經營計劃書的參考版本。由於各公司及各事業總部的營運行業及特性均有所不同，故附件一的撰寫架構及項目內容，僅提供為參考之用，各單位可視狀況，酌予增刪或調整使用。相信未來本集團各公司及各事業總部必能升級邁向「制度化」營運目標。

四、恭請核示。

〈附件一〉

「今年度○○○事業部門／○○○公司經營計劃書」撰寫完整架構項目及思維

去年度經營績效回顧與總檢討

今年度「經營大環境」分析與趨勢預判

今年度本事業部／本公司「經營績效目標」訂定

今年度本事業部／本公司「經營方針」訂定

今年度本事業部／本公司贏的「競爭策略」與「成長策略」訂定

今年度本事業部／本公司「具體營運計劃」訂定

提請集團「各關係企業」與集團「總管理處」支援協助事項

結語與恭請裁示

附圖：「年度經營計劃書」的邏輯架構

壹、去年度經營績效回顧與總檢討

　　一、損益表經營績效總檢討

　　　　含營收、成本、毛利、費用及損益等實績與預算相比較，以及與去年同期相比較。

二、各項業務執行績效總檢討。

三、組織與人力績效總檢討。

四、總結。

貳、今年度「經營大環境」深度分析與趨勢預判

一、產業與市場環境分析及趨勢預測。

二、競爭者環境分析及趨勢預測。

三、外部綜合環境因素分析及趨勢預測。

四、消費者／客戶環境因素分析及趨勢預測。

參、今年度本事業部／本公司「經營績效目標」訂定

一、損益表預估（各月別）及工作底稿說明。

二、其他經營績效目標

- 可能包括：加盟店數、直營店數、會員人數、客單價、來客
  數、市占率、品牌知名度、顧客滿意度、收視率目標、新商
  品數等各項數據目標及非數據目標。

肆、今年度本事業部／本公司「經營方針」訂定

- 可能包括：降低成本、組織改造、提高收視率、提升市占率、提
  升品牌知名度、追求獲利經營、策略聯盟、布局全球、拓展周邊
  新事業、建立通路、開發新收入來源、併購成長、深耕核心本
  業、建置顧客資料庫、擴大電話行銷平台、強化集團資源整合運
  用、擴大營收、虛實通路並進、高品質經營政策、加速展店、全
  速推動中堅幹部培訓、提升組織戰力、公益經營、落實顧客導
  客、邁向20○○新年願景等各項不同的經營方針。

伍、今年度本事業部／本公司贏的「競爭策略」與「成長策略」訂定

- 可能包括：差異化策略、低成本策略、利基市場策略、行銷 4P
  策略（即產品策略、通路策略、推廣策略及定價策略）、併購策
  略、策略聯盟策略、平台化策略、垂直整合策略、水平整合策
  略、新市場拓展策略、國際化策略、品牌策略、集團資源整合策
  略、事業 Spin-off 分割策略、掛牌上市策略、組織與人力革新策
  略、轉型策略、專注核心事業策略、品牌打造策略、市場區隔策
  略、管理革新策略、以及各種業務創新策略等。

陸、今年度本事業部／本公司「具體營運計劃」訂定
- 可能包括：業務銷售計劃、商品開發計劃、委外生產／採購計劃、行銷企劃、電話行銷計劃、物流計劃、資訊化計劃、售後服務計劃、會員經營計劃、組織與人力計劃、培訓計劃、關企資源整合計劃、品管計劃、節目計劃、公關計劃、海外事業計劃、管理制度計劃、以及其他各項未列出的必要項目計劃。

柒、提請集團「各關係企業」與集團「總管理處」支援協助事項

捌、結語與恭請裁示

案例 02

呈奉「本公司自有品牌事業部明年度營運計劃書」撰寫大綱架構，請鑑核。

一、奉○○於 11/30（四）計劃管制中心會議，在聽取○○○副總自有品牌事業報告後指示，鑑於○○○化妝保養品發展已四年，但業績績效卻表現平平，顯示存在一些經營問題，應徹底展開總檢討及提出改革對策。要求下次會議應提報明年度（○年）完整的營運計劃書，並指示由職研擬完整的撰寫大綱及邏輯性架構與項目，提供給○○○副總參考。

二、茲研擬「自有品牌○○○事業發展四年總檢討報告書」撰寫大綱如下，供為○○○副總參考使用

(一) 過去四年○○○發展績效與問題總檢討
1.營收績效檢討。
2.營業成本、毛利、營業費用、營業損益績效檢討。
3.市場與品牌地位排名績效檢討。
4.虛擬通路及實體通路績效檢討。
5.產品開發績效檢討。
6.品牌知名度、形象度與滿意度績效檢討。
7.價格策略檢討。
8.品牌打造做法檢討。

9. 廣宣預算檢討。

10. 代言人績效檢討。

11. 組織與人力績效檢討。

12. 採購績效檢討。

13. 產、銷、存管理制度檢討。

14. 總體競爭力反省檢視暨業績停滯不前之全部問題明確列出。

15. 小結。

(二) 國內化妝保養品市場環境、競爭者環境及消費者環境之現況分析，與未來變化趨勢分析說明

1. 市場環境分析：包括產值規模、市場結構、產品研發、行銷通路、市場價格、廣宣預算及做法等。

2. 競爭者環境分析：包括各大競爭者的營收狀況、市占率排名、品牌定位、競爭策略、產品特色、公司資源、組織人力、產銷狀況等。

3. 消費者環境分析：包括消費者區隔、消費者需求、消費者購買行為、消費者購買通路、消費者品牌選擇因素等。

4. 小結。

(三) 本公司未來三年（中期計劃）的經營方針及競爭策略何在之分析說明

1. 未來三年的經營方針分析說明。

2. 未來三年的成長競爭策略之分析說明。

3. 小結。

(四) 明年度（○年）營運計劃與營運目標加強說明

1. 組織與人力招聘及變革加強計劃。

2. 產品開發目標計劃。

3. 實體通路開發具體目標與計劃。

4. 虛擬通路運用調整計劃。

5. 品牌打造計劃。

6. 銷售（業績）具體計劃。

7. 會員經營計劃。

　　　　8.公關計劃。

　　　　9.定價計劃。

　　　10.產、銷、存管理制度計劃。

　　　11.其他相關計劃。

　(五) 明年度（○年）損益表預估及工作底稿說明

　　　　1.營收預估（月別）。

　　　　2.營業成本預估（月別）。

　　　　3.營業毛利預估（月別）。

　　　　4.營業費用預估（月別）。

　　　　5.稅前損益預估（月別）。

　　　　6.各種產品線責任利潤中心制度損益區別分析。

　　　　7.小結。

　(六) 對本集團各關係企業資源整合運用計劃及請求支援事項。

　(七) 結論（結語）。

【案例學習心得】

從案例中，學到的概念及名詞：

(一) 總體競爭力。

(二) 組織與人的問題。

(三) 環境分析。

(四) 贏的競爭策略。

(五) 年度四目標與計劃。

(六) BU 制度（Business Unit，事業利潤中心）。

(七) 集團資源整合。

(八) 品牌打造。

(九) 問題總檢討（勿掩飾問題）。

(十) 跨行、跨產品經營不是那麼容易的。

12 企劃與資訊情報力

一、資訊情報的重要性

資訊情報對任何一個部門的重要性，當然是不言可喻的。

過去在撰寫經營企劃、競爭分析、行銷企劃或產業商機報告時，最感到困難或不易之處，就是外部的資訊情報不容易準確或及時蒐集。特別是競爭對手的發展情報，以及某些新產品、新技術、新市場、新事業獲利模式等，國外最新資訊情報，也都是不容易完整拿到的，有時候還得要花錢去買或赴國外考察，才能得到一部分的解決。

資訊情報一旦不夠完整或不夠精確時，當然會使自己或是上級長官、老闆無法做出精確或有效的決策，也連帶的使報告受到一些質疑、責難或重做報告的處分。

因此，歸結的話，企劃人走的是一大挑戰，就是外部資訊，您是否能夠完整的蒐集到，這是對企劃寫手的一大考驗。

二、資訊情報取得困難的四個原因

第一：競爭對手的最新研發、生產、技術、業績、行銷、IT 資訊、人才、財務損益等，有時候的確很難拿到最新的發展訊息，因為對方很保密。

第二：有些新商機或新市場只是正在衍化或成形之中，並未很明確成形。即使透過市調或民調也只能抓住一些表面現象，也很難說 Yes or No。

第三：有些企劃人員習性上，就比較內向，外面人脈關係也不夠豐沛。因此，一旦要向外蒐集動態性資料時，就很困難，這是企劃人員自身應該加以改善的。

第四：有些公司並沒有在各事業總部或總公司設立專職與專人的企劃單位，來負責平時的產業分析、市場分析或 SWOT 分析及相關企劃的專責單位。因此平常的、有系統的資訊情報也就少些；因這

方面的企劃人才也缺乏，一旦臨時要做出這方面企劃，當然也就有些困難或無法做得很完美。這個問題，比較會出現在中小企業或不夠重視未來企劃工作的部分中型企業身上。建議企業要有編制的企劃單位，才能提升公司未來偵測環境或策劃未來的組織能力的培養。

三、獲取企劃案所需資訊情報三種來源

依作者過去多年的實務經驗顯示，在撰寫各種企劃案時，可歸納三種資訊情報的主要來源方式，包括：

第一：必須經由大量閱讀而來的資訊情報，這是最基本的。透過蒐集大量資訊情報，快速的閱讀、瀏覽，然後擷取出裡面的重點及您所需要的內容。

第二：有些資訊情報是無法經由閱讀而來的。因此，必須親自去詢問及傾聽而來，這一部分也占了不少比例，只是必須有能力判斷所聽到的是否完全正確？必須思考及過濾，不管如何，就顧客導向而言，詢問及傾聽他們的需求，當然是企劃案撰寫過程中非常重要且必要的一環。

第三：除閱讀及詢問、傾聽而來的資訊情報外，另外很重要的，必須親赴第一現場去親自觀察及體驗，才能完成一份好的企劃案，如果不赴現場，與現場人員共同規劃、分析、評估及討論，怎麼能夠憑空想像出來呢？因此，走出辦公室，走向第一現場，從「現場」企劃起，亦是重要的企劃要求。茲圖示上述三種方式來源如下：

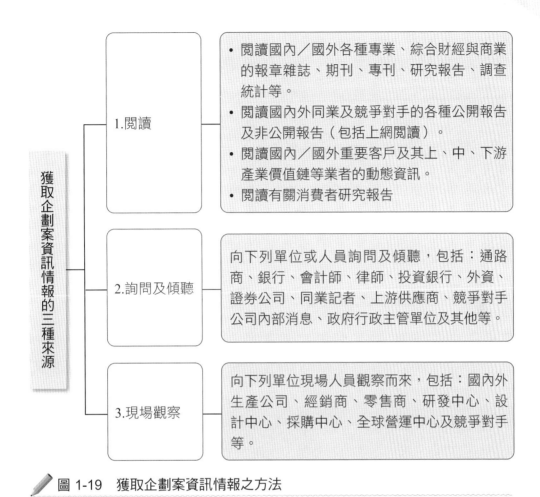

獲取企劃案資訊情報的三種來源

1.閱讀
- 閱讀國內／國外各種專業、綜合財經與商業的報章雜誌、期刊、專刊、研究報告、調查統計等。
- 閱讀國內外同業及競爭對手的各種公開報告及非公開報告（包括上網閱讀）。
- 閱讀國內／國外重要客戶及其上、中、下游產業價值鏈等業者的動態資訊。
- 閱讀有關消費者研究報告

2.詢問及傾聽
- 向下列單位或人員詢問及傾聽，包括：通路商、銀行、會計師、律師、投資銀行、外資、證券公司、同業記者、上游供應商、競爭對手公司內部消息、政府行政主管單位及其他等。

3.現場觀察
- 向下列單位現場人員觀察而來，包括：國內外生產公司、經銷商、零售商、研發中心、設計中心、採購中心、全球營運中心及競爭對手等。

圖 1-19　獲取企劃案資訊情報之方法

四、平常蒐集更多、更精確資訊情報的四種準備

　　企劃高手或是優秀企劃單位的養成，不是一蹴可幾的，它需要至少五年以上的歷練及養成，包括：人才、經驗、資料庫及單位的能力與貢獻。

　　一個企劃高手或是優秀企劃組織單位，認為從平常開始，就應展開有系統的蒐集更多、更精準的各種公司及老闆所必須知道的資訊情報，大概有四種來源，如下圖所示：

平常蒐集更多更精確　資訊情報的準備

1. 不出門，而能知天下事，閱讀而來，大量閱讀，必須指定專業單位、專業人員閱讀，並提出影響評估及因應對策上呈。

2. 詢問及傾聽而來，多問、多聽、多打聽，必須指定專業單位及專業人員去問去聽，並指出報告上呈。

3. 現場觀察：經常、定期親赴第一線生產、研究、銷售、賣場、服務、物流、倉儲等據點仔細觀察，並提出報告呈上。

4. 平時就應主動積極的參與各種活動，建立自己豐沛的外部人脈存摺及活躍的人際關係。

圖 1-20　蒐集資訊情報的管道

五、小結：掌握完整且精確的資訊情報，才能提出最佳對策與方案的企劃案

總結來說，一個企劃案如果缺乏完整且精準的資訊情報，就好像是缺少了一雙眼睛般，無法正確的看到敵人在何方，無法正確的知道敵人想做什麼及正在做什麼。也因此，使自己及公司無法研討出最有效的對策及方案。那麼您的企劃案就只是一個隨便寫寫的「Paper Work」（紙上企劃案），最終仍要失敗的，您也不可能成為企劃高手及成為對公司有貢獻的企劃人員。

總之，一個企劃高手或一個成功的優秀企劃主管，他們也必然是一個耳聰目明、眼觀四方以及人脈存摺豐沛的「資訊情報」高手。

13　企劃與重點知覺力

一、企劃的最高境界 ── 「重點知覺力」

依據多年感受及經驗，覺得企劃的最高境界，就是一種「重點知覺力」。亦即；情報訊息、新發現、新創新、表達的企劃報告、重點內容、恰恰就是老闆要的、對公司有重大貢獻、能解決公司當前迫切問題，以及能為

公司 Show Me the Money（賺錢）的。

　　因此重點知覺力的意義，即是如下圖所示：

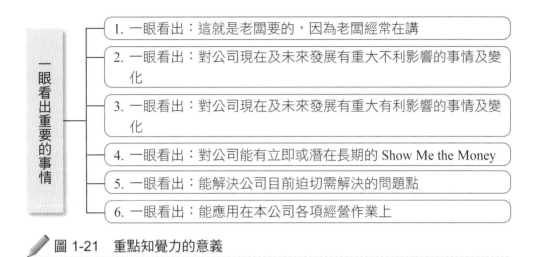

　　一眼看出重要的事情

1. 一眼看出：這就是老闆要的，因為老闆經常在講
2. 一眼看出：對公司現在及未來發展有重大不利影響的事情及變化
3. 一眼看出：對公司現在及未來發展有重大有利影響的事情及變化
4. 一眼看出：對公司能有立即或潛在長期的 Show Me the Money
5. 一眼看出：能解決公司目前迫切需解決的問題點
6. 一眼看出：能應用在本公司各項經營作業上

圖 1-21　重點知覺力的意義

二、缺乏「重點知覺力」的五項原因

　　過去企劃部屬普遍的一個比較顯著的缺失，以及功力略遜於我的地方，那就是對於「重點知覺力」的差別。

　　我認為長期以來，一般企劃人員在重點知覺力比較不足的原因，有以下幾點：

第一：他們較年輕，就業工作時間較短。因此，所累積對公司的了解或對老闆的了解及需求，就比較沒那麼充足，而影響到重點知覺力。

第二：他們的累積經驗，總體來說，是比較不足的，這也會影響到他們的重點知覺力。

第三：他們在商業、企業、財會及 EMBA 的一般性理論知識及一整套學問系統，是比較缺乏、不足、無法連貫、無法點線面連結在一起，以及較無法全方位深入研習；這也很明顯的會影響到他們的重點知覺力。

第四：由於他們的年紀輕、位階不高，還有其工作性質使然，因此使得

他們比較缺乏大的格局、大視野及高瞻遠矚性。因此，也影響到了重點知覺力。

第五：平常在各種開會中，以及對老闆、公司、各部門的工作指示及詢答等，沒有很用心的記錄、傾聽、吸收及思考，因此缺乏與老闆一樣的等級及層次，這也影響到了他們的重點知覺力。

三、如何提升正確與敏銳的「Sense」（知覺敏銳）能力

究竟應如何提升自己在企業方面的高度 Sense（知覺）能力呢？這也是一件很不容易就可以修習到的知識與能力。我看過很多成功的大老闆或成功的專業總經理與專業經理人，他們大抵都擁有本堂課所說的高度敏銳的 Sense 能力。能夠 Sense 到這個點子、產品、做法可以賺錢或是有商機可尋。

總結來說，要如何提升正確與敏銳的 Sense 能力，有下列十點，如圖所示：

提升正確與敏銳的 Sense 能力

(1) 要靠累積豐富的經驗

(2) 要時刻想到與本公司經營目標及經營獲利相互連結

(3) 要想到是否能解決公司當下面臨的問題

(4) 要能有大格局及大戰略的思維

(5) 要能高瞻遠矚，要能看到更遠的未來

(6) 要有超高的根本、專業能力及行業能力

(7) 要有廣泛的 MBA 基礎學問

(8) 要有習慣性的深入思考力

(9) 要有舉一反三、融會貫通的能力

(10) 最後，要有直觀思考及靈光乍現的巔峰知覺

🖊 **圖 1-22　提升直覺能力的方式**

四、有利或不利資訊情報 Sense 的全方位步驟

過去工作時，其中的一次工作執掌，就是每週要定期向我的老闆提報足以影響整個公司或某個事業部門或某項功能領域方面的內外部資訊情報，特別是外部資訊情報。因此，在當時，我每次都要看很多份財經報紙、財經雜誌、專業網路、競爭對手官方網站、國外先進國家或標竿企業的各項報告、研究機構報告，甚至是日本、美國財經報紙與雜誌等。

對於這一項工作的流程步驟，如下圖所示七個過程：

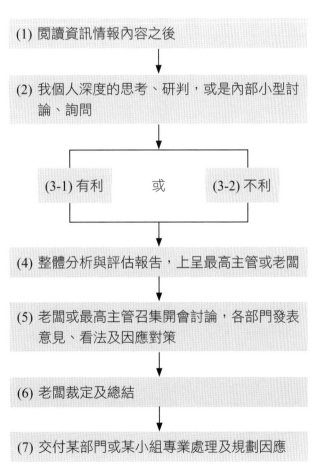

有利或不利資訊情報 Sense 的全方位步驟

(1) 閱讀資訊情報內容之後

(2) 我個人深度的思考、研判，或是內部小型討論、詢問

(3-1) 有利　　或　　(3-2) 不利

(4) 整體分析與評估報告，上呈最高主管或老闆

(5) 老闆或最高主管召集開會討論，各部門發表意見、看法及因應對策

(6) 老闆裁定及總結

(7) 交付某部門或某小組專業處理及規劃因應

圖 1-23　Sense 全方位步驟

五、Sense 針對公司有利或不利的影響項目

　　企劃單位的工作，主要負責向老闆呈報以下各項對公司有利或不利影響的重點知覺項目及內涵要旨，包括如下圖所示的十九個重要項目：

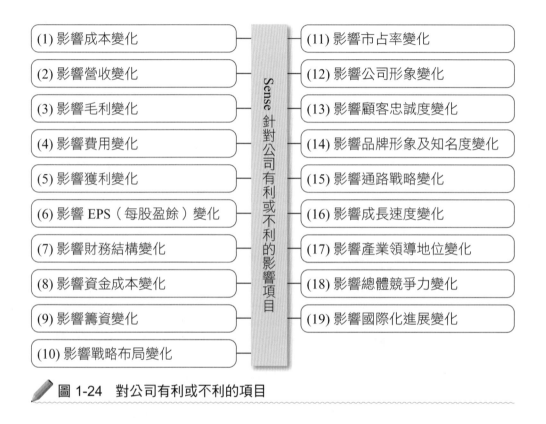

(1) 影響成本變化

(2) 影響營收變化

(3) 影響毛利變化

(4) 影響費用變化

(5) 影響獲利變化

(6) 影響 EPS（每股盈餘）變化

(7) 影響財務結構變化

(8) 影響資金成本變化

(9) 影響籌資變化

(10) 影響戰略布局變化

Sense 針對公司有利或不利的影響項目

(11) 影響市占率變化

(12) 影響公司形象變化

(13) 影響顧客忠誠度變化

(14) 影響品牌形象及知名度變化

(15) 影響通路戰略變化

(16) 影響成長速度變化

(17) 影響產業領導地位變化

(18) 影響總體競爭力變化

(19) 影響國際化進展變化

圖 1-24　對公司有利或不利的項目

六、企劃高手的極致，必然是一個 Sense 高手

　　總結來說，我深深覺得，一個攀到高峰的企劃高手，一定也是一個對任何人、事、物資訊情報等，都能馬上 Sense（知覺）出重點在哪裡，也馬上就能指出如何處理與解決之重點。

　　到最後，一定會是一個能夠完全融會貫通、舉一反三、推三論四的全方位頂尖企劃高手。

14 企劃與國外借鏡力

一、為什麼要向國外借鏡學習

在企業發展及成長過程中，以及個人企劃力的發揮過程中，向先進國家與先進標竿一流企業的學習、參訪、借鏡，是非常重要的一堂課。國內很多企業發展成功，不管是製造業、科技業或服務業等，其實很多都是向國外取經而來的。為什麼要向國外學習呢？主要有幾個理由：

第一：國外大企業經營歷史久遠

國外大企業的發展歷史久遠，比國內企業要資深。國外大企業經常都有五十年、八十年，甚至百年以上的經營歷史。它們走過長遠的路，什麼是可以做的、什麼是不可以做的，什麼是對的方向、什麼是錯的方向，在它們身上都可以找得到。

第二：國外產業發展成熟

國外產業發展比台灣要早一些、快一些或成熟一些，至少領先了五至十年；可作為我們的參考指標及依循方向。這就是「術業有專攻，聞道有先後」之意。我們的國民所得及經濟發展，都在日本及美國之後，我們當然要跟進他們的步伐，比較容易成功。

第三：國外市場規模大

國外市場規模大，人口多，例如：日本有 1.35 億人，美國有 3 億人口，國民所得又為我國的二至三倍之多。因此，很多商機、很多事業模式，日本及美國都比我們先進，值得參考學習。

第四：國外企業都是全球化企業

日本、美國、英國、法國、德國等先進國家的企業，都是跨國性與全球性的大企業，他們的經驗、他們的 Know-How、他們的技術、他們的制度、他們的行銷、他們的 Business Model 等，一定有值得我們學習與借鏡、模仿的好地方及優點所在。

二、學習、借鏡國外先進企業

第一：應該了解及參考國外先進國家的產業發展、市場發展、競爭發展、技術發展及法令發展。

第二：應該借鏡國外先進公司、卓越公司、第一品牌公司的各種營運內容。

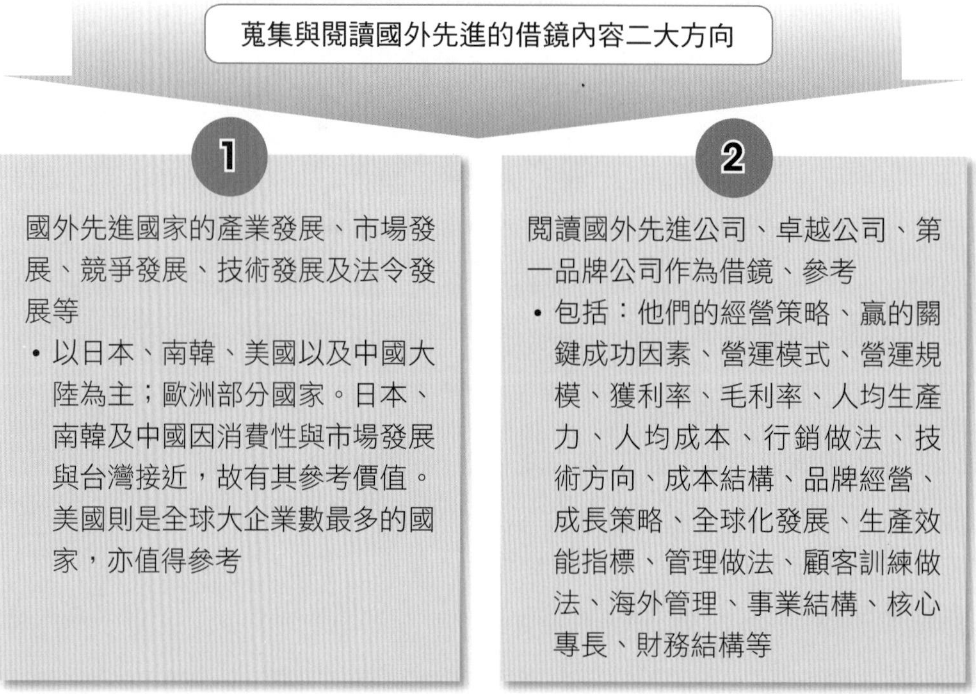

蒐集與閱讀國外先進的借鏡內容二大方向

1

國外先進國家的產業發展、市場發展、競爭發展、技術發展及法令發展等

- 以日本、南韓、美國以及中國大陸為主；歐洲部分國家。日本、南韓及中國因消費性與市場發展與台灣接近，故有其參考價值。美國則是全球大企業數最多的國家，亦值得參考

2

閱讀國外先進公司、卓越公司、第一品牌公司作為借鏡、參考

- 包括：他們的經營策略、贏的關鍵成功因素、營運模式、營運規模、獲利率、毛利率、人均生產力、人均成本、行銷做法、技術方向、成本結構、品牌經營、成長策略、全球化發展、生產效能指標、管理做法、顧客訓練做法、海外管理、事業結構、核心專長、財務結構等

圖 1-25　向國外借鏡的內容

若扼要簡單來說，就是應該學習國外好公司，他們的好做法、好點子、好策略、好制度、好架構、好組織、好思維方式與好的績效成就指標及好的 Business Model 等。如下圖所示：

學習內涵

| 1.好的做法 | 2.好的點子 | 3.好的策略 | 4.好的 Business Model | 5.好的制度 | 6.好的架構 | 7.好的 Format（表格） | 8.好的組織 | 9.好的思維方式 | 10.好的績效成就 |

✏ 圖 1-26　向國外借鏡的項目

三、如何蒐集國外先進的資訊情報

　　一個企劃人員應如何有效的蒐集到國外先進國家與標竿企業的資訊情報呢？依過去擔任企劃部門工作時之經驗，大致上有十項方法，如下圖所示：

如何蒐集國外先進的資訊情報

1. 上網查詢該公司官方網站（日文／英文／法文／德文）
2. 上網查詢該上市公司的網路資料
3. 蒐集他們出版的年報、季報及報告等
4. 訂閱他們國家出版的財經、商業、產業報紙／雜誌／書刊
5. 參加各國國際展覽（如東京／紐約／洛杉磯／柏林／巴黎）
6. 購買研究機構所出版的研究報告
7. 出國實地參訪該公司見習及詢問
8. 透過國外銀行、顧客、政府單位蒐集資料
9. 購買該國的商業書籍
10. 公司老闆在國外的人脈關係介紹而來

✏ 圖 1-27　蒐集國外先進資訊的方法

四、國外資訊情報如何應用到本公司

在蒐集、閱讀或赴國外實地參訪後，應如何將這些有用的資訊情報，有效應用到本公司上，企劃人員可有五種方式加以應用，以發揮對公司最大的貢獻及效益，包括如下幾點：

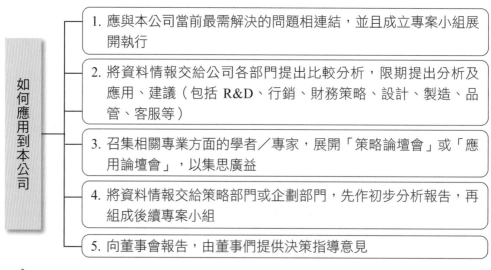

如何應用到本公司

1. 應與本公司當前最需解決的問題相連結，並且成立專案小組展開執行

2. 將資料情報交給公司各部門提出比較分析，限期提出分析及應用、建議（包括 R&D、行銷、財務策略、設計、製造、品管、客服等）

3. 召集相關專業方面的學者／專家，展開「策略論壇會」或「應用論壇會」，以集思廣益

4. 將資料情報交給策略部門或企劃部門，先作初步分析報告，再組成後續專案小組

5. 向董事會報告，由董事們提供決策指導意見

✏ 圖 1-28　如何應用所得到的資訊

五、小結：國外借鏡力讓您發現新道路與新契機

總結來說，向日本、美國、英國、法國等先進國家、先進產業、先進市場、先進企業、先進科技及先進數據指標與先進 Know-How 學習、參考、借鏡及模仿，一定會有助於避免我們自己浪費時間摸索、無意義的費時辯論，以及浪費成本的失敗經驗。有助於我們在企劃的過程中，發現新方向、新道路及新契機，並且更為省時、省力、精準及有效率。

因此，企劃人心中一定要有向國內外隨時借鏡、參訪、見習的心及行動，然後您的企劃力才會提升，企劃案才會有更高成功機率。

15 企劃與人脈關係力

一、人脈關係力

在企劃過程中，人脈關係或人脈存摺當然也扮演一定的角色。因企劃案的撰寫內容，不可能只從各種次級資料報告中、上網查詢下載或是公司內部各種可取得的資料，就可以滿足的。所需的外部資料很難取得，又不是自己專精領域的資訊情報時。此時就需要仰賴外部人脈關係不可。

良好的人際關係及人脈存摺，對企劃案的撰寫、思考及判斷，有下列幾點助益：

(一) 蒐集到不易獲得的資訊情報。

(二) 做某些方面或某些數據上的「求證之用」。

(三) 比較快速的了解我們所不熟悉的行業、產業與市場。

(四) 促成我們尋找國內或國外策略聯盟合作之用。

(五) 企劃案內容集思廣益討論之用。

(六) 促進政府修改不合時宜之法令與有利的產業政策之改變。

(七) 比較快的安排國外先進國家參訪與見習之用。

(八) 引進國外知名品牌及廠商之合作。

(九) 引進國際財務資金之募集。

二、建立人脈存摺

人脈存摺當然愈多愈好，不管是不是經常可以用上的，都是值得我們用心去經營及維繫的。包括下列這些對象：

(一) 上游供應商（原物料廠商、零組件廠商、進口貿易商、代理商）。

(二) 同業友好廠商。

(三) 下游大客戶（國外 OEM 大客戶）。

(四) 下游通路商（經銷商、批發商、零售商）。

(五) 政府行政機構。

(六) 國外政府機構。

(七) 媒體界、公關界。

(八) 大學及學者教授。

(九) 產業專家們。

(十) 國內外研究單位。

(十一) 國內外銀行主管。

(十二) 國內外知名財務公司、投資銀行、招募籌資。

(十三) 國內外知名會計師事務所、律師事務所及企管顧問公司。

(十四) 國內外財團法人。

(十五) 相關過去的同學及同事們。

(十六) 其他各種單位及人員……等。

三、小結：用心經營人脈存摺

　　成功的企劃與執行過程，其實都不是只有靜態的文書作業過程而已。更多部分及困難部分，必然都是與外部有關的，身為企劃人應了解。因此，從踏入社會工作的第一天起，就應更虛心、用心、認真、坦承、主動與互惠的心態，一步一腳印的建立起自己必要的外部人脈存摺及良好的人際關係。必須用到時，將會發揮臨門一腳的助益，讓我們的企劃大功告成。這就是人脈存摺的力量，是不可被忽略的。

16 企劃與產業熟悉力

一、企劃應該熟悉產業十四項內涵

　　企劃人員當然且必然的要了解所在工作或公司所處產業的各種實際狀況及內涵，才可以稱為是這個產業的「專家」或產業內「企劃專長」。

　　每個人掌握一、二個真正專長且熟悉產業，是一件非常非常重要且根本的事情。事實上，有些人工作了十多年，依然並不完全了解或掌握他們工作的產業，僅是粗淺的了解而已，這是很可惜的。

　　每個企劃人員要提升必勝的企劃力，應問自己是否真的了解下列幾點：

(一) 產業價值鏈及產業結構的最新變化。

(二) 競爭對手及競爭生態的最新變化。

(三) 跨業競爭威脅的最新變化。

(四) 成本結構的最新變化。

(五) 獲利結構的最新變化。

(六) 上、下游及周邊產業的最新變化。

(七) 主要客戶群或消費群的最新變化。

(八) 商業模式 (Business Model) 或營收模式 (Revenue Model) 的最新變化。

(九) 替代品威脅的最新變化。

(十) 主要各種經營與管理 Know-How 的了解，包括採購、研發、製造、行銷、業務、物流、服務、品管、商品開發、資訊……等。

(十一) 各種人脈關係。

(十二) 各種法令最新變化。

(十三) 關鍵成功因素 (KSF) 何在及獲利因素何在？

(十四) 核心競爭力何在？問題點何在及商機點何在？

二、不同產業有不同企劃內涵及重點

的確不同的產業對企劃內涵及重點的要求，當然會有所不同，這是必然的。所謂「隔行如隔山」即是此意。

國內目前主要的行業，包括：金融、保險、便利商店、百貨公司、大賣場、超市、名牌精品、餐飲連鎖、信用卡、電視媒體、食品、SPA、生技、航空、旅遊、網路購物、大飯店、遊樂區、汽車銷售、日用品、資訊 3C、家電、房仲、建築、藥妝店、服飾連鎖、電影院、唱片、出版、書店等上百個各行各業，都有它們獨特的產業特性、產業結構、產業競爭及產業前景，而企劃活動也就跟著有所不同及改變。

三、熟悉您的產業的七種做法

企劃人員究竟該如何才能變成這個產業內的專家呢？提供幾點作為參考：

第一：至少五年以上產業的工作經驗

至少要有五年以上在這個產業工作過及歷練過的經驗才行，而且這五年都是很用心的在「做中學」，努力的學習。

第二：組織內各部門歷練與輪調

應該多考慮在公司內部各部門多一些歷練及輪調，不同部門、可接觸到不同的工作性質及人脈關係，有更多元的面向及經驗。例如：在商品開發、在採購、在營業部門，不一定都守在企劃部門。

第三：多出席內外部各種會議學習

應多出席公司內部及外部的各種會議，從會議中看到及學習到更多主管們的知識及專長 Know-How。

第四：積極建立產業界人脈關係

應更主動積極的建立同業及外部往來廠商、客戶的人脈存摺，並了解他們的運作狀況，把視野及思維延伸到更多的地方去。當了解愈多，就愈能融會貫通。

第五：蒐集及閱讀國外先進資訊情報

應上網蒐集更多日本、美國及歐洲等，國外先進國家這類產業更先進發展的資訊情報，不應只侷限在國內的產業狀況。

第六：閱讀國內財經書報雜誌

對國內專業財經報紙、雜誌、期刊等每天、每週定期閱讀及吸收資訊。

第七、建立自己的產業資料檔案

最後，應試圖記錄或整理相關產業的資料或研究報告或 PowerPoint 簡報，並定期更新。

四、小結：產業熟悉力才能洞悉「企業商機」

在過往的經營企劃工作中，曾引進日本及美國若干好的產業、產品及市場發展資訊情報給老闆做參考借鏡，有的獲得採用，最後也都為老闆及公司

創造具體的可見貢獻，而我也獲得升遷及加薪的回報。從這些過程經驗中，擔任一些企業界的經營諮詢顧問工作，工作事項之一，仍然在告訴那些老闆們：國外有什麼 What Happen？有什麼新商機？有什麼新趨勢？有什麼新公司？有什麼新產品？有什麼新點子？有什麼新做法？有什麼新洞見？而這些都在「產業熟悉力」裡才能感覺到，才能 Sense 體會出來，才能眼睛為之一亮發掘到。

舉出這些歷練告訴大家，唯有對國內及國外的「產業熟悉力」，才能洞見您的「企劃商機」在哪裡，也才能得到公司老闆的激賞、肯定及有力拔擢。

17 企劃與財會知識力

一、企劃人員必須具備基本財會知識

企劃人員除 MBA 基本的組織、生產、資訊、行銷、人資、品管、採購、R&D 研發、行政總務及智財權等知識之外，其實也必須對「財會」要有一定程度的了解，其原因有以下幾點：

第一：企劃案或檢討報告等，經常必須有數據化資料呈現才行。

第二：企劃案經常必須預測未來的損益表狀況。

第三：企劃案經常必須考慮到資金來源的支應準備。

第四：檢討報告案或經營分析案，經常必須從財務三大報表才能看得出來，因此也必須有基本知識。

第五：唯有科學化數據資料及財務會計資料，才能使上級主管做出正確的抉擇及決策。

二、企劃人員經常缺乏財會知識

以前在中小企業工廠或中小型服務業或大型企業集團工作時，各部門都要寫報告或做部門規劃案，包括：工廠部門、品管部門、採購部門、國際部門、內銷部門、總經理室幕僚部門、事業部門、人資部門、投資部門等，有

不少比例的各部門撰寫人員，甚至是主管，都缺乏財會知識及財會 Sense，這是一個很嚴重的疏失及不足。特別是理工科系、文法科系及新聞傳播科系等畢業背景的上班族較為不足。

　　如欠缺基本的財會知識，會使撰寫企劃案或對企劃案要做出決策或指示時，會不夠正確、不夠精準、不夠思考周全完整，甚至下達錯誤的指示及決策選擇；這是很嚴肅的課題。

三、企劃人員應具備哪些財會基本知識

　　那麼企劃人員應具備哪些財會基本知識呢？包括如下圖所示的幾點：

企劃人員應具備的財會基本知識

1. 了解損益預估者及其工作底稿（每月損益狀況）
2. 了解資產負債表（資產／負債／股東權益／資本額）
3. 了解現金流量表（預存現金餘額狀況）
4. 了解籌資／募資管道及方式
5. 取得低資本成本（低利率）
6. 了解營運損益平衡點
7. IR（投資者關係管理）
8. 了解 BU (Business Unit) 責任利潤中心單位的運作
9. 其他財會 Sense（知識／常識／認知度）
10. 了解各種 %、前後期比較 %、本公司與他公司比較 %、本公司與國外好的公司比較 %

圖 1-29　企劃人員應具備之財會基本知識

四、小結：深入財會知識，會使企劃案得到加持效果

　　建議非財會系所畢業的各科系上班族及企劃人員們，一定要抽空加強自己的財會學理知識，以及在公司的各種財會會議的工作中自我學習，如此才會使自身的企劃能力獲得加持或加分的效果，因缺乏財會數據、營業數據或

其他數據分析的企劃報告，是無法做下精準的決策與選擇。

18 企劃的兩種不同思維觀點

一、「效能」優先，「效率」次之的企劃管理觀念與思維

　　企業界或企業從事人員在每次營運工作過程中，經常忙得團團轉，工作負荷非常重，而且業務日益複雜化。

　　其實，依據作者過去企業界實務的結果顯示，很多事情都是「白忙」，都是「事倍而功半」，效益很小。花費很多人力、物力、資金，成效卻不大，實在蠻浪費且可惜，每個企劃人員或中高階主管應區別如下所示企劃管理的思維。

第一：Do the Right Things（效能）

　　即應做出正確的事，做對的事，凡是不必要、沒意義、沒效果的事，千萬不必浪費時間、人力、金錢去做，因為白費力氣。

第二：Do the Things Right（效率）

　　即指做事的效率、行動、執行力快一些、因事情有時效性、時機(Timing) 性，而且效率要更快一些。

　　企業界應該首重「做對的事」，然後其次才是「做快一點」，兩種融合在一起時，效能在先，效率在後。

　　若只重「效率」而忽略「效能」，那就顛倒不正確。

　　茲以圖1-30表示這二個不同思維的觀點。

圖 1-30　效能與效率的不同觀點

〈總結〉效能優先，效率次之，兩者並重。

二、「做對的事情」十二個指標

要怎樣才能判斷出什麼是做對的事情呢？依據如下圖所示的十二個衡量思考指標：

<table>
<tr><td colspan="1">判斷是否做對的事情十二個指標</td></tr>
</table>

判斷是否做對的事情十二個指標
(1) 對公司問題解決具有相當「優先性」及「迫切性」
(2) 對公司問題解決具有相當「重要性」及「關鍵性」
(3) 具有「可行性」，如不具可行性就會白忙一場
(4) 經過「辯證」過程，而不是一言堂，相信真理是愈辯愈明
(5) 為「大家所共識」會團結一致全力以赴的
(6) 「效益」大於「成本」，是否做過這樣的數據分析
(7) 具有「立竿見影」的成效
(8) 列得出可以有哪些有形效益及無形效益
(9) 具有「今日不做，明日就會後悔」的意涵存在
(10) 具有「戰略性」及「結構性」的雙重影響性存在
(11) 所想到的各種方案及做法中，最好及最適當的
(12) 對公司員工及經理的根本本質問題是有幫助的

圖 1-31　做對的事情十二個衡量思考指標

三、小結：「準」又「快」的快槍俠企劃高手

　　總結來說，效能觀是「精準」，而效率觀則是「快速」。作為一個企劃高手，不管在資料蒐集、報告撰寫或是執行力上，都應擁有既「準」且「快」的雙重能力企劃快槍俠。

　　然而要做到既「準」且「快」，真的不是一件容易的事，它需要經驗、知識、常識、格局、視野、人脈、眼光、目光遠大、融會貫通及觸類旁通。但這卻是一個值得您列為努力的經驗目標。

19 企劃與主動積極力

一、企劃人員缺乏主動積極性

依過去經驗顯示，不少公司各部門的企劃幕僚人員是較被動、蕭規曹隨、比較做 Routine 常態的事或是經常為長官或老闆交代什麼、指示什麼，然後才去撰寫檢討報告案、營運分析案或業務拓展案。

各部門企劃人員一旦缺乏「主動積極性」，就不會有較大的創新構想、不會有想再力求突破、不會有更大的挑戰目標、不會想到更大事業突破及業績成長、不會有危機意識、不會有問題威脅分析、不會有好的洞見及前瞻性、不會力求改變現有的缺失及弱點，然後安逸於現狀，滿足於現有的成就以及爭權奪利，最終就是組織戰力逐漸下滑，而且被競爭對手超越，企劃人員須知：「不進則退」的道理，如被動、消極、多一事不如少一事的心態；那麼競爭對手可能積極主動、勇於任事、勇於創新、勇於改革、勇於提案，組織間充滿活力、朝氣、希望、挑戰、目標及戰鬥力，則勝與敗、進與退，就是很明顯的結果。

很多落後品牌不斷追趕上前三大品牌的例子，也很多沒沒無名的品牌突然崛起，更看過一些中小企業苗壯為大公司或連鎖企業，這其中部分原因，必然老闆一定是個創意及想法 (Idea) 很多的人，不斷丟出很好的事業想法及做法，要求各部門主管提出執行企劃方案，然後落實貫徹，就會出現成長的軌跡及收穫。

很多位居第一品牌的領導公司及企劃、經營部門人員每天都非常辛苦工作，不僅是朝九到晚五，每天總有忙不完的事情、開不完的會議以及新的挑戰營運目標，可說「第一品牌」得之不易，因為第二、第三品牌一直在後追趕。

二、提升主動積極性十種做法

為此，我認為透過下列十種做法、方式或來源，可激起各部門企劃人員的積極性及主動性。為公司或集團的每一個重大階段性的發展、成長與厚實

競爭力，注入更大的根基與助力。如圖所示：

| 提升企劃人員的積極性及主動性 | 1. 從每日／每週／每月的市場競爭與本公司營運績效的數據化結果，速做企劃案的對策檢討 |
| 2. 每月定期一次舉行「策略論壇會」，甚至邀請專家學者出席，針對各部門提出的報告進行講評 |
| 3. 每月定期舉行一次「讀書會」，針對研讀資料提出心得報告及企劃案構想 |
| 4. 每月定期一次提報國外先進國家、市場及公司的最新動態及發展趨勢，速做企劃案的對策檢討 |
| 5. 將每位企劃人員的企劃提案的質與量列表比較，併納入個人年終考績評核內 |
| 6. 要求前瞻性的列出未來幾年及未來一年的重大及核心企劃案 |
| 7. 要求各部門必須訂定某個 % 的成長性目標，速做企劃案的對策檢討 |
| 8. 依據老闆的最新指示方向、政策及戰略，然後速做企劃案的對策檢討 |
| 9. 定期每季一次提報政府單位的產業政策及法令變化，速做企劃案的對策檢討 |
| 10. 要求全體員工做創意提案、改善提案、新事業提案……等 |

圖 1-32　提升企劃人員主動積極性十種做法

三、小結：勇於任事

　　企劃人員應體認到，想提升「企劃功力」不是一句空話，一定要身體力行，從主動積極的多做事、多規劃、多思考、多提案及多參與執行面細節作業，這樣才會大大有助於企劃功力的提升及強化，每次主動積極，多做一件事，就多累積不同的經驗及 Know-How，對思維力及判斷力內涵的累積及提升，最終都會反應在企劃案的撰寫及執行力上的成效。

　　因此，企劃人員一定要永遠保持勇於任事的「主動積極」的工作態度及

精神意志，這樣才會成功。

20　企劃與大企業集團資源優勢力

一、企劃若有大企業集團資源奧援，將更有力

　　企劃人員如在中小企業或小企業、小公司工作，根據經驗，可能會面臨「巧婦難為無米之炊」的困境。換言之，小公司能給的資源及力量，恐怕會太少，會讓您充滿有志難伸之感。

　　以小公司做行銷而言，公司及老闆不可能給您太多的新產品開發費、新產品廣告費及太充足的營運人力編制，因此縱使有多好的想法或撰寫多好的企劃案，一論及到預算、人力、資金，老闆的態度可能馬上就改變，不是企劃案被七折八扣，就是此案暫緩執行。

　　這跟大公司、跨國公司比起來，當然小公司的資源太少。相對於大公司，他們可投入的資源就大很多，且他們還已經擁有高知名度品牌及優良企業形象的既有優勢，這些都是中小公司所難以比擬的，因此在中小公司做企劃一定會很辛苦，因為缺乏優勢資源的奧援，會事倍而功半。

　　舉例來說，如小公司經營洗髮精、沐浴乳之類的日用品，企劃力量及資源投入，會比得過現有三大品牌──P&G、聯合利華及花王公司的品牌產品嗎？當然比不上，而且會很辛苦。這三大公司的某個品牌，每年度的廣告預算可能都在 5,000 萬元以上，若是中小公司的老闆，捨得支出這筆錢嗎？就算可以有這筆預算，但它做出來的效果，絕對會不如既有的三大公司的品牌威力。

二、知名大企業集團舉例

　　茲列舉目前國內有哪些知名且資源奧援雄厚的大企業集團或外商跨國公司，如下：

鴻海集團	宏碁集團	遠東集團	雀巢公司
台塑集團	華碩集團	TOYOTA 汽車	SONY 公司
統一集團	國泰金控集團	P&G（寶僑）公司	桂格公司
統一超商集團	遠雄建設集團	宏達電集團	富邦集團
裕隆集團	台積電公司	金百利‧克拉克公司	聯合利華
長榮集團	新光三越百貨	日本花王公司	其他知名集團或公司

三、知名企業集團資源力量及競爭力優勢

綜上所述，知名企業集團或跨國公司，相對於中小企業而言，他們對「企劃戰力」會帶來哪些相對性的競爭優勢點及資源力量呢？大致可以列舉如下所示的幾點：

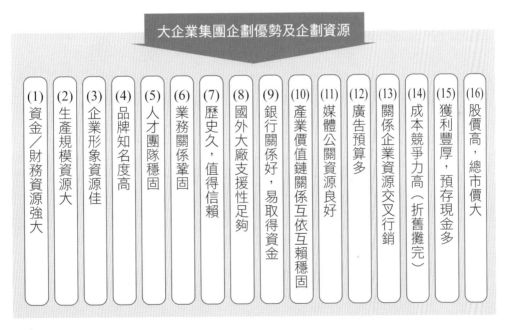

圖 1-33　大企業的企劃優勢及資源

四、小結：個人依附在大公司之下，企劃戰力才會得到發揮

總結來說，跨國知名公司或國內大企業集團，的確擁有數倍或數十倍於中小企業公司的企劃資源及企劃優勢，當然這不是說中小企業企劃就沒有出頭天或異軍突起的機會，只是這種機會不算太多，因為「大者恆大」的道理大家都知道，這是一個現實，也是一個事實。因此，建議各位企劃人員要提升企劃力，要實踐企劃構想，要得到更多行銷資源、R&D 研發資源、財務資金資源、人才資源等，唯有在大公司、跨國公司及大集團裡，才會比較有可能。

因此，如在中小公司，不妨趁年輕的時候，轉換跑道到大公司工作，未來生涯發展，才會更有廣大空間及無限的可能性存在，否則可能會「龍困淺灘」而遭埋沒。

很多事情及環境下，必須承認，個人的力量及才華是非常微小的，唯有依附在大公司、大集團下，您的力量及才華才能夠得到有效的發揮及發光，請您切記此點道理。

Q&A　課程需求與授課學員經常提問的問題

一、具有魅力及說服力的企劃書撰寫能力

答 第一：企劃書要證明能為公司帶來一定程度的「效益性」。那什麼是「效益性」呢？舉例來說：

(一) 從損益表來看

　　1. 成本可以下降（原物料、零組件、組裝、加工……）。

　　2. 銷售費用可以下降。

　　3. 營收可以增加。

　　4. 獲利可以增加、EPS 可以上升、毛利率可以上升、獲利率可以上升。

(二) 從營運系統與營運價值鏈來看

　　1. 單價可以提升。

　　2. 附加價值可以增加。

　　3. 可以攻進新市場。

　　4. 可以降低資金成本。

　　5. 可以提高生產良率。

　　6. 可以使新產品上市成功。

　　7. 可以提升品牌知名度與公司形象。

　　8. 可以增強公司通路競爭力。

　　9. 其他。

(三) 從顧客端來看

　　1. 可以提高顧客滿意度。

　　2. 可以為客戶解決問題。

　　3. 可以提升顧客忠誠度，使顧客再回購。

第二：企劃書要證明能具有一定程度的「可行性」。那「可行性」要怎麼證明呢？

　　1. 要有內部及外部專家、員工、及協力單位支持依據來源。

　　2. 要有科學化數據的調查結果支持。

　　3. 要有國外先進國家及先進大型標竿企業的成功營運模式或經驗。

　　4. 要有小規模的試驗 (Pre-Try)，試行的良好結果。

　　5. 要提出預估性的正面有利的財務數據分析作為支撐點。

　　6. 要擁有或外聘專家或挖角找到相關此企劃案專業人才或行家。

　　7. 老闆或提案的執行團隊，要有強烈且正確的「直觀性」與「老經驗性」判斷能力（老闆的直觀能力）。

　　8. 老闆對創新與風險二者間的抉擇如何（亦即老闆的個性與理念）。

　　9. 大家共同辯證與討論的結果如何，是正面多或負面多。

第三：企劃書的內容項目，一定要做到非常的「完整性」，亦即無懈可擊，毫無疏漏，要什麼有什麼。不能被老闆罵缺東缺西、見樹不見林。

第四：企劃書的內容項目呈現，一定要有「創意」、要有「創新」，要令人眼睛為之一亮。

二、企劃案落實展開與成功執行力

答 一個企劃案要落實展開與執行力的成功，要配合或做到下列條件：

1. 此企劃案的召集人或領導人，應該被賦予完全的權力，並且自己也是一個具有高度整合能力的高階主管。
2. 此企劃案應該配備有專責、專屬的幕僚統籌單位及人員。
3. 此企劃案的推動，一定要各功能小組及各協力單位都能分工清楚，且具有共識。
4. 此企劃案要訂出時程進度表。
5. 此企劃案要定期、密集開會，讓召集人了解各分工單位的進度，作為管控及緊迫盯人之用。
6. 此企劃案公司資源 (Resources) 要能全力配合（要人給人、要錢給錢、要設備給設備、要出國考察就出國考察）。
7. 此企劃案必要時，仍要借助「外部專業」的支援公司或委外協助。
8. 此企劃案在各分工小組執行過程中，遇有問題、困難或障礙，應該即時反應給召集人或上級主管，隨時要尋求解決與突破之道。
9. 各部門、各單位、各主管應充分團隊合作無間，一定要掃除本位主義及利己自私主義。
10. 此企劃案的成與敗，應該與公司激勵賞罰辦法相結合，亦要與考核制度相連結。
11. 此企劃案的召集人或各分工小組組長一定要走到第一線去。要腳到、眼到、手到、心到。
12. 最後，老闆要親自過問。大案時，要親自督軍。

三、邏輯思考與系統思考的能力

答 這是一種長期累積、終身學習、每天用心努力工作，然後才能形成的能力，它沒有捷徑，也不可能速成，也很難用幾句話去表達。日本管理大師大前研一寫了些關於這方面的書，但問題是看了之後，大家都可以成為大前研一嗎？

　　我覺得這些能力應該可以建立在幾個基礎上；換言之，您必須對下列幾項有初步的認識，包括：

第一：對企業營運系統的初步了解，如下圖示：

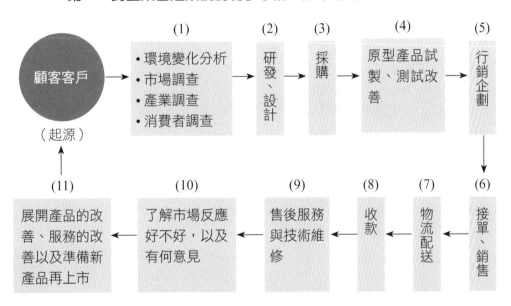

第二：對企業管理系統的深入掌握，如下圖示：

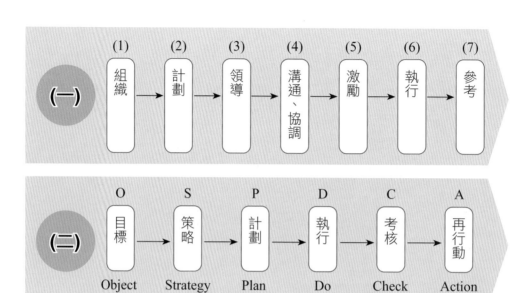

第三：對企業外部系統的層級掌握，如下圖示：

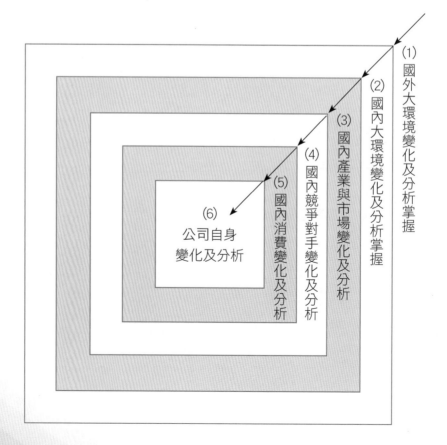

第四：對企業各功能部門別知識內容的了解

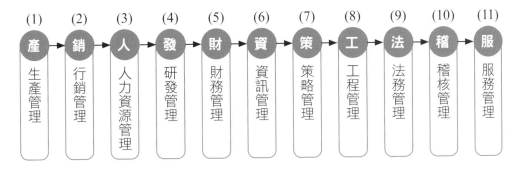

(1)	(2)	(3)	(4)	(5)	(6)	(7)	(8)	(9)	(10)	(11)
產	銷	人	發	財	資	策	工	法	稽	服
生產管理	行銷管理	人力資源管理	研發管理	財務管理	資訊管理	策略管理	工程管理	法務管理	稽核管理	服務管理

第五：對 6W/3H/1E 十項思考點的掌握

- 6W：What、Why、Who、Whom、Where、When
- 3H：How to Do、How Much、How Long
- 1E：Evaluation

第六：對 3C 分析的掌握

- Competitor（競爭者分析）
- Consumer（消費者分析）
- Company（自我分析）

第七：對損益表知識的初步了解

- 營業收入（金額、比例）
- 營業成本
- 營業毛利
- 營業費用
- 營業淨利（淨損）
- 營業外收支
- 稅前淨利（淨損）

第八：見樹又見林，如下圖示：

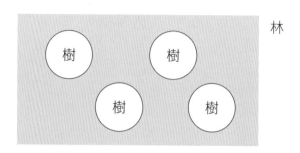

第九：對各方面的作業，均能經驗豐富、見識廣闊

四、資料彙整與分析能力

答 **(一) 資料彙整**

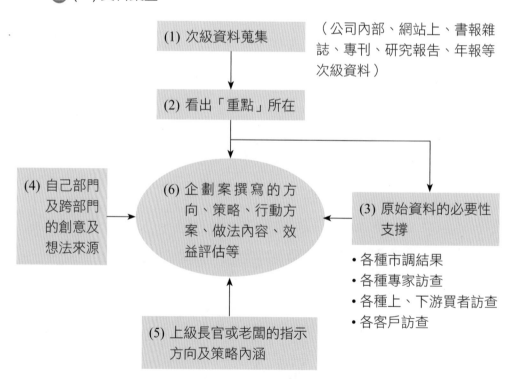

(二) 分析能力

1. 非數據分析力

　(1) SWOT 分析。

　(2) 產業五力分析。

(3) 競爭策略分析。

(4) 競爭優勢分析。

(5) 行銷 4P 分析。

(6) STAP 分析 (Segment, Target, Audience, Positioning)。

(7) 生產管理分析。

2. 數據分析能力

(1) 營收、成本、費用、損益、工程數據、生產數據等各種數據來源。

(2) 市占比分析、前後期比較分析、過去歷史性數據分析、國內外數據比較分析與標竿企業比較分析、同業比較分析、專案執行後比較分析等。

五、企劃書應具備哪些資訊項目，才算是完整的正式化企劃書

答 (一) 各部門、各公司、各單位的各種報告書、討論會、企劃會等非常廣泛，企劃書並不是非得有唯一一套的固定格式及項目內容，除非是政府機關的表格、申請書或年報、財務報表。除此之外，似乎並不一定強求要有固定制式的東西。

(二) 較重要的是企劃書是否完整周全？是否創新？是否可行？是否具有效益？是否大家都認同？是否經過大家的討論而能集思廣益？這些因素比較重要。

(三) 基本上，企劃書或報告書、檢討報告，應該具備下列十項內容思考力

1. **What**：要做什麼事？要達成什麼目標或目的？要解決什麼問題？

2. **Why**：為何要如此做？為何不那樣做？為何要採此方案？為何不要採此做法？有無做過 3C 分析？競爭對手又會如何？要不斷的問為什麼！要追根究柢！要追出真理！要透徹問題的背後是什麼！要找出最根本本質的東西！

3. **Who**：誰去過？哪個單位做？哪些人做？誰是 Leader？是否

能力足夠？是否資源足夠？

4. **Whom**：對誰做？B2C 消費者？B2B 國外大客戶？VIP 會員？特級經銷商？特級零售商？

5. **Where**：在哪裡做？國內？國內哪裡？國外？全球？地區？

6. **When**：什麼時候執行？各個時程如何？

7. **How to Do**：是最核心點，如何做才能做出效益？想法如何？創意如何？做法如何？計劃如何？步驟如何？有何支援？為何不行？為何有效？國內外經驗如何？風險程度如何？需要多少資源投入？成功率多大？競爭優勢點在哪？關鍵成功因素 (KSF) 為何？本公司核心能力是否契合？……等。

8. **How Much**：要花多少錢做？花在哪些主要項目上？是否值得支出？比較國內外同業花多少錢？

9. **How Long**：要做多久？為何是這些時間？是否可以縮短？加速？或延長？

10. **Evaluation**：事前及事後的「成本與效益」比較分析如何？效益是否過於樂觀？是否能夠如期達成？可行性何在？風險性何在？風險是否可承擔？若不做，結果又會如何？

第 2 章

企劃導論

第一節　公司為什麼需要「企劃」？

現代企業愈來愈重視企劃單位及企劃功能，「企劃」對公司的貢獻也日益顯著，而「企劃」的涵蓋領域也日益擴大延伸，幾乎公司內部組織都會有企劃單位及專責的企劃人員。而公司企劃單位的組織層級，也從一般部門向上提升到直屬董事長室、直屬總經理室或直屬總管理處，位階及功能不斷向上提高。

但是，公司為什麼需要「企劃」？「企劃」到底有什麼重要？它對公司的貢獻究竟在哪裡？

公司為什麼需要「企劃」，主要有下列原因：

一、企劃作為「高階決策判斷」的依據

各位都明瞭高階主管每天最重要的工作，就是做「決策判斷」，亦即所謂的 Decision-Making。因為高階主管的決策對公司影響太大了，因此，決策判斷的對與錯，必須非常審慎來看待。

問題是，高階決策判斷的依據是來自哪裡呢？在比較專制威權的公司體制裡，很可能是仰賴老闆的經驗與智慧，換言之，是老闆「一人決策」，老闆非常強勢，一人說了就算數。「老闆一人強勢決策」的影子，無所不在，成為企業組織文化的一環。此種決策當然有利有弊，但衡量現代優越決策機制與精神來看，「老闆一人強勢決策」並不是最好的決策模式，因為現代複雜且競爭激烈的商業環境，早已超出老闆一人決策的經驗及智慧所能及了。換言之，老闆今天需要的是借助經營團隊的智慧與經營團隊的能力，因此，團隊決策模式的完整性與周延性，是遠勝過於老闆一人決策模式的。而團隊的經驗、智慧與能力，則必須表現在「企劃案」的分析報告上，向老闆或高階主管做專案會議報告或是書面簽呈報告，以利高階主管做出決策。例如：實務上，我們經常會碰到下面的狀況：

案例 01

最近市場競爭對手大幅採取降價競爭手段，對本公司市場占有率構成很

大影響。此時，董事長（老闆）必會交代業務部或行銷部的企業幕僚，提出
「競爭對手降價策略之影響評估與對策研擬」的企劃報告，而且愈快愈好。
這樣的企劃報告將作為董事長或總經理重大決策的參考，其影響自然重大無
比。一旦企劃報告寫錯了或方向偏了，將導致公司營運發展重大受挫。

案例 02

　　公司為貫徹全球布局策略，董事長或總經理會要求事業部門及策略規劃
部門，共同提出「海外事業全球布局的企劃分析及執行計劃」報告，以提交
董事會通過採行。而此企劃報告所涉及的層面與層次就非常廣，對公司的未
來發展影響也很大。這些都是公司非常重要的高階決策判斷。

六類高階決策判斷的項目

　　總結來說，高階主管及董事會經常面臨海外投資設廠、國內擴廠、國
內轉投資、OEM 大客戶業務爭取、資本支出預算、資金來源取得、價格決
策、研發決策、新產品上市決策、促銷決策、核心事業擴充、上市上櫃、通
路決策、社會公益形象提升、人力資源發展、採購、公司 e 化、股利政策及
其他重大決策等，要做好這些決策，需要一群專業幕僚提出完整的企劃報
告，高階主管才能做好及做正確這些重大決策事項。

　　因此，企劃人員及企劃單位就扮演了幕後英雄的角色。

　　實務上公司常見的六類決策，包括：**投資決策、行銷決策、財務決策、
管理決策、研發決策、策略決策**等。

(一) 投資決策 (Investment)

　　1.海外投資設廠決策。　　2.海外購併他廠決策。　　3.國內擴大投資決策。

(二) 行銷決策 (Marketing)

　　1.OEM 大客戶爭取決策。　2.價格決策。　　　　　3.新產品上市決策。

　　4.促銷決策。　　　　　　5.通路決策。

(三) 財務決策 (Finance)

　　1.上市、上櫃決策。　　　2.海外募資決策。　　　3.國內募資決策。

　　4.國內融資決策。　　　　5.股利政策決策。

(四) 管理決策 (Management)

　　1. 公司 e 化決策。　　　2. 人力資源發展決策。　3. 採購決策。

　　4. 全球運籌決策。　　　5. 企業公益形象決策。　6. 組織結構決策。

(五) 研發決策 (R&D)

　　1. 智慧財產權決策。　　2. 技術研發決策。　　　3. 新產品研發決策。

(六) 策略決策 (Strategy)

　　1. 企業集團專業發展架構決策。　　2. 核心本業發展決策。

　　3. 布局全球發展決策。

　　總結來說，有好的企劃案，才會有好的高階決策判斷，然後才會有好的營運成功。因此企劃對公司來說，太重要了。

二、企劃可作為「執行」的基礎與「考核」的根據

　　學過管理的人都知道，所謂「管理循環」，是指：**企劃→組織→領導→指揮→激勵→考核→再企劃**。或者，更簡化來看，管理亦可以視為是：企劃 (Plan)、執行 (Do)、考核 (Check) 與再執行 (Action)，即 PDCA 循環。因此，我們可以說，企劃報告（或企劃案）將是落實貫徹「推動執行」的重要基礎，以及執行告一段落後的「考核」根據。因為在完整的企劃報告內，會提出執行方案，如何執行，以及執行後，將會有哪些預計效益或預算根據。

　　以上述來看，企劃工作已成為企業管理之「首要功能」。實務上，我們常聽到：「**好的企劃案，不一定能成功；但沒有好的企劃案，則一定不會成功。**」顯示企劃案的重要性及必要性。

　　此彰顯企劃工作與企劃報告書確實重要無比。因為有好的企劃案，執行起來將會較有秩序、有章法與邏輯可循，而且將來也能落實考核的目的，否則無從考核與再改善。

三、企劃是面對同業「競爭壓力」的對應利器

　　現代企業來自同業競爭壓力非常大，持續不斷面對同業的價格競爭、新產品上市壓力、促銷競爭、大客戶搶奪競爭、策略聯盟競爭、通路競爭、擴

廠規模競爭、時間卡位競爭、低利率資金競爭、人才爭奪競爭、廣告競爭、品牌競爭、技術創新競爭、全球運籌競爭以及品質競爭等，各種多元化、多層次、多構面之無情激烈的競爭。

在這種狀況下，企業必須發揮強大的企劃力，做好競合分析，與SWOT 分析（企業內部資源優劣勢分析與外部環境機會、威脅分析），提出有效的因應策略企劃報告。此將是企業面對同業強大競爭壓力的最大利器。

四、企劃因應面對日益複雜的經營環境變化

企業所面對的競爭來源，不只是「競爭對手」而已，還得面對變化多端的經營環境。包括消費者環境、大客戶環境、產業法令環境、社會文化環境、人口變化環境、國際政治與經貿環境、科技環境、供應商環境，甚至是國內政治環境等。

這些環境變化的層次、深度、廣度與速度，皆大大影響企業的營運績效。而此均使企劃分析與企劃報告日益重要，因為唯有透過周全、完善與即時的企劃，才足以剖析及因應日益複雜的經營環境，並訂出對應的策略方案。

五、企管工作愈來愈複雜

企業管理的工作愈來愈複雜，所以不能不多運用企劃功夫。尤其當企業規模不斷擴大、產品線及市場區隔愈益多元化與精細化，所以，必須透過團隊的企劃、執行及控制功夫，才能順利運作。

當企管工作日益複雜時，如何「運籌帷幄，決勝千里之外」，將考驗企劃人員的功力與企劃單位的功能。

六、企業不再是完全受市場宰割的無力羔羊

企業若能善用全體成員之腦力，包括積極創新精神及冷靜分析能力，不僅能夠適應或跟隨時勢，尚能創造有利時勢。企劃力將使企業不再是完全受

市場與環境任意宰割的無力羔羊，並能掌握一些主導權。

七、決策時間幅度愈來愈長，既爭一時，更爭千秋

實務上，中期性（三至五年）及長期性（五年以上）的策略性企劃案日益重要。部門主管所要負責的是短期性（一至二年內）的預算目標達成，以及如何因應市場短期的競爭壓力。但是，身為事業群總經理、公司總經理、集團董事長或董事會，他們所重視與需要的乃是三年至五年，甚至十年後的企劃案。因此，當決策時間幅度拉大之後，即必須有系統的、有邏輯的、有系列性與前瞻性的中長程企劃分析及企劃報告，才能為公司與整個企業集團發展，奠定順利進階成長之基礎，而這就需要「企劃」。

第二節　企劃（規劃）、計劃與決策之關係

企劃（規劃，Planning）、**計劃** (Plan) 與**決策** (Decision-making) 這三個觀念看起來很接近，實際上，彼此之間是有差異的。

一、企劃與計劃之差異

(一)「企劃」（規劃），代表是一種活動的過程，特別是思考與共同討論的過程，或是成為共同腦力激盪、發現問題與解決問題的過程。因此，「企劃」是活的、有生命的、彈性的、可變動的、可長可短的、機動的。

(二)「計劃」，代表是一種靜態的事件，亦為前述「企劃」（規劃）之後完成的具體書面文案結果。

因此，「計劃」是書面的，供為參閱和作口頭報告，以及最後決策的依據來源與判斷結果。

二、企劃與決策之差異

企劃與決策兩者均為一種選擇的過程，而且同為理性的運作過程。

　　「企劃」是幫助公司經理人員或最後決策者，分析、評估、思考、抉擇及選定現在應該做些什麼方案，使這些方案在不確定的未來進展時，能夠順利與有效地推動實行。

　　「決策」則是一種經驗與觀念的判斷及選擇。讓業務單位及幕僚單位以企劃好的方案，做出最適合的決定與最佳的判斷，並對部屬下達決策指令。

三、企劃、計劃、決策與再企劃是循環四連制關係

　　如前所述，雖然企劃、計劃與決策三者間彼此存在一些差異，但是這三者卻是一個循環連制的關係，彼此相互依賴，然後才會產生出對公司的價值，如下圖所示的四步驟關係。

　　通常公司面臨一項重大問題挑戰，或是出現未來問題的徵兆時，專業企劃幕僚單位可能會主動提出，或由董事長下令相關單位進行研討、討論、思考、動腦，並進行預先規劃作業。這就是處在第一步的企劃階段。然後在企劃案正式經過跨部門、跨單位或跨公司討論並修改之後，即正式成為「計劃案」。這是第二步的計劃成型階段。

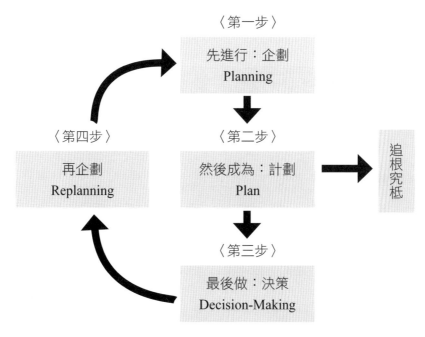

圖 2-1　「企劃」、「計劃」、「決策」、「再企劃」之步驟

最後，必須將此「計劃案」提報到各種決策會議，再加以討論及決定。這種決策會議，可能包括最高層的董事會或是跨公司總經理級高階決策會議，或是公司內部專案委員會議或是公司內部的一級主管組成的經營決策會議。

這些高階決策會議，經過理性的辯論並經必要修正，最後會形成決議共識，並做下相關決策指示。這就是第三步的決策選擇階段。

但是當決策展開執行後，經過一段時間，即可看出決策是否有效與正確，如果決策方案執行效果並不理想，須馬上進行「再企劃」的第四步。亦即須調整策略方向與戰術計劃內容，然後再付諸執行，一直到決策效果產生與問題解決，才能停止這種循環關係。

四、企劃＋計劃＋決策＋再企劃＝追根究柢

如上所述來看，企劃→計劃→決策→再企劃的循環四連制，其實就是一種**追根究柢**的精神與貫徹表現。

公司若能在各個部門，真正落實這循環四連制與追根究柢精神，相信很多潛在問題，都能預先加以化解並轉危為安，因危機就是轉機。即使是突然出現的問題，透過這四連制，也可以得到有效解決。

第三節　企劃的九項基本概念與特性

企劃的基本概念及特性，大致有以下九項，分述如下。

一、企劃基本性質：看現在，但更重未來

企劃所考慮的問題，除「現在」的問題外，更重要的是「未來」。亦即檢討、探索公司未來的方向、策略、目標、做法以及可行計劃方案。更簡單來說，它有兩個深思熟慮的主軸：

(一) 公司應有什麼願景目標 (What to Do)

(二) 公司應如何達成這些願景目標 (How to Reach)

　　而企劃的總作用，就在於滿足這兩個主軸核心需求，在一般的分工中，認為業務部門做現在，高階幕僚做未來。

　　從另一個角度來看，企劃不僅要爭一時（現在）更要爭千秋（未來）。換言之，企劃使公司現在得以存活下去，而且未來會活得更好、更強大。

二、企劃是一種理性的分析與選擇

　　企劃在本質上，應是一種對客觀的事實、評估、分析、討論與選擇。

　　換言之，各種企劃單位及企劃人員，必須盡可能運用科技化與系統化的相關數據，包括民調數據、研究機構數據、產業界數據、政府數據、顧客數據、供應商及通路商數據、國際數據、競爭者數據以及公司內部自身之數據，來選擇目標、方向、策略、做法及最實際的執行方案。

　　當然，公司的決策也不可能都是百分之百的理性與數據化，這中間可能還帶有若干成分的未知性、不可能預測性、不可掌握性以及變化多端性。但不管如何，公司最高決策者，仍須以理性為主軸，而把「賭性」及「感性」降至最低。如此，才可以把公司的未來風險也降到最低。

　　換言之，公司專業經理人及高階決策者，不是想到什麼就做什麼，也不是想一個念頭、一時興起或一次報告，就草率做下影響深遠的重大公司決策。

　　作者把企業實務上對於理性分析與選擇的困境與敵人，列出六項如下圖所示，其中有四項為環境因素，二項為高階人為因素：

圖 2-2　企劃的「理性」分析與選擇的二種困境

三、企劃是一種動態性與有彈性的思維活動：移動式企劃

　　企劃案不是討論過並定下之後就一成不變，這是最錯誤的想法。我們一再強調「企劃」是因應「環境」而存在，既然公司所面臨的國內外經濟、法令、科技、社會文化、顧客、供應商與競爭者等環境是每天都在變動的，因此，企劃當然也必須跟著**動態** (Dynamic) 與**彈性** (Flexible) 應變。

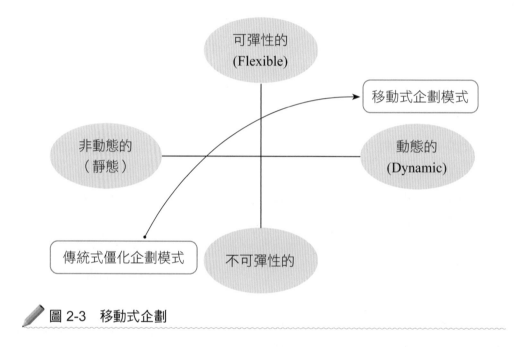

　　圖 2-3　移動式企劃

　　此為**移動式企劃**模式。唯有動態與彈性，公司才能不斷地達成新目標挑戰與既有競爭挑戰。

　　現在公司的經理人及高階經營者，必須拋棄「傳統式」僵化企劃模式的老舊思維與做法，而改採創新思維與做法的「移動式」企劃模式。這樣才適宜因應外部環境與競爭者環境的強大壓力。

四、企劃是有邏輯性的程序

　　企劃其實是一種邏輯思維、系統程序與組織能力的訓練，一個成功的企劃專業經理，必然是一個邏輯清晰且組織能力相當強的人。

因為企劃的程序包括著：**分析現實環境→了解自身的優缺點→設定企劃目標→研訂策略方向與原則→編制執行方案**（細節包括細部政策、計劃、預算、排程、人力……等多項）**→展開行動與回饋訊息情報→再企劃**。

因此，企劃的程序是有步驟、有系統與有組織的。

五、企劃要區別時間長短

公司企劃案有些是屬短期計劃案，有些則是中長期計劃。而完成企劃報告的需求時間也不太相同。

(一) **短期計劃案**要解決當前或即將出現的問題。故向決策單位提報時間要短些。例如：限一天、一週或二週內完成。

(二) **中長期計劃案**是要前瞻三年、五年甚或十年後的問題與機會所在，因此，向決策單位提報的時間可以長一些。例如：一個月、二個月或一季完成。

(三) 公司營運活動既要爭一時，因此要有不少短期計劃，以使當前的營收、獲利及 EPS 績效均能成長創新高，但也要爭千秋。因此，也要有人負責中長期計劃提報，才可架構出公司與集團的未來、公司未來又處在什麼樣的市場地位。

六、企劃範圍從小到大都有

企劃的範圍小到一個業務單位的業績目標，中到一個公司的發展規劃，大到一個集團的全球版圖布局企劃，都包括在企劃的範圍之內。

七、企劃是管理功能之首

企劃是管理功能循環之首，亦即：企劃→組織→領導→協調激勵→控制考核等。因此，實務上常見，要做好任何一切決策與管理之前，應先做好企劃。

八、企劃應是完整性與全方位

企劃應是一種全面性與完整性的策劃過程，而不是只偏重自身部門觀點及內容的企劃案。換言之，企劃應與公司相關部門及關係企業之資源、支援、介面、功能相補，及整合效益等，以相同地位來看待，才能善用有限的資源創造最大的效益，並避免部門之間與公司之間的人員相互掣肘。

九、企劃的表達以書面計劃及方案為主，輔以簡報及口頭說明

企劃案的表達，除書面簽呈上級主管或敬會各單位知悉外，也經常以簡報開會方式做提報，畢竟很多老闆喜歡親身聆聽、互動詢問，再做決策。

第四節　日日學習，終身學習

一、撰寫工作（企劃）報告為何這麼重要？

因為那是董事長決策與公司決策的重要參考依據來源。董事長每天做的事情，就是在做各單位的各種重大決策事宜。

各單位提出來的工作（或企劃）報告，也代表著每個單位對每件事情推動之前，是否有很完整與周全的思考、分析、評估及相關行動計劃研擬。所謂「謀定而後動」、「運籌帷幄，決勝於千里之外」，即是此意。依作者本人工作多年的感受，下決策之後有三種狀況出現：

第一種是完全正確與有力的決策；第二種是完全錯誤與失敗的決策；第三種是表現平平的決策（不算成功也不算失敗）。這三種出現的狀況，決定於兩個因素：

(一) 各單位撰寫的工作（企劃）報告，其內容分析與行動建議是否正確有力。這考驗著各單位主事者及承辦單位人員的專業能力（報告內容要見樹且見林）。

(二) 董事長及公司高階團隊主管對此工作（企劃）報告，是否下了正確與有力的決策裁示。這考驗著董事會、董事長、總經理及各副總經理的智慧、經驗、專長、素質、視野、能力與大公無私的心胸。

二、撰寫工作（企劃）報告或指導部屬時，期勉更進步與避免失敗的幾點建議

第一，主管一定要嚴格督導屬下撰寫企劃案。督導的第一步做法，即是要求部屬先草擬這次撰寫報告的「綱要架構與目標」（報告大綱），然後再互動討論，是否夠完整周全與能否達成目標。確定之後，再由部屬展開資料蒐集與撰寫工作。那麼究竟要如何提升判斷大綱能力：

(一) 多看、多聽、多學習、多思考、多站在消費者與觀眾的顧客導向與顧客需求的立場，去尋求突破與滿足之道。

(二) 不要「一言堂」。就行銷活動與創意而言，是沒有長官一言堂的，只有組織集體的討論或辯論的創意、對策等智慧而已。

第二，大部分的工作報告（或企劃報告），最終一定要彰顯出七個重點：

1. 商機何在？
2. 能夠立竿見影的賺錢之道 (Show Me the Money)。
3. 有形與無形的效益分析。
4. 如何做到 (How to Do、How to Reach)？
5. 是否有夠格的專業人員與組織去專門負責？
6. 報告內容（最好能見樹又見林）。
7. 利益比較原則。

這是任何公司董事長在每次會議中，一再強調與重視的。因此，每一次完成報告撰寫後，一定要思考報告中是否已呈現這些思路及內容。不然，易招致董事長批評，「這是不合格的企劃報告」或「這不是我想看的東西」。

第三，任何工作（企劃）報告，不可能一蹴可幾，因此，要有流動式企劃的新概念。在每天試行中，不斷隨時調整策略、方向、計劃與組織人力。企劃案應是每週不斷激烈辯論、討論、集思廣益，然後才會有更好的創意及更新、更好與更正確的解決方案。

這就是**滾動式企劃**。在不少狀況下，企劃案經常是在迷霧中前進，但是愈改會愈好，愈改會愈正確，然後才會突破成功，所謂「窮則變，變則通，通則發。變就是創新」。但是，在這些過程中，我們還要注意幾點：

(一) 要勇於認錯。

(二) 要及時、加速調整、修正、轉向、轉型與改善，勿耗時間（小企業早就掛了；大企業資本額大，短期虧得起）。

(三) 要認真模仿學習國內外同業第一名（第一品牌）的做法。最後，還要超越他們。

(四) 要勇於嘗試創新，允許犯錯，但必須在錯誤中學習到真理。

(五) 要善於投資為未來投資，為擴大長遠競爭力而投資；而容忍初期的虧損。

三、隨時充實自己

除了各位所在部門單位的本行專業知識，建議各位讀者應該培養更廣泛、更高層次的知識、視野與決策力。此時，就應該多吸收自己專長以外的其他更多知識與經驗。

閱讀專業財經平面報紙、雜誌及專書是充實自己的有力管道。建議閱讀下列資料：

(一) 《經濟日報》與《工商時報》（每天閱讀吸收）。

(二) 《商業周刊》、《今周刊》、《天下》、《數位時代》等四本（每週閱讀吸收）。

(三) 《遠見》、《哈佛管理》、《動腦》、《廣告 Adm》、《財訊》及《會計》等六本（每月閱讀吸收）。

(四) 每月至少閱讀國內外的商業財經書籍兩本以上（例如：《執行力》、《從 A 到 A+》、《日本 7-Eleven 消費心理學》……等）。

(五) 每月閱讀三本自己訂的日文商業雜誌（《日本商業週刊》、《日本東洋雜誌》、《日本鑽石雜誌》）。

(六) 以及相關各種專業性及綜合性的知識內容網站。

　　「會議」則是學習進步最好與最快的一種最佳管道。透過開會討論，可以學習到：**1.** 第二專長；**2.** 不同的思考角度；**3.** 不同框架；**4.** 不同部門的實務經驗歷練。

　　台灣統一 7-Eleven 徐重仁前總經理及日本 7-Eleven 鈴木敏文前董事長的新思維：

　　「只要消費者有不滿意，就會有商機存在。」

　　「昨天的消費者，不等於明天的消費者。」

　　「提供意外的滿意給消費者。」

四、終身學習

　　作者有幾句座右銘，提供與各位讀者共勉之：

(一)「日日學習，日日進步；終身學習，終身進步。」

　　1. 統一集團高清愿前董事長曾說過，他的遺憾就是書唸太少，當初他因家境關係，只有小學畢業。因此對於學習相當重視，並曾說過：「不斷學習、不斷充電，就是邁向成功的不二法門」，「不進步，就會被進步的潮流及人流所淘汰」。

　　2. 半導體教父張忠謀董事長曾說過：「我發現只有在工作前五年，用得到大學與研究所學到的 20～30%，之後的工作生涯，直接用到的幾乎等於零，因此無論身處何種行業，都要跟上潮流。」

　　3. 奇異公司前任總裁傑克·威爾許曾要求「幹部每年固定淘汰 10% 員工，以維持公司競爭力。不淘汰，就先開除該名主管」。

　　4. 彼得·杜拉克管理大師在其著《未來管理》一書中指出：「學習不間斷，才能和契機賽跑。世界充滿了契機，因為每一次改變，就是契機。」

(二)「領導主管一定要有眼光，但要有這個眼光，就要不斷充實自己，如果領導主管跑錯方向，所有人也會跟著跑錯、跟著苦了。」（統一超商公司前總經理徐重仁接受《天下》雜誌專訪）

(三)「人生途中，一定會有不如意，不可能事事順遂。人生像坐火車，經過長長隧道時，整個都是黑暗的。出了隧道之後，又是柳暗花明。因此，

要正面思考人生，正面思考事業，正面思考工作，一定有突破之道。勿怨天尤人。」

(四)「心胸有多大，事業就有多大。」

(五) 魏徵名言（唐太宗有名諫臣）：「以銅為鏡，可以正衣冠；以古為鏡，可以知興替；以人為鏡，可以明得失。」

張忠謀的終身學習觀

台積電張忠謀董事長接受《天下》雜誌專訪 (2003.8.15)，重要對談：

問：您如何努力讓自己一直往前進？

答：就是終身學習。我是終身學習非常勤力的人。我邊吃邊閱讀，現在有太太，吃晚餐還看書不太好，所以我吃早餐時看報，吃中餐時看枯燥的東西，像美國思科、微軟的年報、資產負債表，這能增加我對產業的知識。此外，還要跟有學問、見地的人談話，例如：梭羅、波特。「學習」這事情是跟我父親有關，那時他剛到美國，我還在麻省理工學院唸書，我禮拜天習慣看《紐約時報》，他看到我禮拜天在看《紐約時報》，就說：「你明天不是有考試嗎？要溫習考試的東西。」我就說看《紐約時報》也很有益，他說這是「不負責任的學習」。五十幾年了，這句話我到現在還記得。「要負責的學習」跟「不需要負責的學習」比起來，通常不需要負責的學習，大家都樂意為之，而我現在終身學習的部分是我認為我應該要負責的。

第 3 章

企劃的組織與企劃案類型

第一節　公司組織中三種企劃單位的名稱、功能、位階與內容層級

目前在一般中大型公司與集團企業，大致均會設置「企劃單位」，以負責全公司或全集團之企劃事宜與企劃任務。從實務上來看，公司組織中的企劃單位，所表現出來的名稱、功能及位階，亦可能有所不同。一般來說，公司組織的企劃單位，大致可以區分為「三種不同組織設置」，分述如下。

一、專責企劃幕僚單位

(一) 名稱

專責企劃單位的名稱，實務上較常見的包括有：企劃部、企劃室、總管理處、總經理室、董事長室、綜合企劃部、行銷企劃部、經營企劃室、策略規劃部、營運企劃部、經營分析室、資訊情報室或投資企劃組等各種部、室、處或組之單位名稱。這些單位或多或少均與公司整體營運企劃事宜有所關聯。上述名稱很多，但名稱不是最重要的，重要的是要能發揮功能。

(二) 位階：專責企劃單位的位階，大致有二種方式：

第一種是放在比較高階的位置，例如：直屬董事長室、總經理室或總管理處等。

第二種則是與其他部門平行的組織位置，亦即成立一個部門。

二、配屬於一般部門單位內

(一) 名稱

如果不是獨立專責的企劃單位，那麼就是配屬在一般部門內。例如：在生產部門設有生產企劃課（或組），在行銷部門設有行銷企劃課（或組），在業務部門，則設有業務企劃課（或組）。

(二) 位階

配屬在各一般部門內的企劃單位，其組織層級就可能比專責企劃幕僚單

位的層級稍微低一些。主要功能則在於協助該部門所屬權責範圍的事宜，展開企劃分析及企劃報告。並直接聽命於該部門的副總經理或經理。

三、成立專責專案小組或專案委員會

(一) 名稱

除了制式的專責企劃單位或配屬在一般部門的企劃單位外，公司也經常因應某些重大事項，而且是跨部門或跨公司的作業需求，而成立各種「專案小組」或「專案委員會」，專責推動某項重大專案計劃的全權規劃與推動。

這些委員會或專案小組的名稱，實務上常見的可能包括：財務上市委員會、增資私募小組、銀行聯貸小組、公司 e 化委員會、產品研發小組、投資評估委員會、行銷策略小組、品質精進小組、降低成本委員會、海外事業擴展委員會、全球布局規劃委員會等，多個不同性質與目的的專案小組及專案委員會。

1. 財務 (Finance)

(1) 財務上市小組（委員會）。

(2) 銀行聯貸小組（委員會）。

(3) 增資私募小組（委員會）。

(4) 投資評估小組（委員會）。

(5) 海外投資小組（委員會）。

2. 行銷 (Marketing)

(1) 行銷策略小組（委員會）。

(2) 業務推進小組（委員會）。

3. 管理 (Management)

(1) 公司 e 化小組（委員會）。

(2) 降低成本小組（委員會）。

(3) 品質精進小組（委員會）。

4. 策略 (Strategy)

(1) 海外事業拓展小組（委員會）。

(2) 全球布局規劃小組（委員會）。

　　(3) 研發策略小組（委員會）。

(二) 位階

　　專案小組或專案委員會組織的位階，應比前二者的位階還要高，它通常是臨時性、重大性、跨部門性的特別專案組織。常由公司董事長，總經理或執行副總來擔當領導、指揮並負責。因此，此小組或委員會可以說是公司最高階的企劃單位。

案例 01

　　茲列舉某電子公司「西進中國大陸投資設廠」專案委員會之組織概況，如下圖示：

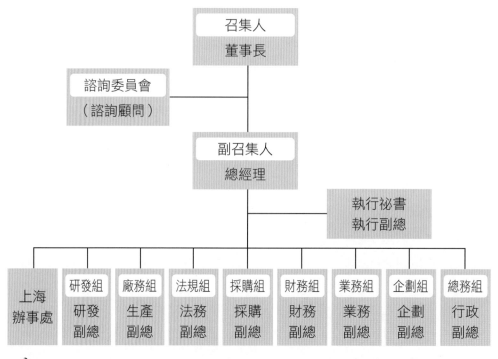

📝 圖 3-1　某電子廠「西進大陸投資設廠」專案推動委員會組織編制

四、三種企劃組織模式「並存」

　　在中大型企業中，上述三種組織模式與名稱，經常也會「同時並存」。例如公司會有專責的企劃幕僚單位，也會有各部門自行負責的配屬企劃單

位，有時候為了某個重大跨部門的專案工作任務，也會成立由高階主管所負責的專案小組或專案委員會。這三種企劃組織模式並存的四個前提條件：

第一：彼此專業分工，各自轄有專屬職掌，並無重疊與衝突。

第二：彼此的功能與指揮體系也不相同。

第三：企業的規模大且營運複雜度很高，專業分工很精細，事業範疇涵蓋也很廣。

第四：董事長及總經理親自督軍領導專案委員會，使各部門一級主管不得不重視及參與委員會工作。

這三種企劃組織模式，將會並存於公司內。茲圖示舉例如下：

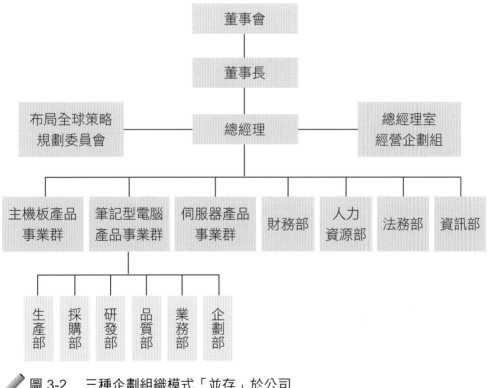

圖 3-2　三種企劃組織模式「並存」於公司

五、三種企劃組織有不同的功能

不同的企劃組織，自然有其不同的職掌與功能。

(一) 專案小組或專案委員會之功能

這是以矩陣式組織，集合各部門專業人員或各部門一級主管所形成的專案單位。成立主要的目的，是在一定期限內，達成該專案工作之任務。這些任務將依公司不同階段、不同時期及不同需求所形成的目標而成立的。

(二) 專責企劃幕僚單位之功能

這是成立專責部門及專責人員所組成的企劃幕僚單位。其功能須視公司規模大小的不同，發展階段的不同，以及公司高階經營者所重視程度的不同，而有不同的功能存在。

例如：有些公司及經營者很重視「全公司經營企劃」工作，很可能就會成立「經營企劃部」或「經營企劃室」，專責全公司及全集團的中長程事業發展策略規劃，及各項轉投資新事業之分析評估及規劃事宜。

有些公司則很重視產業技術及產業市場變化之掌握，很可能就會成立「市場企劃組」，專責國內外產業、市場、客戶、技術、供應商、競爭者等之資訊情報蒐集分析、評估及做成市場策略性建議做法等，以供高階主管參考。

(三) 一般部門單位內企劃單位之功能

這主要是為配合自身部門工作上的需求而成立的企劃單位。例如：生產部的企劃、行銷部的企劃、業務部的企劃、研發部的企劃、財務部的企劃、人力資源部的企劃、公共事務部的企劃等。

六、企劃報告的內容層級

一般來說，從理論與實務上來看，公司的企劃報告及內容的層級，大概可以區分為下面二種層次。

(一) 「策略性」（戰略性）企劃報告：長遠發展性報告

這是屬於公司高階主管對公司整體營運策略性發展或跨部門、跨公司營運重大事項，所提出的企劃報告。

包括：國內擴廠計劃、中國設廠計劃、國內外購併 (M&A) 計劃、國內外策略聯盟計劃、轉投資計劃、大型資金募集計劃、相關性多角化事業發展

計劃、重大產品研發計劃及產業未來前景之調查分析報告等，均屬於策略性（戰略性）企劃報告的一環。

此種策略性（戰略性）企劃報告，大致係由專責的企業幕僚單位負責或是成立專案委員會，集合各部門一級主管，共同分工推動。

(二)「戰術性（部門）」企劃報告：日常營運報告

戰術性（部門）企劃報告，這是非屬於全公司、全集團層面，而是就一般個別部門日常營運所需求的部門企劃報告。

包括：品質提升、量產效率提升、公司 e 化、行銷策略、業績提升、產品定價、促銷計劃、公共事務活動、通路計劃、人力訓練發展……等企劃報告。

第二節　企劃案的類型與項目

在第二章介紹企劃對公司的重要功能，及第一節介紹公司組織中企劃單位的名稱、功能、位階及內容層級後，本節將進入到企劃案的核心重點之一。亦即，究竟企劃案有哪些類型及內容。

一、企劃不是只有一種而已

很多人有一個誤解的感覺，好像只有「行銷企劃」一項才叫做企劃。這是窄化企劃的功能與矮化企劃的視野。

二、企劃案的分類：三大群十一大類

依照作者本人在實務界十多年的經驗，以及本人朋友在其他公司多年的經驗，總結顯示完整歸納來看公司的企劃，其分類可以整理為三大群及十一大類。

(一) 第一群屬於最高層級的企劃功能及企劃案，即「**策略層級企劃案**」(Strategic Planning)。包括：經營企劃案及投資企劃案二個大類。這些企劃案將影響公司的策略性定位、持續競爭優勢及長遠成長。

(二) 第二群屬於創造營收及獲利來源的「**營運層級企劃案**」(Operational Planning)。包括研發企劃、生產企劃、銷售企劃及行銷企劃案等四大類。

(三) 第三群則屬於支援營運活動的「**支援幕僚層級企劃案**」(Supporting Staff Planning)。包括財務企劃、組織及人力資源企劃、資訊企劃、法規企劃及管理企劃等五大類。

三、十一大類企劃案的八十五個名稱細目

中大型公司中，經常見到的企劃案，大致可整理為十一大類的八十五個項目。實務中也不只這八十五個企劃案名稱細目。對公司比較重要的企劃案，至於較小的或是不太重要的企劃案，就沒有加以列出。一個公司要是真正能做好這八十五個企劃案，公司必可持續創造獲利與市場領先地位的長青歲月。

(一) 經營企劃案 (Business Planning)

1. 銀行貸款營運計劃書企劃案。
2. 國內增資營運計劃書企劃案。
3. 海外募資營運計劃書企劃案 (GDR、ADR、ECB)。
4. 集團發展策略規劃企劃案。
5. 新事業進入評估企劃案。
6. 產業分析及調查研究企劃案。
7. 集團資源整合運用企劃案。
8. 董事長演講稿、記者專訪答覆稿企劃案。
9. 全球布局策略規劃企劃案。
10. 國內外策略聯盟合作企劃案。
11. 對外重要簡報企劃案。
12. 公開年報撰寫企劃案。

(二) 業務企劃案 (Sales Planning)

1. 業績競賽與獎金企劃案。

2. 業務人員培訓企劃案。

3. 業務組織調整企劃案。

4. 電話行銷企劃案。

5. 提升業績企劃案。

6. 國外參展企劃案。

7. 業務通路強化企劃案。

(三) 財務企劃案 (Financial Planning)

1. 國內、外上市上櫃企劃案。

2. 銀行聯貸企劃案。

3. 海外募資企劃案。

4. 國內發行公司債 (CB) 企劃案。

5. 國內外私募增資企劃案。

6. 國內外公開增資企劃案。

7. 不動產證券化財務企劃案。

8. 改善財務結構企劃案。

9. 新年度預算企劃案。

10. 當年度損益結果分析企劃案。

11. 中華信評公司評等企劃案。

(四) 投資企劃案 (Investment Planning)

1. 國內外財經轉投資企劃案。

2. 國內外經營轉投資企劃案。

3. 國內外合併企劃案。

4. 國內外收購企劃案。

5. 閒置資金投資企劃案。

6. 轉投資效益定期分析案。

(五) 行銷企劃案 (Marketing Planning)

1. 新產品上市企劃案。

2. 廣告企劃案。

3. 促銷企劃案。

4. 價格調整企劃案。

5. 通路調整企劃案。

6. 提升顧客滿意度企劃案。

7. 公共媒體關係企劃案。

8. 企業形象與品牌形象企劃案。

9. 市場調查企劃案。

10. 服務體系改善企劃案。

11. 產品改善企劃案。

12. 包裝改善企劃案。

13. 記者會、產品發表會、法人公開說明會企劃案。

14. 事件行銷活動企劃案。

(六) 組織與人力資源企劃案 (Human Resources Planning)

1. 組織結構調整企劃案。

2. 主管儲備培訓企劃案。

3. 績效考核企劃案。

4. 技術人員培訓企劃案。

5. 人力產值成長企劃案。

(七) 研發企劃案 (R&D Planning)

1. 新產品研發企劃案。

2. 品質改善研發案。

3. 關鍵技術研發企劃案。

4. 生產技術改善企劃案。

5. 技術授權（引進）合作企劃案。

(八) 生產企劃案 (Production Planning)

1. 良率提升企劃案。

2. 製程效率提升企劃案。

3. 品管圈活動企劃案。

4. 生產自動化企劃案。

5. 零庫存企劃案。

6. 降低採購成本企劃案。

7. ISO 認證推動企劃案。

8. 生產績效分析企劃案。

(九) 管理企劃案 (Management Planning)

1. 作業流程精簡企劃案。

2. 降低管銷費用企劃案。

3. 企業文化再造企劃案。

4. 制度規章革新企劃案。

5. 員工提案獎勵企劃案。

(十) 法規企劃案 (Legal Planning)

1. 離職人員競業禁止企劃案。

2. 公司機密檔案保密法規企劃案。

3. 智財權 (IPR) 保護企劃案。

4. 產業法令修改建議企劃案。

5. 消費者權益保障企劃案。

6. 呆帳追蹤處理企劃案。

7. 全球商標登記企劃案。

(十一) 資訊企劃案 (Information Planning)

1. 建置 POS（銷售時點資訊系統）企劃案。

2. 建置 B2B（企業對企業）資訊企劃案 (SCM / EOS)。

3. 建置 CRM 資訊企劃案。

4. 建置 B2C（消費者）購物網站企劃案。

5. 建置 B2E（員工）資訊企劃案。

四、結論

　　從本節介紹中，我們才恍然發覺原來企劃案有這麼多種類。我們可以這麼說，只要公司存在營運一天，就有企劃活動存在，企劃就是營運的主體核心所在。

第 4 章

企劃案撰寫的重要原則與基本格式要求

第一節　企劃案內容撰寫的共同重要原則 (6W/3H/1E)

如前所述,企劃案有三大群十一大類八十五小項的企劃案內容,可說是琳瑯滿目、目不暇給。由於企劃案的種類太多,原則上並沒有特定固定的格式、名稱、段落及項目。這要看不同的產業、不同的目標、不同的條件狀況,甚至不同的公司而定。因此,企劃人員並不必太拘泥於某一種企劃內容撰寫模式。

掌握 6W、3H 及 1E 十項原則:不管是哪一種層次或哪一個部門的企劃案,均應掌握下列所述的 6W、3H 及 1E 十項原則。換言之,當撰寫任何一個企劃案時,必須審慎思考及注意,您的企劃案內容與架構,是否確實包含了這 6W、3H 及 1E 的精神及內涵。

一、What 何事、何目的、何目標

第一個要注意到撰寫這次企劃案的最主要核心目的、目標及主題為何。而且這個目的、目標及主題界定 (Identify) 一定要很清楚、很明確,不能太模糊、也不要範圍太大。因此,當主題、目的、目標確立之後,就可以環繞在這個主軸上,展開企劃案的企劃案架構設計、資料蒐集、分析評估及撰寫工作。

二、How 如何達成

第二個撰寫原則是非常重要的,那就是到底將如何陳述前面所提到,您如何達成這次企劃的主題、目的與目標。在 How（如何達成）的階段中,要特別注意到幾點:

第一:您有哪些假設前提?

第二：這些假設前提，有哪些客觀的科學數據支持它們呢？

第三：這些客觀的科學數據的來源及產生，又是如何呢？

第四：在 How 階段中，您如何說服別人相信這些想法與做法，是可以有效達成的？

第五：在 How 階段中，您是否展現一些創新與突破，而不是只有傳統的做法而已呢？

下面我們舉幾個案例來做說明：

案例 01

假設某洗髮精品牌目前市場占有率為第二名，現在行銷部提出企劃案，表明一年內市占率將躍升為第一名。那麼行銷部究竟要如何在短短一年內從第二品牌，躍升為第一品牌目標呢？他們一年內做得到嗎？該如何做呢？既有的第一品牌不會反擊嗎？行銷部又要花多少成本代價，才能取得第一品牌的位置呢？這樣做值得嗎？而在實際做法上，價格策略、商品策略、通路策略、促銷策略、廣告策略、公共事務策略等，又有何創新手法可以超越第一品牌呢？

案例 02

假設某連鎖便利商店，目前已有近七千家，為市場第一名。業務部提出三年內將突破八千家的最高飽和市場規模目標。那麼業務部在三年內，將如何使店數順利再擴充一千家店呢？主要是分布在哪些縣市地區呢？三年的分配目標額大致如何呢？公司在人力、資訊、宣傳、及營運方面如何配合這個三年目標呢？

案例 03

假設國內某 NB（筆記型）電腦大廠，計劃三年內成為全球第一大 NB 的代工大廠目標，每年出貨量高達二千萬台的驚人成長目標。那麼經營企業部提出的企劃案，將如何說服別人相信，他們有哪些具體的做法及計劃，可以實現三年後成為全球第一大 NB 代工大廠呢？他們顧客的策略如何？全球各市場的策略如何？OEM 價格策略如何？海外布局生產據點配合又如何？

三、How Much 多少預算

　　大部分的企劃案，一定都要有數字出現，不能只有文字而已。因為任何的企劃案，最後還是要付諸執行的，只要是執行，就一定會有預算出現。因此，How Much 是一個企劃案的表現重點之一。因為，很多的決策，必須依賴最後的數字，才能做出決策，否則沒有客觀的數據分析做基礎，常無法做決策或誤導成錯誤的決策。在 How Much 方面，包括營收預算、成本預算、資本支出預算 (Capex)、管銷費用預算、人力需求預算、廠房規模預算、損益預算及資金流量預估等。

　　茲列示幾個案例如下：

案例 01

　　某晶圓代工大廠，在台南縣科學園區要投資最先進的十二吋晶圓廠。那麼在投資建廠企劃案中，必然要列出建廠的總資本支出及資金需求多大？五年內的損益狀況如何？這數千億龐大的資金來源方式又是如何？

案例 02

　　某食品飲料大廠，在今年將要推出三種新產品上市，在行銷企劃案中，應該列示今年度的行銷總費用是多少？分配在各種產品是多少？投入龐大的行銷費用，將可以達成如何的績效目標？

四、When 何時（時程計劃與安排）

　　企劃案的第四個重點原則是，一定要陳述這些計劃的執行時程安排大概如何？包括什麼時候開始正式啟動？什麼時候應該依序完成哪些工作項目？最後全部完成時間大概是何時？

案例

　　假設某銀行信用卡部門將推出新上市的信用卡行銷活動，因此必須列出信用卡新上市所有工作時程表，包括卡片設計、審卡、記者會、廣告 CF 上檔、促銷活動、新聞報導、贈品採購、業務組織與推展、客服中心等數十個工作事項，均應列入工作時程表內，然後依時程全面展開工作。因此，企劃

案中的時間點應該非常明確。

五、Who 何人（組織、人力、配置）

　　一個企劃案沒有人及組織，當然不能夠執行。因此，企劃案中，對於將來執行本案的組織、人力及相關配置需求也要說明清楚。這包括公司內部既有的組織與人力，以及外部待聘的組織及人力需求。特別是一個新廠擴建案，必然會帶動新組織與新人力需求的增加。

　　在 Who 的問題中，應該注意到必須專責專人來負責特別的企劃案，這樣權責一致，才能有效推動任何的企劃案。

案例

　　某電腦公司成立大陸投資事業委員會，授權該公司執行副總負全責，並網羅各部門相關人員，計十人，組成西進大陸發展的專案小組。展開從調查評估、場地選定、生產規模、建廠、用人、試車、正式投產及銷售等全部營運事宜。這就是「專責專人」負全責的模式。

六、Where 何地（國內、國外、單一地、多元地點）

　　企劃案的第六個重點原則，必須對企劃案內容的地點加以說明。亦即這個企劃案所涉及到的地點是在國內或國外，是單一地點或多元地點。例如：某電子廠到大陸投資生產，其據點可能包括上海、昆山、深圳等多個地點。再如，很多公司提到要全球布局及全球運籌，那麼究竟要在哪些國家及哪些城市，設立生產據點、研發據點、物流倉庫、採購據點或行銷營運中心呢？

七、Why 為何（產業分析、市場分析、顧客分析、競爭者分析、自我分析、外部環境分析、科技分析）

　　企劃案撰寫中，經常要問自己很多的 Why（為什麼）。唯有能夠很正確有力地答覆 Why，企劃案才不怕別人的挑戰與批評。

　　例如，撰寫企劃案後，常會被人挑戰：

(一) 為什麼對產業成長數據的樂觀預估？

(二) 科技變化的速度是否列入考慮了？

(三) 競爭者難道不會取得核心技術能力？

(四) 美國經濟環境會如期復甦嗎？

(五) 自身的核心競爭力已是對手難以追上的嗎？

(六) 市場需求會有跳躍式的成長嗎？

　　為了答覆這一連串的 Why，因此企劃人員在企劃案中，必須很深入地做好產業分析、市場分析、競爭者分析、顧客分析、自我分析、科技分析、法令分析及外部環境分析。

　　企劃人員如果真能掌握這些複雜的分析情報，那麼在撰寫企劃案中，將對 How 如何達成目標的問題，更加的有自信與看法。

八、How Long 多長時間

　　第九個思考點就是 How Long，指的是這個企劃案的活動期間將是多長、多久才是最適當及效果最大的。有時候時間太短或太長均有所不宜，因此，必須從過去各種經驗中、教訓中，以及最新的環境條件變化，訂出最佳的企劃活動期間。

九、Whom 對誰做（目標為何）

　　最後一個思考點就是這個企劃案的對象是誰？目標客層是誰？客戶是誰？合作夥伴是誰？確定了明確的對象目標之後，才能有其他相關的適切做法及創意。

十、Evaluation 效益評估（有形與無形）

　　企劃案的最後一個重點原則，必須對本案的效益評估做出說明，以作為結論引導。

　　對企業的效益可以區分為「有形效益」及「無形效益」兩種。

(一)「有形效益」指的是可以明確衡量的效益

例如：帶動營收額增加、帶動獲利增加、帶動市占率上升、帶動生產成本大幅下降、帶動股價上升、帶動顧客滿意度上升、帶動品牌知名度上升、帶動組織人力精簡、帶動資金成本降低、帶動生產良率提高、帶動專利權申請數增加、帶動關鍵技術突破順利上線等。

(二)「無形效益」指的是難以用立即呈現在眼前的數據衡量的

1. 策略聯盟所帶來的戰略上的效益。
2. 企業形象上升變好，對企業銷售的無形助力。
3. 技術研發人員送日本受訓，其所增加的研發技術技能與知識的潛在增加。
4. 公益活動所帶來的社會良好口碑與認同。
5. 出國考察參訪所見習及感受到的創新、點子與模仿。

另外，用更淺顯的文字、圖形及邏輯順序表達出這十項重點原則，如下圖所示

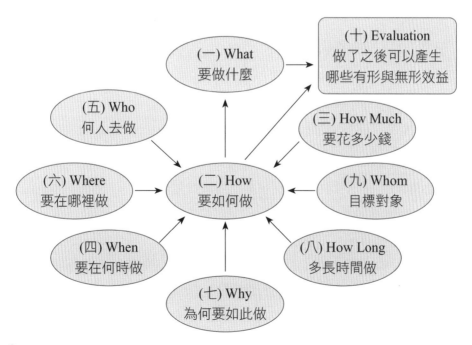

✏ 圖 4-1　6W/3H/1E 十項原則

第二節　企劃書的基本格式要求

一、並無特定標準格式

其實，企劃書並沒有一定的標準格式，筆者十多年來，看過自己公司各部門提的企劃案，以及各大廣告公司企劃案與各界朋友公司所提供的企劃案等上達數百份的企劃案，也沒有太制式的標準企劃書格式。

二、企劃書的標準部分格式說明

「表面技能」要求部分

然而，雖然不必有一致標準的格式，但是，卻有若干認為應該含在格式內的標準部分或撰寫方式要求，如下述。

(一) 封面

1. 企劃案或分析案的「主題名稱」。
2. 撰寫公司或「部門／單位」等。
3. 撰寫「人員」或提報人員等。
4. 撰寫或提報「日期」。
5. 有必要時，要加上「機密」。
6. 主題名稱太長時，可以採用主標題及副標題方式呈現。

(二) 目錄／綱要

封面翻開之後，次頁一定要有本企劃案的重要各章、各節之目錄或綱要明細。

列出目錄或綱要，才可以讓閱讀者或聽簡報者，能夠很快地一目瞭然，而且全面地了解及掌握此次企劃案報告內容的重點或方向。作者有時候看到缺乏目錄或綱要的企劃報告，顯示他們缺乏基本的訓練與要求。

(三) 本企劃案「摘要」

對於比較大本或頁數較厚的研究報告、營運企劃書或投資企劃書等，

通常在目錄／綱要頁數之後，即會出現「摘要」頁。此摘要，即是利用 1-2 頁，非常精簡、有力、重點式地勾勒及說明此企劃案或報告案的各個章節的重點與結論是什麼。讓平常很忙碌的老闆們，能夠在五分鐘內，看完「摘要」部分，即知道本企劃案的重要「結論」、「問題」、「發現」與「對策」是什麼。這是非常重要的。

但是，如果只是比較簡短的企劃案或是簡報版報告，則可以不一定要有「摘要」這一部分。

(四) 採用 A4 紙

一般來說，企劃案或企劃簡報，都是採用 A4 紙。

如果是文字報告企劃案，則用 Word 電腦打字橫式或直式編排。如果是精簡文字的簡報版，則是用 PowerPoint 電腦打字橫式編排。

當然，報告內如果有必須用到 B4 紙或 A3 紙，則亦可以含括必要的一、二頁 B4 紙。

(五) 順序代稱要求

以一般標準要求來看，撰寫企劃報告的順序代稱，應遵守如下原則：

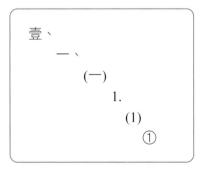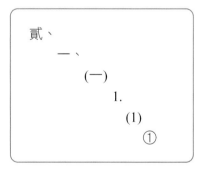

✏ 圖 4-2　順序代稱

首先是寫「壹」，下面才接著一、二、三等，然後，則接著為 (一)、(二)、(三) 等，(一) 之後，接著為 1.、2.、3.，1. 之後，接著為 (1)、(2)、(3)……依序。

如此下來，即顯得非常有次序感，不會凌亂而看不清各部分的重點。此外，對於較厚頁的企劃報告或研究報告，則必須加一些第幾章與第幾節（如

圖 4-3），有更複雜的報告，則再增加第幾部分。

```
┌─────────────────────┐      ┌─────────────────────┐
│ ⊙摘要               │      │ ⊙摘要               │
│ ⊙第一章             │      │ ⊙第一部分：○○○   │
│     第一節          │      │     第一章：×××   │
│     第二節          │      │     第二章：×××   │
│ ⊙第二章             │      │     第三章：×××   │
│     第一節          │      │ ⊙第二部分：○○○   │
│     第二節          │      │     第四章：×××   │
│         ┆           │      │     第五章：×××   │
│         ┆           │      │ ⊙第三部分：○○○   │
│                     │      │     第六章：×××   │
│                     │      │     第七章：×××   │
│                     │      │         ┆           │
│                     │      │         ┆           │
└─────────────────────┘      └─────────────────────┘
```

✏️ 圖 4-3　　　　　　　　　　　✏️ 圖 4-4

三、企劃的「前提部分」

　　在企劃案的正文之前，必須再加上有關撰寫本企劃案的原因、目的、背景、宗旨，或目標、緣起、沿革等，基本前提說明，以讓人了解本企劃案為何而來？為何而產生？以及它的重要性、優先性，及決策的重點所在。

四、企劃的「分析部分」

　　接著下來，要有企劃的分析部分。包括公司組織分析、SWOT 分析、競爭者分析、環境分析、當前重大問題分析及其他必要分析項目等。

五、企劃的「詳細計劃說明、撰寫部分」

　　經過分析之後，再來就要進到企劃的內容本體，那到底要怎麼做？如何做？這又必須提到：

(一) 工作人員、組織表與分工計劃

(二) 推動的方法

包括方式策略、戰術、管道途徑、政策、具體做法的目標與流程等。

(三) 時程表

(四) 包括各工作細項列示及其時間表與進行順序安排

(五) 預算

包括費用預算、成本預算，有些時候還涉及到營收預算、獲利預算、資本支出預算或資金來源方式等內容。

(六) 企劃的可行方案、替代方案

部分企劃提出的對策或方案，難以決定不同觀點、不同風險或不同影響時，則可提出兩案並呈或三案並呈方式。從不同方案的不同思考點提出不同計劃，以供高階決策者或團隊成員共同討論、博諮眾議，避免單一方案不夠周嚴之缺失。有時候也是因為各部門一級主管有不同的觀點與堅持，因此，企劃幕僚單位同時將不同方案上呈最高階決策者來做最後敲板定案。

(七) 收尾

結語／結論、參考資料、附件／企劃報告的最後部分，一定要提出自己部門內或是綜合各部門最後看法的結語或結論，讓人家有一種收尾的感覺。

最後建議要加上：「謝謝指教」或「恭請裁示」等用語。

此外，結論之後，如還有很多比較細節的文件、深入資料、補充資料或佐證資料，則可以集中放在「附件／附錄」部分。

另外，如有必要可能再加上「參考資料」來源說明，包括引用取自哪些報紙、雜誌、專書、期刊、網路、面談、政府出版品、公協會出版品、國外教科書、研究報告等。

(八) 圖形→表格→文字呈現優先順序方式

企劃人員都必須知道，企劃案或研究報告的呈現方式，有一個重大原則，應牢記在心裡，即：

　　請優先盡量使用圖形表達您要講的文字內容。因為圖形最吸引人注意，也可以在最短時間內，看出重點所在。

　　其次，要用表格呈現，亦可以使人易於了解。最後，才是用到文字。

　　因此，有一句說的好：「文字」表達不如「表格」，「表格」表達不如「圖形」。

　　所以，特別是在做 PowerPoint 簡報版，務必多用圖形、表格及扼要文字標題，即可重點式表達出每一頁的意義及重點所在。至於在襯底色彩方面，可以運用 Office 3D 或 Show 3D 的軟體，將會達到更加吸引人的畫面效果。

第 5 章

撰寫企劃案的步驟與過程注意要點

　　從企業實務經驗來看，撰寫企劃案的步驟及過程注意事項，大致有十大要點，分述如後。

一、企劃案的來源 (Source of Plan)

　　企業內部每天都在營運，有些是固定的工作，有些是會面臨變化與挑戰，有些則是要思考較長遠未來的工作。但不管如何，都要做企劃，而且企劃案來源的管道不是單一的，而是多元的。這多元的管道大致有三種：

(一)「老闆」（董事長或總經理）交代

　　老闆的人際關係比下屬多且廣，每天接觸不少高階人士，他的想法點子與思路，自然比員工更快、更廣、更急、更多。

　　在董事長制一人發號施令的公司更是如此。不過，老闆的點子及想法，也不能太多，否則底下的人會疲於奔命、分散力量，變成在應付老闆的個人需求或是難以達成的要求。

　　不過，總結來看，老闆有點子、有想法，終究是好事，總比沒有點子、沒有想法來得強些。其實，我們看看今日一些企業有成的公司，像廣達電腦、仁寶電腦、華碩電腦、鴻海精密、台積電、宏碁、東森媒體、三立電視、民視、聯發科、台塑、統一食品、中國信託、統一超商、遠東集團、奇美集團、王品牛排、台新金控、新光三越、國泰金控、星巴克、台灣大哥大、裕隆汽車、聯電、晶華酒店、東森電視購物等等，公司最高負責人都是滿腦子點子、有想法與遠見的企業家。

(二)「部門主管」交代

　　各部門主管在各自工作崗位上，每天都有做不完的事情，一件接一件，一天過一天，處理掉舊事情，又來新任務與新的競爭挑戰。為了使企業或部門永遠保持在領先的地位，要比別人、比別公司花費更多時間與精力，做更多、更強、更快與更好的事情才行。因此，企劃的功能，可以說是冬去春又來、永不止息。所以很多的戰術層次企劃案，都是由部門主管（或上級主管）交辦的。

(三)「專責企劃部門」提出

一般中大型公司通常都會設置綜合企劃部門或經營企劃部門或其他類似名稱，專責從事各種層次與層面的分析專案或企劃專案或評比專案等。因他們的工作職掌就是負責各種企劃案的研究提報工作職掌。

二、界定問題、明確問題 (Define Problem、Clarify Problem)

有了案子來源以後，企劃人員必須先界定或明確企劃案的主題及問題，才能對症下藥。企劃人員此刻必須不斷問自己：

(一) 問題是什麼？

(二) 真的是問題嗎？背景如何？

(三) 會影響多大層面與程度？

(四) 是大問題，還是小問題？

(五) 多久之後才會產生影響？是即刻影響？不久後影響？還是很久之後才會影響？

唯有先界定、明確存在的問題，才能有效尋求解決方案或撰寫好的企劃案。

不過，從另一個角度看，有時候界定問題與明確問題，也不是一件簡單的事，有些問題確實難以界定、估計或判斷，這些問題可能仍很混沌或是太複雜。

這個時候，企劃單位的企劃人員必須找公司內部或其他部門的專長人員加入共同撰寫與分析討論，或是求助於外部專業人才。

不過，有若干狀況下，即使無法百分之百界定明確問題，仍要持續進展，到某個階段時，問題也許將會更清晰。

問題例舉：上級交代研究中國大陸進口的速食麵、啤酒或是家電產品，會影響本國廠商的營運與市場嗎？

問題界定：中國低價產品對台灣本土產品是否造成影響？這的確是一個問題。但是，影響到哪些層面？影響力多大？時間多久後會開始發酵影響？我們又如何因應呢？我們該打哪些行銷戰呢？或是與狼共舞呢？

三、架構綱要項目 (Struct Report Framework)

第三步驟企劃人員應該針對上述問題、主題及目的界定明瞭清楚之後，接著就要撰寫企劃案。撰寫企劃案的首要工作，就是要研擬出「架構綱要」，這是第一步要做好與做對的事情。

為什麼撰寫企劃案要先架構出好的綱要與項目呢？這就好比是蓋房子，要先深挖地基，先搭好鋼梁柱子，先出現一個房子雛型，最後再灌水泥與裝潢內部。

四、研擬架構綱要的好處

第一、將會知道要蒐集哪些資料來對應所要撰寫的內容，因要把這些資料填進去各項架構綱要裡。

第二、有架構綱要後才不會茫茫然，不知如何著手，尤其是較大案子時。

第三、有架構綱要後，才知道如何協調這個企劃報告的分工分組撰寫。一個企劃人員絕對不可能獨立完成一個超大案，尤其是當案子涉及到財務預測、專案的工程技術，或是第一線業務戰況時，作為幕僚角色的企劃就必須透過專業與專業分工，最後才能組合完成為報告。

第四、有架構綱要，有助於未來在撰寫企劃報告時，發現內容項目上是否遺漏或不足。因架構綱要就好像是人體裡的骨骼支架及重要器官部位一樣，很容易看出來哪裡還有缺失或不足。

五、架構企劃案綱要需具備的能力

要架構一個大企劃案的綱要項目，也不是一個企劃人員輕易可做到的。還需要幾項特色：

第一、企劃人員必須有長時間的企劃經驗。

第二、企劃人員必須具備學理知識與一般知識。

第三、企劃人員必須有策略性的視野與思路，凡事可以從高、從寬、從

深看，這是一種企劃內功的歷練，不是一蹴可幾的。

第四、企劃人員必須有能夠即刻掌握重點、看清問題與解決問題的特殊
秉賦，而這也需歷練及企劃人員特有的專長興趣才行。

第五、企劃人員可以多參考一些過去的企劃案或是其他公司的企劃案，
從中學到東西，或是具有參考吸引力的能耐。別人過去的智慧結
晶，我們應多加見習與模仿運用。

六、蒐集資料 (Collecting Data)

資料的蒐集，可從兩個角度來分類：一個是依公司內部資料與公司外部
資料來區分。

公司內部資料：包括公司各部、室、處、廠等一級單位，都是取得內部
資料的來源。例如：您要業績資料，就必須跟業務部拿；要生產資料，就必
須跟生產部拿；要財會資料，就必須跟財務部拿。

公司外部資料：這包括國內及國外的資料來源。例如：產業、技術、市
場、競爭者、產品、工程及法令等外部資料內容。

第二個區分是依照原始資料與次級資料來做區分。

原始資料：透過民調、市調、訪談、觀察、經驗等所得到的第一手資
料，不是參考別人出版的資料，這就是原始資料。

案例：當某家公司想推出一項新產品或新服務時，不太能掌握市場的接
受度及接受比例是多少，因此可能必須委外進行市調，得到較為科學的統計
數字。

次級資料：這是指經由國內外網站搜尋下載，或是經由國內外報紙、雜
誌、期刊、專刊、專書、研究報告、公開年報、公司簡介、政府出版品、公
會出版品等二手管道所得到的資料。

七、資料的整理、過濾與運用

資料蒐集之後，必須進行資料的整理、過濾與運用，將有用與用到的資

料留下來，並運用到企劃案的相關內容。此項工作看似簡單，其實不易，因為每個人的「判斷」能力有所不同。因此，企劃人員必須有「判斷」能力才行，才能夠在紛亂眾多的文字資料及數據資料中，抓出他所要的資料。換言之，要能夠抓出資料的重點，並且運用到企劃案上去。現在不少進步的企業，大都把公司各部門的重要事項資料都放到公司的網站上（EIP 員工入口網站），供全體員工輸入密碼，進入查詢；有些機密的資料，只有特定的人才能看到。

八、提出可行解決方案及創意好點子

在第六步驟裡，企劃人員除整理、過濾與運用資料之外，還是有所不足。因企劃案是要提出能夠或者解決問題的方案，以及更難得的創意好點子，這才是企劃案的靈魂核心所在。當然，最困難的或許也是這個部分。

例舉：大陸八吋晶圓代工即將完工投產，對台灣的八吋晶圓代工者將會產生更大的競爭力問題。那麼，公司有何可行解決方案呢？

可行方案可以是唯一的一個，也可能是多個可行方案，須待最高決策者拍板選擇。實務上，企劃人員應多提一些不同角度、不同花費與不同結果的可行方案給最高經營者，才能從各種觀點去做最後的決定。所謂「見樹不見林」就是只有一種觀點、方案、做法、結果而已。但企業最高經營者，應該是猶如乘坐直升機般，「既能見樹，又能見林」，才有助於做更正確與更周全的決策指示。

九、展開跨部門、跨小組討論

當企劃案撰寫完成後，或組合完各部門的撰寫資料後，第七步驟應該接著召開跨部門或跨小組的討論會。對於企劃案內容、數據的正確性或方案可行性程度或是尚缺哪些報告內容等部分，都需集體開會一、二次，並進行必要調整修改，然後形成共識，並爭取其他部門共同支持本案。有些企劃人員悶著頭寫，未經過跨部門協調及討論，經常受到批評，這是企劃人員必須注意。

十、向最高決策者提報、討論、修正及定案

經跨部門討論後，即可安排向最高決策者專案提報、口頭面報，或召集高階一級主管共同討論、辯論、修正，最後正式定案。

依筆者經驗，最高決策者決策風格有三種：

第一種是「**威權式**」決策風格，由一人獨斷做決策，底下都是奉令辦事。但這種決策風格，雖然速度較快，但也冒了決策粗糙或決策可能失誤的風險。

第二種是「**民主式**」的決策風格，由最高經營者找相關一級主管共同交換意見，各陳己見，可容納不同的聲音，絕不是一言堂，大家不能是乖乖牌，即使覺得有問題，也不敢站出來反對最高經營者。

第三種是「**民主之中，帶點威權決策感**」。這種決策風格是前兩種的混合體，也經常存在國內本土企業中。

十一、展開「執行」

企劃案經董事會、董事長或總經理拍板定案之後，即會依照計劃時程表，如期展開與執行。

「執行」其實是很重要的一環，有些案子企劃得很好，但執行起來有落差，並沒有完全按照當初的規劃內容去做。使得企劃案的效果可能打些折扣，最後可能成為「失敗」的企劃案。

另外，執行是跨部門行動的，不能單獨靠企劃部去做，而是要結合每個部門不同專長的人才與分工的職掌，全面落實執行。

十二、執行後，隨即檢討、分析，並再修正策略與方案

執行一段時間後（一週、二週、一月、一季），應該馬上展開檢討分析報告，到底是否有效的企劃案？如不是，問題出現在哪裡？要如何改，才會較有效果？因此，再修正是必然會發生的過程之一。企劃案就是要能夠面對市場、產業與競爭者的激烈變化，而立刻自我調整，然後再出發，直到有效果出現為止。

有不少企劃案，都是執行之後，才發現哪裡有問題，然後隨即展開分析、討論、對策與產生新方案。

十三、結語

本章所述的撰寫企劃案十大步驟及其注意要點，看起來頗有次序。但是在實務上，經常為應付急迫的時間要求或老闆的限時指令，把這十大步驟急速壓縮，或幾個步驟亦會分頭同時進行，這也是迫不得已的狀況。

但不管如何急迫，這些步驟及原則仍是存在的。對企業而言，時間就是代價與金錢，企劃案的時間，亦須配合現實的競爭壓力，加以濃縮，這也是必要的方式。

第 6 章

企劃人員能力要求

提高企劃的「八力」

提高企劃的「八力」

如何成為一個傑出的企劃高手，以及如何提高企劃力，根據作者的多年經驗，以及在不同行業從事企劃工作朋友們的心得，顯示提高企劃力，應練就「八種功力」，才可以在企劃工作生涯上得心應手，並對公司發展有所貢獻。

一、組織力

組織力 (Organize Capabilities) 有兩種不同面向的含意。

一個是指在撰寫企劃報告時，對於報告內容的組合性及完整性，具組織能力，能把一個複雜的報告，在極短時間內，組織成有系統且周全完整的企劃報告。

另一個則是指在各單位分工撰寫大型企劃案時，能夠有效地整合不同部門單位與人員，並在限定的時間內，各自完成各分工小組的企劃報告，而不是零零散散交卷，或是沒有付出全力去支持這個企劃案。

二、資訊力

資訊力 (Information Collecting Capabilities) 係指企劃案蒐集到公司內外部資訊情報的能力。

(一) 靜態蒐集資料與數據的完整性與速度性之能力。

(二) 動態蒐集資料情報的能力，特別是一些具有高度機密而難以獲得的資料情報。例如：競爭對手公司的獲利情況、新廠進展狀況、技術突破狀況、新產品研發速度、價格策略、新品上市時間、促銷策略或海外設廠等情報。

因此身為一個企劃高手，不應是每天坐在辦公室的幕僚，有時應該出去掌握外面的相關動態。企劃人員如缺乏競爭對手的第一手資訊情報，很難做出有效的對策方案。

三、邏輯力

撰寫一份清晰、有力、簡要且讓人一目瞭然的企劃報告，顯然必須要有**邏輯架構的能力** (Logically Thinking Capabilities)。能夠很有條理、有系統且有邏輯地呈現整個報告。

就好像在看一部電影或聽一個故事，非常流暢地走完全程，讓人拍案叫好。

有些企劃案的安排順序非常混亂，缺乏一致性的邏輯、讓人難以理解閱讀，這就是缺乏邏輯力的訓練。

四、前瞻力

一般來說，缺乏歷練年紀太輕的企劃人員，經常較注意到眼前的事情，而忽略未來的事情，缺乏對未來前瞻能力與前瞻性眼光。

企劃人員如果缺乏**前瞻力** (Visionary Capabilities)，就不易做出中長期事業規劃案及成長策略規劃案。研擬出來的企劃觀點或決策建議觀點，也可能較為短視、狹窄、即刻、垂手可得。這雖不能說是錯，但企業有很多事情和創新或很多的擴大投資及決策，需要用前瞻的視野來看待並評估。

所謂「爭一時，但也要爭千秋」，其意指：爭一時，代表現在要活下去。爭千秋，則代表未來更要活下去。兩者顯然不可偏廢。

五、創造力

創造力 (Creative Capabilities) 是企劃案中非常重要的一環。也是上級主管或聽簡報者，最想看到與聽到的核心點，而所謂的決策點，創造力也正是關鍵。

創造力就行銷面而言，是一種「創意」或「點子」。而就經營面而言，則是一種「方向」與「方案」的具體呈現。

企劃人員的功力大小，其實也是看這一部分的表現。因這一部分，將會影響到最後我們該怎麼做的實際問題。如果企劃案缺乏創造力，就不太可能產生太大的效果。特別是像販促企劃案，如果販促誘因不大，則不太可能增

加業績。

六、表現力

這是賦與企劃案報告文書的外貌，如何以淺顯易懂的方式，向公司主管或外部客戶及有關專案人士，呈現的文字書寫及電腦美編技巧等表現。一份清楚及可讀性高的企劃案，必然是**書面表現力** (Demonstrate Capabilities)。

七、協調力

企劃人員在撰寫企劃案之前、進行中以及撰寫完成後，在這三個過程時期間，有一件事也很重要，就是必須與其他部門以及與本案相關的部門人員，進行密切而友好的溝通、討論，吸收不同意見並化解歧見，使其在簡報會議上，不會出現不同意或不認同的相反看法，使會議氣氛突然僵局，而沒有任何結論。

因此優良的企劃人員，絕對不是「孤芳自賞」，也絕對不是「一人英雄」，更不是「上級指導單位」，而是一個提供專業頭腦分析與策略的準幕僚單位，因此更須具有**協調溝通能力** (Coordinate Capabilities)，否則企劃人員在公司裡會做得很辛苦。在實務狀況中，企劃人員因為學歷較高、眼界較高，因此比較缺乏良好的溝通協調力，這是應該積極改善的缺失。

八、說服力

優良企劃人員的功力展現，就像布道牧師或是廣告創意總監一樣，其言行表達與自信執著，會讓人感受到一股強大的**說服力** (Persuasive Capabilities)，說服大眾能夠接受這個企劃案，而使異議聲難以出現。

表達的說服力有些是天生的稟賦，但有些則是訓練及培養的。當企劃人員對這個企劃案，非常投入、專注並且了解來龍去脈與整個布局後，企劃人員的說服力程度也會跟著提高。

因此，對自己所提出的企劃案應該要有高度自信心與膽識，才能說服別人。做不到這點，將使企劃人員的角色與功能，停留在抄抄寫寫只做彙整的

有限功能層次。

九、結論

　　本章所述提高企劃力的「八種力量」，一個企劃人員若真能同時兼具這八種力量，則一定是個「超級企劃高手」。同時，一個部門的全體企劃同仁，都能練就這八種企劃功力時，這個企劃部門一定是帶動公司不斷向前衝及向上升的先鋒啟動部隊。

　　另外，從兩個不同構面因素去區分八力，如下圖所示。

從人際關係，如何提升企劃力

1. 協調力（做好跨部門溝通協調）
2. 說服力（說服別單位接受本案）
3. 資訊力（如何獲取公司內、外部的資訊情報）

從自身專業，如何提升企劃力

1. 組織力（如何整合、組合一份報告)
2. 邏輯力（如何有系統、有順序架構報告）
3. 前瞻力（如何看到更長遠的未來）
4. 創造力（如何力圖有效創新實現）
5. 表現力（如何透過電腦文書處理，呈現一份清爽可讀性高的報告）

圖 6-1　提高企劃力的八力

第 7 章

企劃人員的成功守則與禁忌

第一節　企劃人員的九大守則

　　本章要談的是企劃人員應該遵守的九大工作守則以及七大禁忌。嚴格來說，企劃部門的人員並不是好做的工作單位，他們不像業務部門人員、採購人員、生產部人員或人事部門人員，這些人每天都有很明確的工作事項與職掌，他們管業績、管採購零組件、管生產數量進度與管人事動態，這些人、事、物都很明確，也有工作考核指標。

　　但企劃部門的人員就不同了，他們每天要動腦筋、每天要吸收新知識、每天要關心新動態、提案子又要注意跨部門間的溝通協調與集思廣益，而且績效的考核在某些狀況下也不是非常明確，因為存在無形的效益，以及長遠的效益，而非有形與短期的效益。

　　而且企劃人員的案子，一定會涉及全公司體系或部分其他部門，這個「做人做事」都要兼顧的單位，確實需要有兩把刷子才行。要做好企劃工作，必須遵奉企劃人員的九大守則，才能成為一個對公司有存在價值的工作單位與企劃高手。

一、加強充實學理知識「本質學能」

　　企劃人員第一件事情，要不斷地、持續地加強充實自身學理知識的進步、並與時俱進才行。企劃案的撰寫、蒐集、分析、評估及判斷等，都或多或少會用到根本的學理知識。如果這方面的根基不夠扎實，那麼要分析力道、策略建言與正確判斷性上，都會顯得很膚淺。如要給投資機構、銀行或私募對象看，都會有帶不出門之感。

　　以前公司的董事長曾說過一句話：「如果連拿出去的書面都不能寫得很好與包裝得很好，那就更遑論會做好這個案子。」其意思是指「**門面都不能包裝好，更難令人相信你們會營運賺錢。**」此話確實有幾分道理。其實一個企劃案寫得好不好，專業單位及人員一下子就看得出來，這是騙不了人的。尤其現在投資銀行、證券商、銀行審查部、信託機構、壽險投資部、投信公司等專業人員的素質及團隊都非常強，不僅學歷高（碩士以上），且各有領

域專長，分析判斷能力也很強。因此，公司企劃人員必須跟上時代腳步才行，這是一種「企劃競爭力比賽」的時代。

企劃人員要加強的學理知識，在前面章節都已提過，這裡就不再重複敘述了。

二、不斷吸收工作上多層面實務知識

除了上述學理知識外，另外也非常重要的是，本身所在公司與產業的相關實務知識與體驗。通常公司內部常會有很多種不同的會議，例如：

(一) 每週各部門聯合主管會報。
(二) 各種特定專案會議。
(三) 本身部門的自行會議。
(四) 每月全公司經營績效檢討聯合會議。
(五) 跨公司、跨部門協調會議。
(六) 跨集團各公司資源整合會議。

從這麼多的大大小小會議，企劃人員應該多多出席聆聽、作筆記並吸收成為自身的工作知識與技能，這是非常重要的。以前公司老闆常說：「開會，其實就是最好的教育訓練」，因為每個部門都會提出他們的工作狀況，工作問題與解決對策，這些都是充實自己很好的維他命補給營養。有這麼多各具專長與經驗的主管口頭報告以及書面報告呈現在你眼前，這是多麼好的知識與經驗的「呈現」，企劃人員應好好掌握此良機。

再說，企劃人員若不夠了解公司、集團或部門別的發展動態與需求，那又如何做企劃呢？

三、加強外部人脈關係（人脈存摺）

很多企劃人員常默默待在公司裡，對外部公司的往來不多，人脈關係也很弱這是有待加強改善的。

因撰寫企劃案時，經常會遇到蒐集資料的困難，尤其是不是自身產業或行業公司的時候，或需要異業結盟合作時，更需要外部人力的支援，才能明

瞭不同的行業。否則企劃案會寫不下去，或是缺乏真實感與正確感。

因此，企劃人員應多多參考外部研討會、訓練班、EMBA 班、演講會、學分班、各協會會員或是上游供應商及下游通路商等，建立廣泛的人脈關係，以備「用在一時」之需。

四、了解外部環境的變化

外部環境的變化，不管有利或不利，都一定會影響公司的業績及整體營運發展。包括政府法令變化、國外法令變化。國內外的經濟環境、經貿往來、供應商環境、通路商環境、技術環境、跨國企業發展競爭者環境，以及金融證券銀行環境的變化，都會對企業產生一定影響。例如：

(一) 國內金控法。

(二) 國內不動產證券化法。

(三) 失業保險法。

(四) 促進產業升級獎勵條例。

(五) 公司併購法。

(六) 高科技產業獎助法。

(七) 公司法修改。

(八) 證券期貨法修改。

(九) 兩性工作平等法。

(十) 開放中國投資到台灣。

(十一) 開放中國人士觀光來台。

(十二) 進入 WTO 後相關修法。

(十三) 公平交易法。

(十四) 發行公司債法。

(十五) 上市上櫃法。

(十六) 智慧財產權保護法。

(十七) 赴中國投資審議辦法。

(十八) 兩岸直接通匯法。

(十九) 科學園區管理辦法。

(二十) 經建會專案低利融資辦法。

(二十一) 其他多種政府法令。

五、研擬企劃案時應多做小組討論

企劃人員初步研擬企劃案時，在小組內或部門內，應與其他成員多做討論，相互腦力激盪、集思廣益，然後使案子的層面更為周全，可行性也會更高。畢竟每個企劃人員的背景、想法、生活方式、經驗都有不同，但這些不同融合在一起將會更好。

六、跨部門溝通協調

很多的企劃案都會涉及其他部門的作業配合，或是對其他部門的績效加以分析評估。因此，企劃部門如沒有得到其他部門的認同或者事前予以知會或邀請他們共同參與討論，則其他部門主管可能不會認同，甚至不予配合或掣肘反對。

企劃人員做企劃案撰寫的過程中，必須充分與案子內涉及的相關部門充分溝通協調與密切開會討論，尋求他們對此案的認同、支持與配合，這樣，這個案子將來才能順利推動。

做好溝通協調固然是必要的基本原則，但也不能百分之百聽從對方部門的所有意見、看法與做法，否則何必要有企劃部呢？企劃單位最後應有自己特定的見解與思考，最好還是融合雙方的意見。當不能融合時，則可能必須表達兩種不同的方案，供最高經營者做最後裁示，選擇採納哪一種方案。

企劃人員會經常與財務部、研發部、業務部、生產部、法務部、技術部、資訊部、採購部、稽核室或海外各據點或廣告公司或通路商等，產生協調溝通的需求。

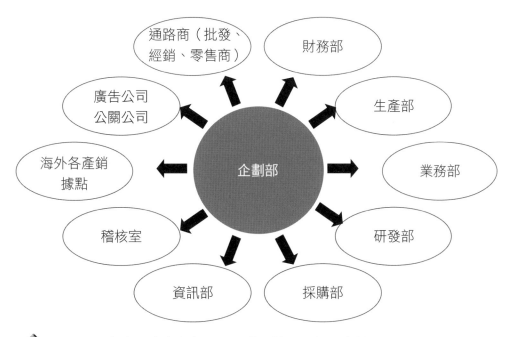

📎 圖 7-1　企劃人員常與各部門有所溝通協調及相互支援

七、精進電腦文書及簡報的美編應用能力

　　企劃案最終會以靜態的書面表現出來。不管這是 PowerPoint 簡報或是 Word 文字版，企劃人員對於如何下大標題、副標題，以及字型、間距、彩色版製作等細節問題，都應提高電腦文書水準。讓版面看起來非常清爽、顯眼、明確，讓人想看下去。

　　電腦文書處理的表現，就好像穿上一套漂亮的衣服，讓人更加欣賞。企劃案若能做到內外皆美，將是最好的企劃案。

八、自我不斷進步、超前公司的發展步伐，力求創新

　　最難得、最高層次與對公司貢獻最大的企劃人員，就是能夠隨著公司的發展，而自我的學習不斷進步，一年比一年成長而豐富。以前服務的一家大型公司負責人，勉勵企劃部全體成員時，就期待他們能夠跟上公司與集團的發展步伐，最好還要超前公司的發展步伐。走在公司的最前端。能夠帶領公司集團，或自身部門往那方向走，才是最佳成功之路。

　　而能夠超前公司的發展步伐，顯然必須要能夠力求創新，並以國外行業及國外大公司的發展歷程與經驗，作為佐證，證明這個方向、策略與目標是最正確的企劃結果。

九、成為對公司有「生產力價值」的幕僚人員

　　基本上，除了少數型態的企劃人員是屬於業務作戰人員外，大部分的企劃人員，還是屬於幕僚人員型態居多。

　　即使是非業務人員，但企劃幕僚人員仍然必須發揮其腦力思考、分析、評估、規劃與建議的生產力價值出來，才能在公司裡面存活下去，並且得到其他部門對企劃部門及企劃人員的認同。如果當其他部門都經常主動請企劃人員協助時，就代表企劃部門的存在價值，否則企劃部門陣亡率就會比較高。

　　依作者多年的工作經驗顯示，企劃部門及企劃人員的存在是絕對必要的，但他們對公司與集團作用與貢獻的大小，則要看兩項因素：

(一) 這個企劃部門的主管是否能力很強；企劃主管能力不強，那麼企劃部門在公司部門內的重要性排行榜，將會是在最後面。

(二) 高階經營者是否重視企劃部門，是否會重用企劃部門，是否支持企劃部門，是否經常交付重要任務給他們負責及讓他們有表現的機會。

　　有一些公司的企劃部門，都是總經理或是董事長親自帶領，或是直屬於董事長或總經理，如此一來，企劃部門更能發揮效益。但是，重點仍在於公司的企劃部門內是否都是強將強兵的企劃成員。

第二節　企劃人員的七大禁忌

　　在實務上，企劃人員應避免下列七大禁忌，才能順利推動企劃案，成為一個受歡迎的企劃單位及企劃人員。

一、切忌紙上談兵

　　企劃案及企劃人員最常被批評「紙上談兵」、不切實際，只會寫 Paper Work，對公司毫無貢獻。當然，這只是片面的批評與抱怨，偶爾也是會有這種情形。但是，真正好的企劃部及企劃人員都應避免紙上談兵。

　　那麼，問題是企劃人員如何避免流於紙上談兵呢？以下有幾點可做參考：

(一) 企劃人員應該多參加公司內部各種會議，才能掌握公司各部門的最新發展動態、問題點與機會點，以及公司最高經營者的決策動向與經營方針。如果連這種最基本的動作都做不好，那麼就根本毫無資格成為高階企劃幕僚人員。我常見有些年輕企劃人員開會時，毫不關心各部門的工作報告，認為那是其他部門的事，跟他們無關；或者說是這些年輕企劃人員無從真正體會出這有什麼重要可言。但是，也有另外一部分積極進取的企劃人員，努力做筆記及蒐集開會的報告資料，不斷吸收其他部門的智慧，這些企劃人員最後都能擔當大任，晉升職位。

(二) 企劃人員也應經常到第一現場去看看，才能親身體會，包括生產現場、

銷售現場、拍廣告現場，或是國外參展考察等等。所謂「讀萬卷書，不如行萬里路」，正是此意。

(三) 企劃人員應該具有蒐集及掌握國內及國外最新市場情報、技術情報、產業情報、新產品情報及商機情報的能耐。因為這些新發展及新趨勢情報，應該是一般業務部門忙於現在業績所無法得知的。而這些發展情報，對高階主管當然是有幫助的。

(四) 企劃人員應該比其他部門人員更有見解與創意才對。這些非凡且具膽識的見解與創意，若獲得業務部門主管的讚賞，就不會被譏為紙上談兵。

(五) 企劃人員應蒐集或主動對外進行民調、市調，以科學化及客觀化的數據資料，作為企劃案強而有力的佐證，使其他部門人員無可反駁。

案例

國內某大型便利商店連鎖公司，在經過深入考察日本便利商店後，才在幾年前推出熱食商品及鮮食商品，包括關東煮、三明治、御飯糰、御便當、涼麵等。另外，亦推出八十多種的代收服務，以及 ATM 自動提款機。這些在日本便利商店多年前就已經有了，可見在國外都能推得成功，在台灣應該也有這種需求待滿足才對。

二、切忌只做規劃，而不關心其他部門執行的情況

失敗不負責任的企劃人員，常說他們只負責規劃，不負責執行，執行是其他部門的事情。

這是嚴重誤解了企劃部門的角色及功能，也是極為錯誤的想法。企劃→執行→考核→再企劃，是一種連結的循環關係。雖然在不同的公司裡，可能把企劃部門與執行部門區分得很清楚，但並不代表企劃人員能夠不關心其他部門執行的情形。

相反的，企劃人員最好要持續關心其他部門人員執行的狀況，並予以必要支援協助或是做調整修正。

所謂成功企劃案，不是寫出一個很漂亮的企劃案就算成功，真正的成功，是要執行完成，並經評估分析，確定是成功績效時，此企劃案才算是完成，企劃人員才可以全身而退，再展開另外一個案子。

這是企劃人員需擁有的最重要理念。否則，企劃人員常會被其他部門譏為「詛咒給別人死」（台語發音），表示自己都做不到的目標，要別人來做，不是只會寫文字給別人死嗎？

三、切忌一案到底，隨時提出調整方案

企劃案不應是「一案定終身」，而是必須具有**連續性**及**機動調整性**的功能。

很多促銷案、價格案、投資案、廣告案、商品案等，在推出一段時間後，銷售並無起色，顯然當初的企劃構想與執行結果，並無法獲得消費者的認同及需要的滿足，或是無法勝過競爭對手底牌。此時，就應馬上喊停，快速進行原因調查及修補轉向動作，待規劃完整後，即刻再推出市場。這就能夠迅速回應市場需求的「顧客導向」。

很多的商品企劃案與行銷企劃案，都是在「錯誤中摸索前進的」。我們只能說，能力強的企劃部門及企劃人員，應該可以縮短錯誤或是避免錯誤，因為過去的教訓中已繳過學費了。也累積過去數十個、數百個的充分規劃經驗，以及對市場的敏感性，從而能夠推出成功的企劃案。這需要時間、努力及投入再加上進步的智慧才行。

四、切忌高高在上，避免其他部門不配合與掣肘

高階企劃人員應切忌自己高高在上，以為直屬某董事長室、總經理室或總管理處便姿態很高，好像是上級單位在指揮下級單位，這是很要不得的心態。此心態將會遭致各部門一級主管的反彈與掣肘，不僅不願配合企劃案，而且在執行時，也故意執行不力，表示此案行不通，弄得很難堪。更有甚者則到處散播謠言，向老闆咬耳朵下毒，這就得不償失了。

根據經驗顯示，愈是處在老闆身邊的高階企劃幕僚人員，更應言行謹慎，不可拿雞毛當令箭，尤其要做好各部門協調工作，成為好的工作團隊，有各自的表現空間、專長分工，然後力量可以凝聚在一起。這才是成功與成熟的高階企劃人員所應有的做人處世態度與原則。

總之，高階企劃人員應該贏得各部室人員的尊重、感謝支援與讚許，這

才對董事長、總經理有幫助。

五、切忌避免完全呼應老闆及高級主管的一言堂，應有自己獨立的思考與見解

成功的企劃主管，應注意避免完全呼應老闆或是少數高級主管的一言堂，應有自己獨立的思考與見解。老闆與少數高級主管畢竟不是聖人，他們犯決策錯誤可能性也很高，身為高階企劃主管不應事事呼應老闆或高階主管的一言堂，如果這是錯誤的一言堂，會對公司造成重大損害時，高階企劃主管應該挺身而出，以技巧性的方式與管道，向老闆及高階主管呈報這是錯誤或是有風險、有盲點的企劃決策方向，應該改變選擇，收回指示。

這一點要很有勇氣的企劃人員才做得到，通常唯唯諾諾，逢迎拍馬的企劃主管好像多一點。因為他們都要保住自己的位置、一份還算不錯的薪水，以及不得罪老闆或少數高階主管。這真是為五斗米折腰的工作生涯悲哀。

但通常這種公司也不可能會好到哪裡去。因為，好的公司、成功的公司，是由一連串好的與成功的決策及行動累積而成的，相信這些公司也都不是絕對權威式的一言堂公司。

六、切忌匆匆提出不成熟的企劃案誤導大家

企劃人員對於上級交待的大案子，不應該在極短不合理的時效內，匆匆提出不成熟的企劃案，而誤導公司決策方向。

如果上級的需要時間確實太趕，則應說明原委，要求調整延長完成提報時間，切忌畏懼、不向上級反應。這反而會誤導了大家。

七、不能道聽塗說，應要求證

不少企劃人員在蒐集資料情報時，常隨便道聽塗說，沒有經過求證，就將這些素材納入企劃報告內，這是很危險的。因為很多決策會因而做錯。

尤其對於重要的數據，更不能道聽塗說而提供給上級錯誤的資訊情報。包括價格走向、產能利用率、市場占有率、大顧客變化、技術研發突破化、

營收額、獲利額、新品上市期、投資新廠規模、產品成本結構、策略聯盟、技術授權與全球競爭者動態等重大影響數據決策項目。

八、結論

　　總結來說，身為一位在工作上可以發揮的企劃人員不是一件容易的事。如果不是高階企劃幕僚，要對公司產生更大貢獻並得到大家認同，就又難上加難了。

　　企劃人員如能夠避免上述七大禁忌，至少企劃人員可以在公司存活得很好。

　　企劃人員積極又能做好前述的九大守則，則必然成為一位受人讚許的企劃高手，最後還能夠擔任大任，晉升更高職位，以及負責更多部門的高階主管。此時，企劃部門或企劃人員的歷練，只是一個過程而已而不是終點。但是這個過程卻是很重要且扎實的。

第 2 篇

行銷企劃撰寫
基本入門知識

一、行銷企劃人員在做什麼事

(一) 行企人員與業務部合作的目標

總的來說，行銷企劃（以下簡稱行企）部與業務部合作的目標，即在達成：

1. 公司預定的年度營收額（業績）目標。
2. 公司預定的年度獲利額目標。
3. 公司預定年度市占率及品牌地位的排名目標。
4. 以及其他較次要的行銷目標，例如：會員人數、辦卡人數、來客數、客單價、客戶忠誠度、新產品上市數等。

(二) 行企人員的主要工作項目

1. 市場分析與策略規劃
   (1) 產業、市場、產品及顧客分析。
   (2) 競爭對手分析。
   (3) 國外最新發展動態分析。
   (4) 出國參展。
   (5) 市調執行。
   (6) 分析業績數據。
   (7) 分析價格變化。
   (8) 協助新產品開發。
   (9) 訂定年度行銷策略主軸。
2. 公關活動
   (1) 撰寫新聞稿。
   (2) 舉辦記者會。
   (3) 舉辦大型活動。
   (4) 舉辦會員經營活動。
   (5) 舉辦公益活動。
   (6) 主導老闆接受報章、雜誌專訪活動。

3. 廣告宣傳與整合行銷活動

　(1) 廣告活動及媒體發稿。

　(2) 網路行銷活動。

　(3) 尋找最佳代言人。

　(4) 異業合作。

4. 協助、支援業務部工作推動

　(1) 全國經銷商大會召開。

　(2) 店頭（賣場）行銷。

　(3) 人員教育訓練。

　(4) 貿協展銷（覽）會。

　(5) 舉辦促銷活動。

5. 其他老闆及長官臨時、機動交辦之各項專案事宜

　(1) 國內外策略聯盟合作。

　(2) 公司簡介、簡介帶。

　(3) 參賽。

　(4) 海外市場規劃。

　(5) 其他。

(三)「行銷企劃撰寫」課程目的

1. 了解及認識各種「行銷企劃案」如何撰寫的理論內容與實務案例。

2. 實際訓練自己撰寫各種「行銷企劃案」，培養行銷企劃思考與撰寫的就業能力。

3. 培養各位成為「行銷企劃高手」。

(四) 行銷企劃撰寫的基本知識科目

行銷企劃撰寫

15 個應具備的基本知識科目

1. 行銷管理	9. 廣告學
2. 品牌行銷管理	10. 媒體企劃與媒體購買
3. 整合行銷傳播	11. 數位行銷學（網路行銷）
4. 公關學	12. 營業管理
5. 產品與定價管理	13. 行銷預算管理
6. 通路行銷與管理	14. 顧客關係管理 (CRM)
7. 促銷管理	15. 市場調查學
8. 產品開發管理	

(五) 行銷企劃的類別

1. 促銷活動企劃案

   週年慶、年中慶、十週年慶、端午節、中秋節、情人節、聖誕節、春節、母親節、父親節、中元節、春季購物節、會員招待會、突破 2,000 家店慶等。

2. 新產品上市記者會。

3. 新產品上市整合行銷宣傳活動案（含廣告及媒體企劃案）。

4. 公益活動案

   路跑盃、兒童繪畫比賽、藝文贊助、交通安全、捐贈救濟等。

5. 特別活動案

   VIP 封館秀、街舞大賽、晚會活動、走秀、台灣啤酒節、演唱活動等。

6. 代言人活動案（一日店長活動案、代言人記者會等）。

7. 企業形象／品牌形象活動案（國內外銀行形象廣告案）。

8. 異業合作行銷案

(1) 變形金剛與思樂冰異業合作案。

      (2) 魔獸世界與可口可樂合作案。

      (3) 信用卡與各業別合作案。

  9. 品牌年輕化活動案。

10. 會員經營企劃案。

11. 通路商（經銷商、零售商）促銷活動案。

12. 店頭包裝促銷及廣宣 POP 案。

13. 網路行銷企劃案（官網、品牌網站、FB 粉絲團、關鍵字廣告、首頁廣告、網路趣味活動、部落格行銷）。

14. 市調企劃案。

15. 公關發稿案。

16. 營運績效檢討報告案。

17. 市場現況分析與競爭對手分析報告案。

18. 創業加盟說明會。

19. 國內外參展（貿協）活動企劃案。

20. 全國、全球經銷商大會。

21. 年度行銷策略研討會。

22. 通路拓展企劃案。

23. 價格檢討報告案。

24. 媒體餐敘企劃案。

25. 其他的行銷企劃案（知名度提升企劃案、產品改良企劃案等）。

(六) 公司實務上行銷企劃的不同名稱

1. 行銷企劃經理（部）Marketing Planning Manager。

2. 品牌經理（部）BM；Brand Manager。

3. 產品經理（部）PM；Product Manager。

4. 整合行銷企劃經理（部）IMC Manager。

5. 企劃經理（部）Planning Manager。

6. 行銷經理（部）Marketing Manager。

二、促銷企劃

(一) 促銷目的

1. 能有效提振業績。
2. 能有效出清過期、逾期庫存品。
3. 能獲得現金流入量（現流）。
4. 能避免業績衰退。
5. 為配合新產品上市活動。
6. 為穩固市占率。
7. 為維繫品牌知名度。
8. 為達成營收預算目標。
9. 為滿足全國各地經銷商的需求建議。

(二) 主要的促銷方式

1. 買一送一／買二送一。
2. 滿千送百、滿萬送千、滿五千送五百。
3. 全面折扣戰（八折、五折、二折起）。
4. 紅利積點加倍送、折抵現金、換贈品。
5. 滿額贈、好禮三選一。
6. 刷卡禮。
7. 大抽獎（天天送、週週抽）。
8. 包裝式促銷（加量不加價、附贈品）。
9. 刮刮樂。
10. 免息分期付款。
11. 來店禮。
12. 第二雙、件、支，5 折起（買二件，6折算）。
13. 特惠組特惠價（化妝品）。
14. 特賣會。
15. 其他方式（折價券、抵用券等）。

(三) 促銷企劃撰寫項目

　　有關舉辦一場 SP (Sales Promotion) 促銷活動企劃案撰寫的涵蓋項目，大致包括如下內容：

1. 活動期間、活動時間、活動日期（以郵戳為憑）。
2. 活動標語。
3. 活動內容、活動辦法、參加方式。
4. 活動對象。
5. 活動獎項、獎項說明。
6. 抽獎時間、抽獎日期（公開抽獎）。
7. 活動地點。
8. 參賽須知。
9. 參加品牌、活動商品、參加品項。
10. 收件日期。
11. 活動查詢專線、消費者服務專線。
12. 中獎公告方式、中獎公布時間。
13. 兌獎方式、兌換期限、兌換通路、使用限制。
14. 第一獎、第二獎、第三獎、普獎。
15. 活動官網。
16. 贈品寄送說明。
17. 扣稅說明（獎項價值 2 萬元以上，將扣 10% 並開立扣繳憑單）。
18. 活動注意事項。
19. 活動效益評估與活動目標。
20. 活動標語：滿額贈、萬元抽禮券、好禮雙重送、現刮現中、萬元抽獎、開瓶有獎、開蓋就送、天天抽、週週送、百萬現金隨手拿。

(四) 促銷活動成功要素

1. 誘因要夠。
2. 廣告宣傳及公關報導要夠。
3. 會員直效行銷。
4. 善用代言人。

5. 與零售商大賣場良好配合。

6. 與經銷店良好配合。

(五) 促銷活動應注意事項

1. 官網的配合。

2. 增加現場服務人員，加快速度。

3. 避免缺貨。

4. 快速通知。

5. 異業合作協調。

6. 店頭行銷配合布置。

7. 全員停止休假。

(六) 各式各樣的節日促銷活動

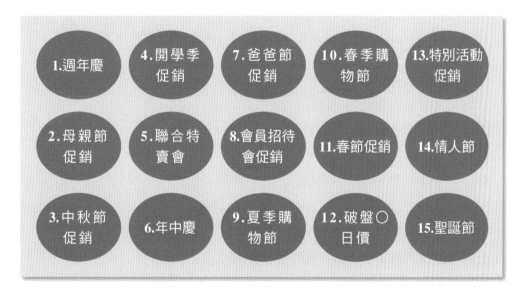

(七) 大型促銷活動的九種廣宣工具與訊息告知方式

SP 活動告知

1. 電視廣告（促銷型廣告）播放
2. 平面報紙促銷廣告稿刊登
3. 郵寄特定會員對象的 DM 促銷目錄特刊
4. 發送 EDM（電子目錄、電子郵件）
5. 發送手機簡訊 (Mobile)
6. TM（電話銷售 Telemarketing）
7. 各大報紙消費版及電視新聞公關報導、置入報導
8. 各直營門市店、加盟門市店海報張貼
9. 零售店內廣告招牌 POP 及專人促銷推廣

三、各大百貨公司、美妝店、資訊 3C 店年底週年慶活動企劃

(一) 企劃要點

1. 週年慶業績目標訂定。
2. 週年慶來客數及客單價目標概估。
3. 週年慶的時間與日期。
4. 主力促銷項目計劃（全面 8 折起、滿萬送千、滿千送百、滿 5,000 送 500、刷卡禮、滿額贈、大抽獎、品牌特價、限時限量品、排隊商品……）。
5. 與各層樓專櫃廠商協調促銷方案情況彙報。
6. 與信用卡公司異業合作計劃（免息 12 期分期付款刷卡）。
7. 服務加強計劃（免費宅配、免費車位、VIP 服務）。
8. 特別活動舉辦企劃（聚集人潮的藝文、歌唱、趣味、娛樂、鄉土等表演及展示活動）。
9. 店內、店外 POP 廣宣布置（招牌、布條、立牌、吊牌裝飾布置）。
10. 對外媒體廣宣計劃

    (1) TVCF 電視廣告。

(2) NP 報紙廣告。

(3) MG 雜誌廣告。

(4) RD 廣播廣告。

(5) 官網建置。

(6) 擴大公關報導。

(7) 公車廣告。

11. DM 設計及印製份數計劃。

12. 與各大廠商聯合刊登 NP 報紙。

13. 周邊交通及保全計劃。

14. 臨時危機處理計劃。

15. VIP 重要會員的個別誠意邀請及告知。

16. 週年慶獲利目標概估。

17. 公司週年慶與同業競爭對手的比較分析。

18. 週年慶本館及全公司人力總動員的工作分配狀況說明。

19. 結語。

(二) 事後效益分析報告

1. 業績（營收）達成度如何？與預計目標相比較如何？

2. 今年業績與去年同期比較成長多少？是進步或退步？

3. 今年獲利狀況如何？

EX：過去年平均年月業績：40 億

週年慶當月業績：80 億

增加：40 億

×30 %（百貨專櫃抽成 30%）

增加：12 億

扣掉支出：　8 億（滿千送百禮券、贈品、抽獎品、廣宣費、人事費、服務費）

淨賺：　4 億

4. 總來客數較去年成長多少？平均客單價又成長多少？

5. 會員卡使用率（活卡率）占多少？（EX：HAPPY GO 卡、新光三越卡）

6. 顧客滿意度如何？（EX：現場問卷填寫、電訪問卷、櫃台反應）

7. 電視新聞、報紙及網路報導則數有多少則？版面大小如何？

8. 新會員、新辦卡人數增加多少？

9. 各層樓產品專櫃反應意見如何？

10. 哪幾種促銷項目最受歡迎？

11. 其他無形效益分析。

12. 總檢討結論：本次週年慶的得失分析及未來建議。

(三) 週年慶成功要因分析

1. 各專櫃廠商的折扣數及其他優惠措施誘因要足夠。

2. 媒體宣傳及公關報導要足夠。

3. 廠商備貨要夠，不能缺貨。

4. 結帳櫃台數量及速度均要足夠。

5. 交通引導及保全要準備妥當。

6. 適當舉辦大型活動配合，以吸引人潮。

四、事件 (Event) 行銷活動企劃

(一) 案例

台北 101 煙火秀、跨年晚會、舒跑盃國際路跑、微風廣場 VIP 封館、苗栗桐花季、江蕙演唱會、名牌走秀、台灣啤酒節、台北牛肉麵節、台北花博會、台北咖啡節、台北購物節、桃園石門旅遊節、中秋晚會、會員活動等。

(二) 事件行銷活動企劃案撰寫事項（大綱）

1. 活動名稱、活動標語。

2. 活動目的、活動目標。

3. 活動時間、活動日期。

4. 活動地點。

5. 活動對象。

6. 活動內容、活動設計。

7. 活動節目流程 (Run-Down)。

8. 活動主持人。

9. 活動現場布置示意圖。

10. 活動來賓、貴賓邀請名單。

11. 活動宣傳（含記者會、媒體廣宣、公關報導）。

12. 活動主辦、協辦、贊助單位。

13. 活動預算概估（主持人費、藝人費、名模費、現場布置費、餐飲費、贈品費、抽獎品費、廣宣費、製作物費、錄影費、雜費等）。

14. 活動小組分工狀況表。

15. 活動專屬網站。

16. 活動時程表 (Schedule)。

17. 活動備案計劃。

18. 活動保全計劃。

19. 活動交通計劃。

20. 活動製作物、吉祥物展示。

21. 活動錄影、照相。

22. 活動效益分析。

23. 活動整體架構圖示。

24. 活動後檢討報告（結案報告）。

25. 其他注意事項。

(三) 事件活動行銷成功七要點

1. 活動內容及設計要能吸引人（例如：知名藝人出現、活動本身有趣好玩有意思）。

2. 有免費贈品或抽大獎活動。

3. 活動有適度的媒體宣傳及報導（編列廣宣費）。

4. 活動地點的合適性及交通便利性。

5. 主持人主持功力高、親和力強。

6. 大型活動事先彩排演一次或二次，以做最好的演出。

7. 戶外活動應注意季節性（避免陰雨天）。

(四) 大型 Event 活動預算項目（支出）編列

1. 主持人費	7. 場地租金費	13. 燈光費
2. 藝人表演費	8. 贈品費	14. 錄影費
3. 名模走秀費	9. 抽獎品費	15. 租車費
4. 舞台布置費	10. 廣宣費	16. 現場工讀生費
5. 現場樂隊費	11. 現場製作物費	17. 公關費
6. 餐飲費	12. 保全費	18. 其他雜費

合計：
$○○○○ 萬元

(五) Event 活動成本／效益分析 (Cost / Effect Analysis)

Cost
花費成本 $○○○○萬

vs.

Effect
獲致效益目標
達成狀況

結果　若效益＞成本→則活動成功
若效益＜成本→則活動失敗

五、新產品上市記者會企劃

企劃內容

1. 主題名稱。

2. 日期與時間。

3. 地點。

4. 主持人建議人選。

5. 進行流程 (Run-Down)

   含出場方式、來賓講話、影片播放、表演節目安排等。

6. 現場布置概示圖。

7. 邀請媒體記者清單及人數

   (1) 電視台：TVBS、三立、東森、民視、非凡、年代、壹電視、寰宇、鏡電視等新聞台。

   (2) 報紙：聯合、中時、自由、經濟日報、工商時報。

   (3) 雜誌：商周、天下、遠見、財訊、今周刊、ELLE、VOGUE、美麗佳人。

   (4) 網路：聯合新聞網、NOWNEWS、中時電子報、ETtoday。

   (5) 廣播：中廣、台北之音。

8. 邀請來賓清單及人數（包括全國經銷商代表）。

9. 資料袋（包括新聞稿、紀念品、產品 DM 等）。

10. 代言人出席及介紹。

11. 現場座位安排。

12. 現場供應餐點及份數。

13. 各級長官（董事長／總經理）講稿準備。

14. 現場錄影準備。

15. 現場保全安排。

16. 組織分工表及現場人員配置表（包括：企劃組、媒體組、總務招待組、業務組等）。

17. 公司出席人員清單及人數。

18. 預算表（包括：場地費、餐點費、主持人費、布置費、藝人表演費、禮

品費、資料費、錄影費、雜費等）。

　19. 會後安排媒體專訪。

　20. 事後檢討報告（效益分析）

　　(1) 出席記者統計。

　　(2) 報導則數統計。

　　(3) 成效反應分析。

　　(4) 優缺點分析。

六、市場調查企劃

(一) 為何要做市調

　1. 有利做行銷決策及解決行銷問題。

　2. 產生行銷競爭力。

　3. 公司才有好業績。

(二) 市調研究主題

　1. 產品研究。

　2. 顧客及會員滿意度研究。

　3. 廣告研究。

　4. 品牌研究。

　5. 通路研究。

　6. 媒體研究。

　7. 消費者研究／顧客研究。

　8. 價格與促銷研究。

　9. 宣傳方式研究。

(三) 市調研究兩大類型

　1. 量化研究

　　(1) 電話訪問法（電訪）。

　　(2) 街頭訪問法（街訪）。

　　(3) 家庭訪問法（家訪）。

(4) 郵寄問卷訪問法。

(5) 網路問卷調查法（e-mail）。

(6) 店內填寫問卷法。

(7) 固定樣本調查法。

(8) 手機問卷調查法。

2. 質化研究

(1) 焦點座談會（FGI 或 FGD）(Focus Group Interview)。

(2) 一對一深度訪問法。

(3) 家庭觀察法。

(4) 日記填寫法。

(5) 賣場觀察調查法。

(6) 社群聆聽（Social listening）（社群媒體上的正評及負評蒐集分析）。

(四) 委外市調流程

1. 公司有市調需求產生。

2. 對市調公司做需求簡報及說明目的。

3. 請市調公司提出此次市調的問卷設計初稿或焦點座談會問題初稿。

4. 針對問卷內容進行討論及修正。問卷確定後，連同報價單及合約書上呈上級裁示。

5. 上級核定後，即由市調公司展開執行（約須 3 週～1 個月時間）。

6. 執行時，可赴市調公司現場參觀及訪視。

7. 市調公司執行完成後，即展開問卷的統計、資料分析及報告撰寫。

8. 報告完成後，即赴本公司做結果簡報並交付報告書。

9. 結案與請款。

(五) 焦點座談會、焦點訪談會 (FGI)

1. 何謂焦點訪談、焦點訪談 (FGI、GI)。

(1) FGI：Focus Group Interview。

(2) GI：Group Interview。

- 1 位主持人
- 6～8 位出席座談的一般消費者

- 設定主題
- 展開討論
- 聽取消費者的想法、看法、意見、觀點、評論、需求偏愛

2. 消費者訪談＝傾聽顧客的心聲。

3. 聽取不同意見，才能看得更清楚。

4. 定性調查與定量調查的比較。

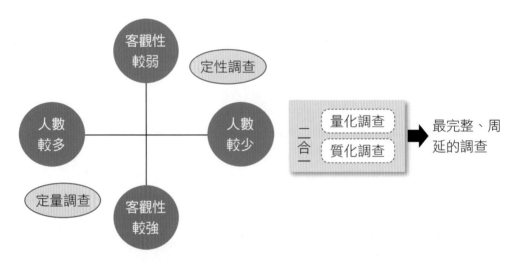

5. FGI：進行二種方式

(1) 委外調查：委託外面專業市調公司進行。

(2) 親自調查：自己行銷部門親自規劃進行。

6. FGI 的 P-D-C-A 循環

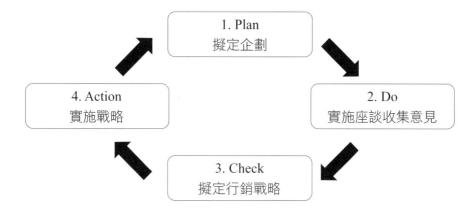

7. 招募適合 FGI 的訪談對象消費者

(1) 請朋友幫忙。

(2) 由員工介紹家人、熟人。

(3) 活用公司的客戶資料、會員資料。

(4) 在街頭募集。

(5) 在網路上募集（社群網路、部落格、臉書、IG）。

(6) 學校或機構。

8. FGI 訪談會流程

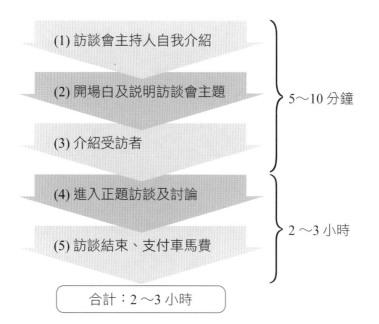

9. FGI 的訪談主題內容

　(1) 對新產品概念化的討論。

　(2) 對新產品試作品的討論。

　(3) 對新代言人的討論。

　(4) 對廣告創意的討論。

　(5) 對廣告標語的討論。

　(6) 對定價價格的討論。

　(7) 對品牌命名的討論。

　(8) 對創新服務的討論。

　(9) 對新事業營運模式的討論。

　(10) 對產品開發 Blind Test（盲目測試）。

　(11) 其他。

10.調查目的：研訂行銷戰略及行銷決策

(六) 市調公司

茲列示幾家比較大的、比較有名的市調公司，可供參考：

1. 尼爾森公司市調部門。

2. 模範 (TNS) 市調公司。

3. 易普索市調公司。

4. 東方線上公司 (E-ICP)。

5. 蓋洛普公司。

6. 全國意向民調公司。

7. Kantar（奧美集團）公司。

8. 創市際公司（網路民調）。

9. 全方位市調公司。

10. 相關大學附設的民調中心（世新）。

(七) 市調費用概估

一般來說，市調費比電視廣告費便宜很多。

1. 一場 FGI（焦點座談會）：約 10～15 萬元之間。

2. 一次 1,000 人份的全國性電話訪問問卷：約 20～35 萬元之間

即使是一般大公司，年度的市調費也都會控制在 100～300 萬元以內。這與電視廣告費的幾千萬到上億，相對便宜很多。

(八) 市調的原則及應注意事項

在實務上，行銷人員對市調的執行原則有幾項值得遵循：

1. 有些市調，例如：顧客滿意度調查，應該每年定期做，用較長多年時間去追蹤市調的結果狀況。

2. 市調應以量化調查為主，質化調查為輔助，量化調查較具科學數據效益，而且廣度比較夠，質化調查則較具深度。

3. 市調的問卷設計內容及邏輯性，行銷人員應該很用心、細心的去思考，並且與相關部門人員討論，以收集思廣益之效果，並且明確找出公司及該部門真正的需求，以及找到問題解決的答案。

4. 針對市調的結果，行銷人員應仔細的加以詮釋、比對及應用。

5. 市調應注意到可信度，故對挑選市調公司及監督市調執行，都應加以留意及多予要求。

七、整合行銷企劃

(一) 完整架構圖示

1. 利用：　「整合行銷」手法（28 種手法）

(1) 廣告行銷	(11) 主題行銷	(21) 形象行銷
(2) 通路（店頭）行銷	(12) 全店行銷	(22) 人員銷售行銷
(3) 價格行銷	(13) 直效行銷	(23) 旗艦店行銷
(4) 促銷活動行銷	(14) 網路行銷	(24) 大型體驗活動行銷
(5) 事件行銷	(15) 口碑行銷	(25) 電話行銷
(6) 運動行銷	(16) 服務行銷	(26) 公仔行銷
(7) 贊助行銷	(17) 手機簡訊及廣告行銷	(27) 異業合作行銷
(8) 代言人行銷	(18) 電視購物行銷	(28) 紅利點數行銷
(9) 置入行銷	(19) 展覽行銷	(29) 集點行銷
(10) 公益行銷	(20) 公關報導行銷	(30) KOL與KOC網紅行銷

⬇

2. 透過：　「媒體傳播」手法（12 種管道）

(1) 電視媒體傳播	(8) DM／刊物媒體傳播
(2) 報紙媒體傳播	(9) 電話媒體傳播
(3) 雜誌媒體傳播	(10) 展覽媒體傳播
(4) 廣播媒體傳播	(11) 手機媒體傳播
(5) 網路媒體及社群媒體傳播	(12) 公車／汽車／火車／飛機／捷運
(6) 戶外廣告媒體傳播	交通媒體傳播
(7) 店頭（零售據點）媒體傳播	

⬇

3. 達成：
(1) 銷售「產品」及達成「業績」目標
(2) 累積「品牌」資產
(3) 累積「企業形象」資產

4. 實踐： 目標客層（顧客）

(1) 滿足顧客的「需求」
(2) 為顧客創造「價值」（包括物質及心理的需求及價值）

(二) 媒體傳播工具

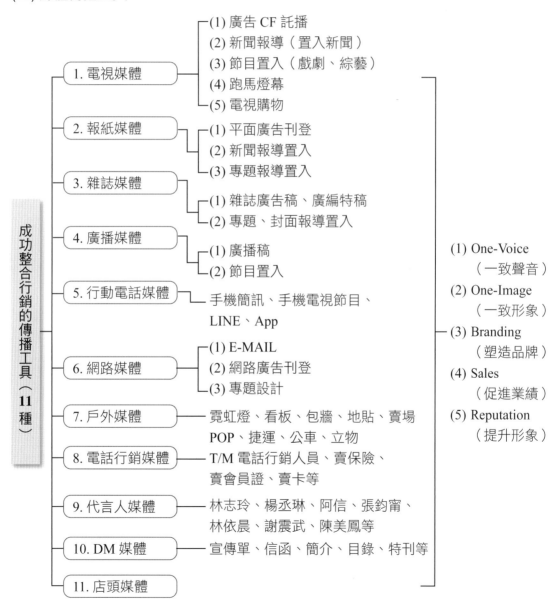

成功整合行銷的傳播工具（**11**種）

1. 電視媒體
   - (1) 廣告 CF 託播
   - (2) 新聞報導（置入新聞）
   - (3) 節目置入（戲劇、綜藝）
   - (4) 跑馬燈幕
   - (5) 電視購物

2. 報紙媒體
   - (1) 平面廣告刊登
   - (2) 新聞報導置入
   - (3) 專題報導置入

3. 雜誌媒體
   - (1) 雜誌廣告稿、廣編特稿
   - (2) 專題、封面報導置入

4. 廣播媒體
   - (1) 廣播稿
   - (2) 節目置入

5. 行動電話媒體
   - 手機簡訊、手機電視節目、LINE、App

6. 網路媒體
   - (1) E-MAIL
   - (2) 網路廣告刊登
   - (3) 專題設計

7. 戶外媒體
   - 霓虹燈、看板、包牆、地貼、賣場POP、捷運、公車、立物

8. 電話行銷媒體
   - T/M 電話行銷人員、賣保險、賣會員證、賣卡等

9. 代言人媒體
   - 林志玲、楊丞琳、阿信、張鈞甯、林依晨、謝震武、陳美鳳等

10. DM 媒體
    - 宣傳單、信函、簡介、目錄、特刊等

11. 店頭媒體

(1) One-Voice（一致聲音）
(2) One-Image（一致形象）
(3) Branding（塑造品牌）
(4) Sales（促進業績）
(5) Reputation（提升形象）

(三) 案例：LV（路易威登）在台北旗艦店擴大重新開幕之整合行銷手法

1. 廣告行銷（各大報紙／雜誌廣告）。

2. 事件行銷（耗資 2,000 萬，在中正紀念堂廣場舉行 2,000 人大規格時尚派對晚會）。

3. 公關報導行銷（各大新聞台 SNG 現場報導，成為全國性消息）。

4. 旗艦店行銷（台北中山北路店，靠近晶華酒店）。

5. 直效行銷（對數萬名會員發出邀請函）。

6. 展場行銷（在店內舉辦模特兒時尚秀）。

(四) 整合行銷效益分析

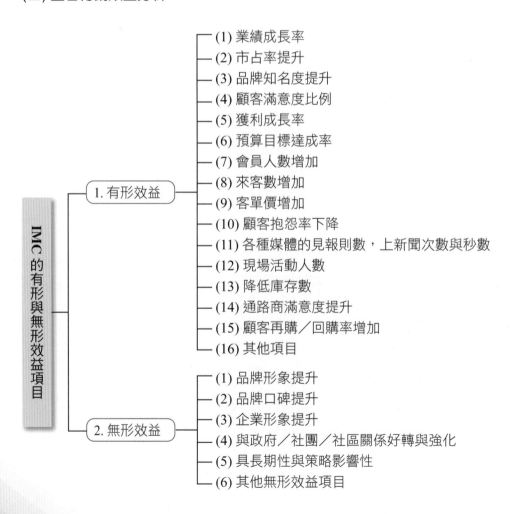

八、品牌年輕化行銷企劃（力挽品牌老化）

(一) 品牌老化的現象

1. 業績逐年滑落衰退，年年無法達成預定目標，怎麼努力都救不起來。
2. 市占率亦呈現下滑現象，從領導品牌跌落到第五、第六名之後。
3. 購買客群年齡亦逐漸老化，以前的三十歲年輕客群，現已變成五、六十歲客群了，但年輕新客群卻沒進來。
4. 品牌印象被大眾認為是媽媽、阿姨使用的牌子，而不是年輕人使用購買的品牌。
5. 在零售店或百貨公司或大賣場的櫃位被移到最裡面、最旁邊的位置，被認為是表現不佳的品牌。

(二) 品牌為什麼會老化

1. 沒有推出新產品。
2. 沒有以年輕族群為目標客層。
3. 公司高階決策者的失誤或忽略。
4. 公司行銷或品牌定位沒有隨環境改變而變化因應。
5. 沒有持續改良、精進、升級、加值既有產品。
6. 缺乏創新精神。
7. 忽略競爭對手的能力。
8. 沒有定期做 SWOT 分析。

(三) 品牌年輕化撰寫的十一個項目內容

1. SWOT 分析。
2. 開發新產品或推出改良式產品。
3. 另取一個全新品牌或副品牌。
4. 找一個最適當的年輕代言人。
5. 構思吸引人的標語。
6. 產品、品牌「重定位」。
7. 目標族群 (TA) 重新訂定。
8. 包裝、色系及門市店裝潢均要年輕化。

9. 全方位整合行銷廣宣活動的推動。

10.訂出合理的價格。

11. 銷售人員組織配合革新。

(四) 品牌年輕化工作小組編制表

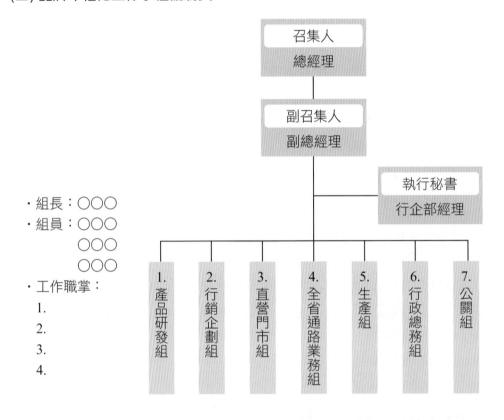

・組長：○○○
・組員：○○○
　　　　○○○
　　　　○○○
・工作職掌：
　1.
　2.
　3.
　4.

九、公關活動企劃

(一) 公關活動企劃四階段

1. 前置作業，工作事項包括如下：

　　(1) 擬定議題方向與規劃。　　(6) 企劃目標與執行定案。

　　(2) 腦力激盪與執行評估。　　(7) 相關單位聯繫。

　　(3) 議題評估。　　　　　　　(8) 採購發包準備。

　　(4) 預算編列。　　　　　　　(9) 狀況模擬。

　　(5) 企劃提案與整合建議。

2. 企劃案撰寫內容大綱

　　(1) 活動主題與活動目的。

　　(2) 活動標語。

　　(3) 活動時間與日期。

　　(4) 活動內容規劃與活動節目設計（含主持人、來賓等）。

　　(5) 活動訴求對象。

　　(6) 活動空間動線規劃

　　　　①交通工具。②執行人員動線。③活動人潮動線。

　　(7) 宣傳媒介與執行

　　　　①電子媒體。②平面媒體。③網路媒體。④廣播媒體。⑤公車媒體。

　　(8) 活動人數預估。

　　(9) 活動視覺營造與製造。

　　(10) 活動預算經費概估。

　　(11) 活動預期效益。

　　(12) 人力資源與職務權責分配表。

　　(13) 軟硬體設備清單製作。

　　(14) 重要時程進度表。

　　(15) 其他備案：場地、道具、代言人等。

　　(16) 活動贈品。

　　(17) 活動錄影準備。

　　(18) 活動保全規劃。

　　(19) 活動邀請的媒體。

　　(20) 活動危機處理。

　　(21) 活動肖像、玩偶。

3. 現場作業，工作事項包括如下：

　　(1) 系統化控管。　　　　　　(5) 軟硬體設備。

　　(2) 活動現場人力資源清單。　(6) 動線規劃。

　　(3) 聯繫網設立。　　　　　　(7) 突發危機。

　　(4) 時程編列。

4. 後續作業，工作事項包括如下：

(1) 活動後人力安排清單。

(2) 活動空間之恢復。

(3) 軟硬體之點交。

(4) 行政總務事項之執行。

(5) 經費結算與檢討會議。

(6) 活動後會報與整合結案。

(7) 統計媒體露出則數。

(8) 結案報告撰寫及向委辦廠商請款。

(二) 公關活動成功四大要素

1. 提案分析與規劃邏輯

   (1) 議題具有獨創性。

   (2) 市場趨勢與潮流的正確評估。

   (3) 活動內容的豐富性及娛樂價值。

   (4) 如何能演變為街坊話題。

   (5) 評估媒體（或）消費者參與指標。

   (6) 充分的預算與人力。

2. 現場連結與氣氛營造

   (1) 活動設計如何。

   (2) 主題式情境氛圍。

   (3) 視聽傳達效力。

   (4) 活動串場之時序。

   (5) 主持人之臨場反應。

   (6) 活動現場的掌控。

3. 活動現場模擬與彩排

   (1) 人力資源清單與分工。

   (2) 人力機動支援網路。

   (3) 軟硬體設施定位與檢視。

   (4) 活動流程與時序銜接。

   (5) 整合動線推演與檢討。

(6) 安全檢視與危機評估。

(7) 氣候異動處理。

4. 氛圍設計與時序

(1) 開場：引發與會者注意力。

(2) 暖場：預告活動主要內容。

(3) 串場：避免冷場。

(4) 高峰：整場活動聚焦的重點。

(5) 結束：活動圓滿成功。

(三) 如何評估公關活動效益

1. 現場人潮及滿意度。

2. 媒體報導露出則數。

3. 網路點閱人數及參加人數。

4. 無形效益。

5. 業績提升。

(四) 廠商如何挑選公司合作的指標

1. 提案是否具有「創意力」。

2. 過去的「執行力」是否受到肯定。

3. 「口碑」如何：可多打聽看看。

4. 「配合默契」如何。

5. 「預算」管理能力如何：花大錢是大忌，切記能善用客戶每一分錢。

6. 「細心度」如何：好的公關公司能協助客戶注意到更細小的事情。

7. 「熱誠」如何：有熱誠投入才會有源源不絕的創意及執行力，以做好公關服務。

8. 「經驗」如何：公關活動的種類區分為很多種，每一家公關公司的專長也會有所不同。

(五) 國內員工人數較多的公關公司

茲列舉國內較大型的公關公司供為參考：

國內前二大公關集團：第一是精英公司集團，第二是先勢公關集團。

1. 21 世紀公關（奧美公關）	7. 凱旋公關	13. 頤德公關
2. 先勢公關	8. 萬博宣偉公關	14. 雙向公關
3. 聯太公關	9. 經典公關	15. 縱橫公關
4. 楷模公關	10. 精采公關	16. 理登公關
5. 知申公關	11. 精英公關	17. 博思公關
6. 威肯公關	12. 戰國策公關	18. 達豐公關

十、新產品開發到上市之企劃

(一) 新產品上市的重要性

1. 取代舊產品。

2. 增加營收額。

3. 確保品牌地位及市占率。

4. 提高獲利。

5. 帶動人員士氣。

(二) 任何產品都有生命週期五階段

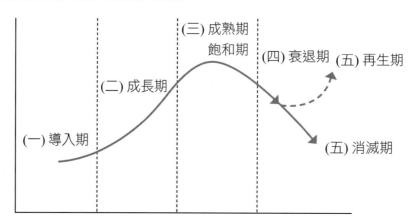

(三) 產品力：不斷創新產品

所以企業要：不斷創新，企業業績才能持續成長。不斷創新包含：

1. 不斷開發新產品。EX：iPod、iPhone、iPad。

2. 不斷改善精進既有產品。EX：iPhone 1～iPhone 14。

(四) 新產品開發到上市之流程步驟

1. 概念

新產品概念及創意產生

2. 評估

針對新產品概念展開開會討論及評估可行性

3. 試產品

可行後,做出試用品

4. 市調

針對試用品的包裝、設計、口味、功能、品質、商標品名(品牌)、
定價、訴求點等展開消費者市調工作,以確認市場可行性

5. 產品改良

試用品根據市調,持續性進行改良及再市調

6. 定價格

業務部決定價格(售價)

7. 評估銷售量

業務部評估每週、每月的可能銷售量,準備進入量產

8. 鋪貨上架

全省各通路展開全面性鋪貨上架

9. 記者會

加開新產品上市記者會

10. 廣宣活動

鋪好貨及記者會之後,展開全面性整合行銷與廣宣活動,打響品牌知名度及促進銷售

11. 關注成效

上市後,每天觀察及分析實際銷售狀況如何

12. 檢討改善

展開檢討與針對缺失立即調整改善

(1) 暢銷　　　　　　　　(2) 銷售不理想

歸納出成功因素　　　　　研擬因應對策及分析原因

日常持續性行銷活動

(五) 新產品開發及上市成功十大要素

1. 充分市調，要有科學數據的支撐。

2. 產品要有獨特銷售賣點及差異化特色作為訴求。

3. 適當的廣宣費用投入，上市成功展現。

4. 定價要有物超所值感、高CP值感。

5. 找到對的代言人。

6. 全面性鋪貨上架，通路商全力支持。

7. 品牌命名成功、品牌名稱容易記、容易唸、容易宣傳。

8. 產品成本控制得宜。

9. 上市時機及時間點掌握。

10. 堅守及貫徹顧客導向的經營理念。

十一、媒體企劃與媒體購買

(一) 媒體代理商

　　國內目前主要的媒體代理商，包括有：凱絡媒體、傳立媒體、媒體庫、貝立德、實力媒體、極致傳媒、優勢麥肯、星傳媒體、宏將、浩騰媒體、博崍媒體、薄荷媒體、喜思媒體、奇宏媒體等十多家代表性的大型媒體代理公司。

(二) 媒體代理商做些什麼事

1. 為廣告之集中購買媒體，可爭取更佳的購買條件及購買價格。

2. 為廣告主妥善規劃媒體組合廣告行銷企劃案之作業。

3. 為廣告主提供整合媒體宣傳計劃案，包括：

　　(1) 媒體組合計劃。

　　(2) 媒體購買計劃。

　　(3) 媒體公共關係。

　　(4) 置入行銷計劃。

(三) 五大媒體型態

1. 電視媒體公司

   (1) 無線電視台：台視、中視、華視、民視。

   (2) 有線電視台：

   ① 三立家族：三立台灣、三立都會、三立新聞。

   ② TVBS 家族：TVBS、TVBS-N、TVBS-G。

   ③ 東森家族：東森新聞、東森財經、東森電影、東森洋片、東森綜合台、東森幼幼台、東森超視台。

   ④ 中天家族：中天綜合、中天娛樂。

   ⑤ 八大家族：GTV 第一台、GTV 綜合、GTV 戲劇。

   ⑥ 緯來家族：緯來日本、緯來電影、緯來綜合、緯來戲劇、緯來娛樂、緯來體育。

   ⑦ 福斯家族：衛視中文、衛視電影、衛視西片。

   ⑧ 年代家族：年代新聞台、壹電視新聞台、年代 Much 台。

   ⑨ 非凡：非凡新聞、非凡財經。

   ⑩ 其他：Discovery、NGC、momo 親子、霹靂、龍祥、AXN、Cinemax、好萊塢電影台。

2. 報紙公司

   (1) 自由時報。(2) 聯合報。(3)中國時報。(4) 經濟日報。(5) 工商時報。

3. 雜誌公司

   (1) 財經類

   ① 商業周刊。② 天下。③ 遠見。④ 今周刊。⑤ 財訊雜誌。
   ⑥ 數位時代。⑦ 經理人月刊。⑧ 哈佛商業評論。

   (2) 投資理財類

   ① Smart 智富。② Money。

   (3) 綜合娛樂類

   時報周刊。

   (4) 休閒娛樂類

   ① Taipei Walker。② 行遍天下。③ 世界電影雜誌。④ 高爾夫文摘。

(5) 女性流行時尚類：

　　① VOUGE。② ELLE 她。③ 美麗佳人。④ 儂儂。

　　⑤ 大美人。⑥ 美人誌。⑦ CHOC 恰女生。

(6) 男性流行時尚類：

　　① GQ。② Men's uno 男人誌。③ FHM 男人幫。④ COOL 流行酷報。

(7) 健康類：

　　① 康健。② 常春。

(8) 電腦電玩類：

　　① PChome 電腦家庭。② 密技吱吱叫。③ 電玩通。④ 電擊 hobby。

4. 網路媒體公司

(1)Yahoo！奇摩／Facebook。(2)IG。(3)Youtube（YT）。(4)Google。

(5)痞客邦。(6)巴哈姆特。(7)Dcard。(8)ET Today 新聞雲。

(9)udn 聯合新聞網。(10)中時新聞網。(11)自由新聞網。

(12)Now news新聞網。(13)抖音。

5. 廣播公司

(1)中廣。(2)好事聯播網。(3)飛碟聯播網。(4)Hit FM 聯播網。

(5)News 98。(6)亞洲廣播。(7)環宇廣播。(8)IC 之音。

(9)全國廣播（台中）。(10)城市廣播（台中）。(11)大眾聯播網。

(四) 廣告主媒體預算編法

1. 占營業額的某個固定比例為其廣告金額。

2. 新推出商品而給予特別的廣告預算。

3. 某個固定金額為準，並不隨營收額而變動。

4. 視主力競爭對手的金額及比例，而做相對應的機動調整。

(五) 各媒體每年度廣告量產值規模

媒體	金額
1. 有線電視	175 億
2. 無線電視	25 億
3. 報紙	25 億
4. 雜誌	20 億
5. 廣播	15 億
6. 網路＋行動	200 億（網路廣告量占40%，同居第一大）
7.戶外	40億
合計	500 億

小計：200 億
※電視廣告量占40%，居第一大

(六) 媒體企劃效益

1. 業績是否成長。

2. 市占率是否上升。

3. 品牌知名度、形象度及忠誠度是否上升。

4. 下游各通路商們是否滿意及肯定。

(七) 媒體刊播花費預算數據概念

1. 新產品上市要打響品牌

   (1) 日用消費品：至少 3,000 萬～1 億（EX：洗髮精等）。

   (2) 耐久性用品：至少 6,000 萬～2 億（EX：汽車、房子、家電、機車、手機、手機、按摩器等）。

2. 既有產品每年度維繫品牌

   (1) 日用消費品：至少 3,000 萬～1 億〔EX：黑人（改名：好來）牙膏等〕。

   (2) 耐久性用品：至少 1～3 億（EX：TOYOTA汽車等）。

(八) 媒體企劃的流程

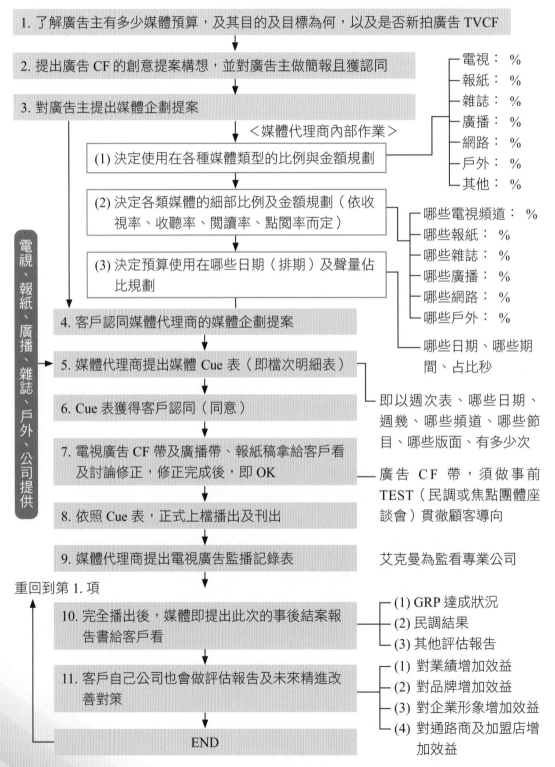

1. 了解廣告主有多少媒體預算，及其目的及目標為何，以及是否新拍廣告 TVCF

2. 提出廣告 CF 的創意提案構想，並對廣告主做簡報且獲認同

3. 對廣告主提出媒體企劃提案

＜媒體代理商內部作業＞

(1) 決定使用在各種媒體類型的比例與金額規劃

- 電視：　%
- 報紙：　%
- 雜誌：　%
- 廣播：　%
- 網路：　%
- 戶外：　%
- 其他：　%

(2) 決定各類媒體的細部比例及金額規劃（依收視率、收聽率、閱讀率、點閱率而定）

- 哪些電視頻道：　%
- 哪些報紙：　%
- 哪些雜誌：　%
- 哪些廣播：　%
- 哪些網路：　%
- 哪些戶外：　%

(3) 決定預算使用在哪些日期（排期）及聲量佔比規劃

- 哪些日期、哪些期間、占比秒

4. 客戶認同媒體代理商的媒體企劃提案

電視、報紙、廣播、雜誌、戶外、公司提供

5. 媒體代理商提出媒體 Cue 表（即檔次明細表）

即以週次表、哪些日期、週幾、哪些頻道、哪些節目、哪些版面、有多少次

6. Cue 表獲得客戶認同（同意）

7. 電視廣告 CF 帶及廣播帶、報紙稿拿給客戶看及討論修正，修正完成後，即 OK

廣告 CF 帶，須做事前 TEST（民調或焦點團體座談會）貫徹顧客導向

8. 依照 Cue 表，正式上檔播出及刊出

9. 媒體代理商提出電視廣告監播記錄表

艾克曼為監看專業公司

重回到第 1. 項

10. 完全播出後，媒體即提出此次的事後結案報告書給客戶看

- (1) GRP 達成狀況
- (2) 民調結果
- (3) 其他評估報告

11. 客戶自己公司也會做評估報告及未來精進改善對策

- (1) 對業績增加效益
- (2) 對品牌增加效益
- (3) 對企業形象增加效益
- (4) 對通路商及加盟店增加效益

END

(九) 各種媒體花費預算狀況概念

1. 電視 (TVCF)

   占最多，年度花費：至少 3,000 萬～1 億元之間。

2. 報紙 (NP) 廣告

   年度花費：至少 100～200 萬元之間。

3. 網路廣告

   年度花費：500～3,000 萬元之間。

4. 公車廣告

   年度花費：100～300 萬元之間。

5. 雜誌廣告

   年度花費：100～200 萬元之間。

6. 戶外廣告

   100～500 萬元之間。

(十) 媒體預算分配的比例如何決定

至於分配到哪一種媒體的不同比例，則要看：

1. 媒體的效益如何。
2. 此行業的特性為何。
3. 此產品的特性為何。
4. 此產品的消費目標客群為何。
5. 目標客群的媒體使用習慣為何。

例如：汽車業的廣告，大部分比例就使用在新聞頻道的電視廣告上；再如遊戲，因年輕人及學生族群較多，故網路廣告可能就會多一些，預售屋廣告因必須詳細解說，故利用週六的報紙廣告就較多。

(十一) 成功的媒體企劃與購買什麼

1. 媒體價錢（價格）買得好、能降低媒體費用。
2. 媒體對象選得好。
3. 經銷商、加盟店店東及零售商都拍手叫好，肯定此波的廣宣成效。
4. 公司業績目標能夠因此波廣宣而順利達成。

5. 產品品牌知名度及公司企業形象均能夠因而顯著提升。

6. 能夠吸引新顧客群或新會員的加入，使公司的顧客基礎更加廣大。

十二、廣告企劃

(一) 廣告提案三部曲

第一部曲　市場分析與廣告策略

1. 本行業的角色與功能為何？
2. 本產品的特性如何？
3. 消費者的需求是什麼？要如何滿足？
4. 本品牌是什麼？定位在哪裡？定位的獨特性？
5. 我們聽見了（來自各經銷商、各門市店、各加盟店、各消費群、各會員顧客的深度訪談）
6. 各競爭品牌傳播訴求比較
7. 檢視本品牌：SWOT 分析，優劣勢分析為何？
8. 對競爭對手的觀察分析？
9. 廣告目標在哪裡？
10. 策略思考點是什麼？
11. 廣告主張與廣告策略是什麼？
12. 消費者心理洞察？
13. 品牌主張是什麼？
14. 創意提案與廣告如何表現？
15. 其他項目說明

第二部曲　廣告 CF 創意表現與腳本說明

分鏡腳本（含文字腳本）
幾支？篇名為何？秒數多少？
檢視廣告創意的重點何在？

第三部曲　媒體企劃與媒體購買

---

1. 此次預算將配置在哪些媒體上面？百分比各占多少？
2. 電視媒體將配置在哪些頻道？哪些節目？哪些時段？
3. 報紙媒體將配置在哪些報紙？哪些版面？哪些大小篇幅？（全二十、全十、半、刊頭等）
4. 雜誌、廣播、網路的配置又如何？
5. 戶外看板（公車廣告、捷運廣告、包牆廣告等）配置又如何？
6. PR 公關活動要舉辦哪些活動？有幾場？預估金額多少？
7. 此次預算的時間表將從何時開始？哪些期間是重點轟炸期？高峰期與平常期各配置多少百分比？
8. 此次預算的託播 Cue 表（時程明細表）及刊出明細表為何？

END 與 Q&A
（請廣告主提意見及討論）

(二) 廣告主、廣告代理商、媒體代理商關係圖

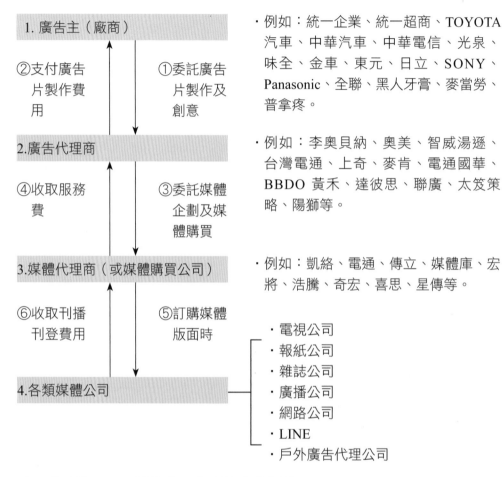

1. 廣告主（廠商） ②支付廣告片製作費用　①委託廣告片製作及創意	・例如：統一企業、統一超商、TOYOTA 汽車、中華汽車、中華電信、光泉、味全、金車、東元、日立、SONY、Panasonic、全聯、黑人牙膏、麥當勞、普拿疼。
2.廣告代理商 ④收取服務費　③委託媒體企劃及媒體購買	・例如：李奧貝納、奧美、智威湯遜、台灣電通、上奇、麥肯、電通國華、BBDO 黃禾、達彼思、聯廣、太笈策略、陽獅等。
3.媒體代理商（或媒體購買公司） ⑥收取刊播刊登費用　⑤訂購媒體版面時	・例如：凱絡、電通、傳立、媒體庫、宏將、浩騰、奇宏、喜思、星傳等。
4.各類媒體公司	・電視公司 ・報紙公司 ・雜誌公司 ・廣播公司 ・網路公司 ・LINE ・戶外廣告代理公司

(三) 成功的 TVCF 是什麼？有哪些注意要點

1. 是否有十足吸引人的創意？能夠形成話題的創意？創意是首要條件？
2. 要評估演出角色（演出人）的適合性？契合性？
3. 要由名導演掌鏡，拍出一流的 TVCF。
4. 要能叫好又叫座，既要吸引人，且能提振業績，又要提升品牌知名度。
5. TVCF 正式通過前，應做消費者的 Pretest（事前測試及討論），要從顧客的觀點來檢視這支 TVCF。
6. 要以嚴謹角度要求 TVCF 修正到完美（包括畫面、配音、字幕、外景、剪輯、布景、品牌、標語）（B 拷帶完成）。
7. TVCF 應每半年或每年應更新一支，避免消費者看膩。

8. 應避免演出人員的表現與記憶力超過產品品牌本身，重要的是消費者要記住產品，對產品有深刻印象，而不是對藝人有太超過的印象。

十三、競爭者動態分析企劃

(一) 從十四個全方位面向分析競爭者動態

1. 產品動向分析。

2. 技術動向與研發動向分析。

3. 價格動向分析。

4. 通路動向分析。

5. 推廣宣傳及促銷動向分析。

6. 服務動向分析。

7. 經營模式動向分析。

8. 經營績效動向分析。

9. 投資動向分析。

10. 重要客戶動向分析。

11. 供應商動向分析。

12. 新加入競爭對手動向分析。

13. 併購、合資、結盟動向分析。

14. 人力資源動向分析。

(二) 競爭動態分析→評估影響性→提出因應對策

對於競爭者動態分析的企劃，基本上是有三個階段，如下圖：

競爭對手正在做些什麼？（動態分析） → 競爭對手這些動作，會對本公司造成什麼影響？（評估影響性） → 我們應該有何因應對策？如何面對這些潛在威脅及攻擊？（提出因應對策）

十四、營運檢討報告撰寫項目

(一) 外部環境變化分析與趨勢分析

包括：國內外的法令、政策、財經、股市、消費者、競爭者、科技、天災人禍、上中下游關係、利率、匯率、產業獎勵、進出口貿易、經濟成長、少子化、老年化、家庭結構、宅經濟現象、低價走向、M 型社會、通膨現象等。

(二) 現況（成果）比較分析

包括：現況分析、現況檢討、上月檢討、上週檢討等。

(三) 與競爭對手比較分析

包括：競爭對手的機會、威脅、優勢、劣勢，以及未來的最新發展動向、動態、做法、策略及重心等。

(四) 本公司 SWOT 分析

再回頭檢視本公司內部、人才、技術、財力、組織、上中下游關係、採購、生產製造、行銷、品牌、業務、運籌物流、全球化、通路等之優缺點及強弱項的變化如何。

(五) 原因探索分析、背景分析、緣起分析

(六) 做法與對策 (How to Do)

包括：該如何做、做法如何、對策如何、如何解決、如何加強、如何規劃、規劃方案、如何改善、如何因應、各種做法等。

(七) 效益評估

1. 有形效益如何（營收、市占率、獲利、店數成長、坪效成長、來客數、客單價、會員數、再購率等）。
2. 無形效益如何（企業聲譽、品牌知名度及形象、品牌好感度、戰略意義等）。

(八) 成本與效益比較

即 Cost & Effect 分析，表示成本支出與效益回收的比較如何。

(九) 要寫出預計的具體目標數據

包括：店數、市占率、營收、成長率、獲利、業績、毛利、店效、坪效、損益、分公司數、來客數、客單價、會員數、VIP 人數、活卡率、卡數總量、自有品牌占有率、新產品開發數、廣告預算、促銷預算、會員經營運算、管銷費用預算、EPS、品牌數等。

(十) 考量到 6W/3H/1E 十項思考點

- ・Who
- ・Where
- ・How to Do
- ・Evaluation
- ・Whom
- ・When
- ・How Much
- ・Why
- ・What
- ・How Long

(十一) 比較分析的五種原則

1. 實際數據與目標（預算）數據比較如何？
2. 今年數據與去年數據比較如何？
3. 本月數據與上月或去年同期數據比較如何？
4. 本公司與競爭對手數據比較如何？
5. 本公司與整體業界或市場數據比較如何？

(十二) 關鍵成功因素 (KSF)

要歸納彙整出此公司、此產業、此部門、此產品、此品牌、此專案、此活動、此計劃、此市場，以及此通路等之關鍵成功因素為何，以利掌握關鍵要素。

(十三) 行銷支出預算列明細表

(十四) 思考各種「面向」因素與「完整性」(All of Dimensions)

十五、KOL與KOC網紅行銷企劃

(一)何謂KOL與KOC行銷？

1. 所謂KOL行銷，即Key Opinion Leader網紅行銷（網路上的關鍵意見領袖）；亦指由大網紅在網路平台上加以推薦產品和品牌的行動。

2. 所謂KOC行銷，即Key Opinion Consumer關鍵意見消費者，即指奈米網紅、微網紅、或素人網紅的行銷。KOC的粉絲人數較少，大概只有幾千人到上萬人而已，而KOL的粉絲人數則都為數十萬到上百萬人之多。

3. 有時候，運用KOC微網紅的效益，反而比大網紅KOL效益更好。因為，微網紅粉絲的忠誠度及互動率比較高。

(二)KOL與KOC行銷的功能／目的

廠商使用KOL及KOC的行銷功能及目的，主要有三個：

1. 提高公司品牌的曝光度。
2. 有助打響公司品牌的知名度及好感度。
3. 間接有助業績的提升。

(三)知名網紅案例

例如：蔡阿嘎、HowHow、這群人、486先生、館長、白癡公主、古娃娃、千千、谷阿莫、阿滴英文、理科太太、滴妹、實習網美小吳、Rice & Shine、Joeman……等。

(四)KOL行銷如何進行

1. 先找一家比較知名，且有實際經驗的網紅經紀公司，作為委託代理公司。
2. 經告知本公司品牌的現況及目標之後，就請該經紀公司先準備提案。
3. 經紀公司到本公司做簡報及討論後，即可簽訂合約，展開行動工作。

(五)網紅經紀公司提案內容

一般來說，網紅經紀公司提案的內容，大致會包括下列項目：

1. 此案行銷目標／任務。

2. 網紅行銷策略分析。

3. 此案網紅的建議人選及其背景說明。

4. 此案網紅如何操作方式及內容說明。

5. 此案計畫上哪些種社群平台。

6. 此案合作執行期間。

7. 此案經費預算說明。

8. 此案預期效益說明。

9. 合約書內容。

10.相關附件。

(六)KOC的應用

KOC的粉絲群雖然不多，但其死忠程度及互動率，都比KOL為高。而在行銷應用上，經常以找20位、50位、100位等KOC來操作，以量取勝，也是最近業界上常見到的應用方式。

(七)KOL與KOC比較

茲用表列方式，比較KOL與KOC之差異，如下表：

	KOL（關鍵意見領袖）	KOC（關鍵意見消費者）
1.受眾輪廓	較廣	較集中為朋友圈
2.粉絲數	數十萬～上百萬	數千～一萬
3.流量與社群影響力	較大	較小（因粉絲較少）
4.受眾互動數	較弱	較強
5.名稱	・大網紅 ・中網紅	・奈米網紅 ・微網紅 ・素人網紅
6.廣宣效果	較具廣度	較具深度
7.價格	較貴	便宜很多
8.多數合作方式	品牌透過流量主動找KOL進行付費業配	長期分享品牌商品後，被品牌看到，進而合作

	KOL（關鍵意見領袖）	KOC（關鍵意見消費者）
9.兩者差異	·強調廣泛的曝光與流量 ·強調爆破性的品牌聲量	強調深度的、走心的，吸引消費者去轉換購買

(八)KOL與KOC合作選擇

　　KOL不管是對一個商品還是品牌而言，都是極好的曝光管道，因為他們擁有極大的流量與觸及率，因此若你是剛成立的品牌或是有新的商品要推出，都會建議先以有巨大流量的KOL為首選，這也是上述提到的網紅行銷，而在你的品牌已經曝光一段時間後，開始需要一些更為深度的討論與內容時，可以再轉向KOC。

(九)、挑選KOL的質與量指標

1. 質化的指標

　　有關質的指標有四項，如下：

　　(1) 相關性：首先要看這個KOL是否為該產品使用者，以及他們本身的專長是否與該行業、該產品有相關性。

　　(2)外貌及品味：KOL在社群平台上是否有表現出吸引粉絲的外貌及品味，以及他們的外貌及品味是否與品牌契合。

　　(3)語氣及行為：KOL的用字、語氣及網上行為是否與品牌相契合。

　　(4)經驗與知識：KOL是不是一個專家、潮流的帶領者，他們的經驗及知識是否很足夠。

2. 量化指標

　　量化（數據化）指標包括：

　　(1)接觸面 (Reach)：這是指KOL潛在可以接觸到的受眾數目；如果是在FB上，會看他的跟隨者數目；在YT上則看訂閱者的數目；在個人部落格上就看多少讀者或點擊率。

　　(2)參與率（互動率）：這是指粉絲群與KOL的留言、互動率是多少；互動率愈高，表示粉絲們與KOL的關係更加密切、更加認同。

(3)轉發數目：轉發給周邊朋友分享，其效益更大。

(十)KOL篩選的普遍準則

除了上述質與量的選擇指標外，就普遍篩選準則而言，主要看下列四項評估：

1. KOL收費是否合理：有些當紅的大KOL，叫價過高，就不太能選用了，寧可用幾十個、上百個KOC來取代。
2. KOL的配合度良好：KOL個人對品牌端的合作度、配合度是否良好，或是不好配合，都要考慮。
3. KOL的良好形象：KOL不能有負面新聞、緋聞、醜聞等。
4. KOL不能太過商業化：有些KOL太商業化、代言大量品牌，太商業化的KOL，說服力可能會被打折。

(十一)網紅行銷方程式＝KOL＋KOC＝大加小的組合

現在網紅行銷有一種趨勢，就是：同時、並用「大網紅＋微網紅」的大＋小模式。

KOL與KOC有各自的優缺點，若能交叉搭配使用，透過等級不同的網紅，也能從更多元角度切入，接觸到更多不同層面的消費者，讓整體效益最大化。

KOL的強項是建立品牌形象，而KOC的強項則是有助導購，若是行銷預算夠的話，二種都選擇並用，其效果可能會更好。

(十二)多芬洗髮精「KOL＋KOC」混合推廣，加強宣傳力度

隨著社群媒體逐漸深入消費者日常生活，各大品牌也愈來愈重視網紅行銷；而在選擇網紅時，也不再只和高流量KOL合作，而開始尋找能帶來高互動力的KOC；多芬洗髮精即是一例。

多芬為了宣傳「美的多樣性」，結合多位KOL與KOC共同進行社群媒體宣傳。一方面利用KOL擁有高流量優勢，向大眾廣泛宣傳多芬的品牌理念；另一面，也利用KOC與粉絲關係緊密特點，與潛在受眾溝通，不僅讓品牌形象深入人心，而且有利未來下單購買。

(十三)廠商與KOL合作方式

廠商與KOL進行合作的方式有：

1. 業配：給予費用及商品，請KOL進行專業分享。

2. 互惠：沒有給予費用，但提供商品和服務，再請KOL進行分享，而讓雙方達到互相擁有的方式。

3. 公關品：免費提供自家產品，讓KOL自行選擇要不要分享，但大部分的KOL都會發布一些感謝的限時動態，還是會讓產品產生曝光率，達到效益。

(十四)KOL行銷的優勢效益

〈效益1〉信用背書：當品牌與信譽良好，擁有專業知識及個人魅力的KOL合作時，品牌可以藉由KOL的推薦，提升品牌聲譽及可信度，並提升品牌被消費者選擇的機率。

〈效益2〉公開透明監控品質：現金很多KOL與品牌的合作文下，都會標註「合作文」或「業配」等字樣，這類的標籤可以防止粉絲對KOL及該品牌的反感或是不信任。

〈效益3〉真實性：選擇的KOL如果恰巧也是該品牌或該產品的常用者或愛用者時，更可增加粉絲們對該KOL的推薦文或推薦影音產生真實性的親切感。

〈效益4〉話題延燒：一個有創意且優質的KOL行銷合作方案，足可能引起話題，而延燒好幾個星期，而且可能會被快速、廣泛的傳播開來。

(十五)KOC行銷，自己怎麼做

如果公司自己是大公司或大品牌，不想透過網紅經紀公司仲介，而想自己來時，其做法步驟有如下五步驟：

〈步驟1〉找出KOC

想做KOC行銷時，第一步驟就是先找出目標對象的KOC。

品牌端可以先觀察粉絲專頁上積極主動的粉絲有哪些，或是搜尋Hashtag(#) 找出經常分享品牌資訊的族群，再將這些粉絲整理成名單，並透

過社群媒體的私訊功能聯繫，進一步詢問粉絲本身是否有分享產品的習慣，或是追蹤、加入哪些社團，了解粉絲的分享頻率，可能出現KOC的社群，以藉此獲得KOC的聯絡方式。

〈步驟2〉洽談合作細節

找到KOC或十數個KOC之後，接下來就是詢問KOC是否有分享產品的意願；若KOC答應合作，即可開始洽談合作的細節，進行簽約流程。

〈步驟3〉展開執行

合約完成後，即按規定時程，進行貼文、貼圖撰寫，或是非常簡易／短秒數影音製拍，然後再於三大社群平台上置放露出。

〈步驟4〉檢視合作成效

KOC透過貼文、限時動態、或是直播、短影片等方式曝光產品，品牌方也可以藉由觀察貼文互動人數、最終下單人數、觀看人數等，評估每個KOC的合作成效，以利後續篩選合適KOC人選。

〈步驟5〉經營長遠合作關係

最終篩選出來的KOC，可以作為品牌方長期合作對象，並確保合作符合成效預期。

(十六)如何找KOL網紅合作二方式

如何找KOL網紅合作，有二種方式：

一是自己來。許多網紅會在自己的社群平台上，留下自己的e-mail聯絡方式，方便品牌方與他們洽談合作。

二是找經紀代理公司。目前也有不少的網紅經紀公司，協助品牌方這方面的專業工作進行規劃。

(十七)全球KOL行銷的市場規模

根據美國數據，全球KOL行銷市場規模達到140億美元，自2016年以來成長712%，並且持續壯大中，甚至在2020～2021年這個疫情肆虐的時期，仍舊增加41億美元。

(十八)KOL＋KOL行銷策略

品牌端可透過不同領域的KOL合作創意企劃進行業配。例如：知名美食YouTuber千千及實驗型YouTuber Hook一起自拍影片，結合大胃王與遊戲挑戰元素，替肯德基作業配行銷。

(十九)KOL網紅直播銷售／直播團購

在2020～2022年全球新冠疫情期間，不少國內知名大網紅也替品牌端扮演網紅直播銷售的角色，成功地開拓出網紅除了會宣傳之外的另一種重要功能；也增加網紅的另外重要收入來源。

(二十)網紅行銷為何如此重要的原因

很多行銷專家認為：品牌知名度及品牌口碑評價，是現在行銷最需要的兩個關鍵點。消費者不喜歡冷冰冰生硬的純廣告內容，而更仰賴社群網路上的「真實評價」。

其他原因：

1. 累積搜尋網路評價

很多年輕人在購買某一項東西時，會去網路搜尋這項商品的評價如何，因此，網路評價是不可被忽視的重要一環；而透過網紅的正向行銷，有助於協助企業的口碑變好。

2. 提升消費者對產品的信任度及知名度

愈多的網紅與使用者分享使用心得，品牌及討論度也會逐步提升，最終網紅行銷的效益逐漸擴散，可達到口碑行銷的效果。

3. 提供「消費者的視角」

網紅行銷最重要的一點，便是使用者的角度，以他們的角度來提供給消費者的需要資訊，品牌端便可透過網紅這種消費者熟悉的方式，間接與他們溝通。當網紅在社群平台上分享產品時，對粉絲群或讀者們來說，將會更加真實與可信。

(二十一)品牌該如何找到最適合、最佳的網紅？

1. 受眾

品牌端一定要對顧客有一定了解，知道他們是誰？他們喜歡什麼？需求

什麼？他們的樣貌為何？

2. 互動率

粉絲與網紅的高互動率，代表粉絲重視並期待網紅創作的平台內容。

3. 公信力

具有公信力的網紅會有死忠粉絲，並且會在某個領域有專業的知識及地位。這種類型的網紅會在他們宣傳產品時，會有更好的效果。例如：醫學類的YouTuber蒼藍鴿、科技類YouTuber理科太太。

4. 內容品質

由於網紅所做的內容各有不同，要注意你想宣傳的產品，是否適合他們的風格，以及做出內容的品質，是否具有創意及良好品質，不會有爭議性。

5. 可信度

注意此網紅個人的表現及個人本身，長期以來是否得到粉絲們的信賴。

6. 關聯契合性

找到對的網紅，並宣傳正確的產品。例如：他是遊戲直播主，就給他宣傳線上遊戲的產品。例如：美食網紅千千，就給她宣傳食品及餐飲的產品。

7. 勿業配過多

粉絲們可能不太喜歡過於商業化的網紅，業配太多，可能會使網紅信賴度降低。

(二十二)結語

未來幾年仍將會是KOL及KOC的商業行銷方式應用，運用適合的KOL、 KOC行銷及宣傳，確實會為品牌、商品知名度、商品印象度及業績銷售，帶來一定程度的助益。

十六、行銷企劃人員廣告投放的重要九大工作

作為一個消費品公司或耐久性商品的行銷企劃人員，在廣告製作及投放上，應該盡力做好九大工作事項，以達成最好的廣告播出成果與效益，如下九點：

(一) 做出叫好又叫座的電視廣告片 (TVCF)

行銷企劃人員必須與廣告公司的創意人員及策略企劃人員,共同密切合作及共同集思廣益出每一支叫好又叫座的電視廣告片 (TVCF),而且每年不能只有一支廣告片,以避免消費者看到膩了,每年應該準備2～4支的TVCF備用,以保持該品牌TVCF的新鮮感。

(二) 選擇正確有效的媒體組合播放

其次,行銷企劃人員也必須與媒體代理商的企劃人員,共同討論如何能夠選擇出正確、精準與有效的媒體組合 (Media-Mix) 去播放及刊出。希望能夠使最多數的消費者或TA,看到我們公司這支叫好又叫座的電視廣告片或平面廣告版面;以達成我們公司品牌的最大曝光率、印象度與好感度。

(三) 隨時了解廣告投放效果好不好

行銷企劃人員在每一波的電視廣告、網路廣告、平面廣告、及戶外廣告等投放之後,必須隨時的、密切的關注每一波廣告投放,花錢之後的成效到底如何?是很好、普通好、或不好?一定要注重每一波廣告投放後的ROI(投資報酬率／投資效益)好不好?有沒有達成預期的效益?為什麼能達成?為什麼不能達成?都要有深入的檢討才行。

(四) 要隨時機動調整策略及快速應變

行銷企劃人員除了如上述第(三)項所提及的,隨時了解廣告投放後的成效好不好及原因之外,更要隨時展開機動調整及快速應變才行。例如:哪些媒體投放效益最好、最顯著,那就要調整方向,多做此方面的投放比例。

還有,外部環境變化或競爭對手的變化,我們也要機動調整及快速應變。例如:白鴿洗衣精根據全球新冠疫情,在2021年底時,第一個推出抗病毒洗衣精,電視廣告大量投放,此時,其他品牌洗衣精也要快速應變,想出因應之道,以避免白鴿洗衣精成為唯一暢銷的洗衣精品牌。

(五) 確定每次不同的廣告目標／目的

行銷企劃人員在每次廣告投放時,要很清楚它的目標及目的是什麼,才

能聚焦做好廣告類型及廣告媒體的規劃安排。例如：新產品剛上市，我們的廣告投放目標，首先，就是要打響我們新產品的知名度及印象度，至於業績結果，就放在比較後面的目標。

(六) 選擇有效果的藝人代言人或網紅代言人

行銷企劃人員儘可能爭取足夠的廣宣預算，來找藝人或網紅作為品牌代言人；這樣子，比較容易快速打響新產品的品牌知名度及好感度；最終，對產品的銷售業績，也會帶來間接助益。

但重點是在，這個藝人和網紅代言人，其代言效果，是否有效果？有效果，是最重要的；有效果，代言費用高一些也沒關係。代言沒效果，代言費用再低也沒用。所以，一定要多方面考量、討論、測試這個藝人代言人是否有效果。例如：Citycafe用桂綸鎂代言十多年了，表示桂綸鎂的代言有效果，值得。

(七) 觀察競爭對手的任何廣宣動作

行銷企劃人員還要定期注意及觀察競爭對手的任何廣宣行動，例如：

1. 競爭對手投放更大量的廣告宣傳費用，以拉高品牌聲量。

2. 競爭對手花費鉅資，邀請頂級天王、天后做今年度品牌代言人。

因為競爭對手的一舉一動，都會影響到我們公司的品牌業績、品牌地位及品牌市占率等重大變動，不得不提防及做好因應計劃。

(八) 觀察外在環境變化與趨勢

行銷企劃人員在做各種媒體廣宣的時候，必須高度注意到外在大環境的變化，這些變化對媒體、對廣告片、對消費者、對產品、對整個市場，是否都會產生改變與影響。因此，要及時掌握好外在大環境的變化及趨勢，才能做好廣告製作及廣告投放的工作任務。

(九) 回到基本功，徹底做好行銷4P/1S五大工作

最後，行銷企劃人員不要忘了，如果公司產品的行銷4P/1S都沒有做好、做強，則投放再多的廣告量及曝光率，對業績及品牌打造也不會產生好成果。所以，做行銷要成功的根本工作，就是把行銷4P/1S五件工作做好：

1.產品好。

2.價格好。

3.通路上架好。

4.推廣好。

5.服務好。

在上述行銷4P/1S都能做好的基礎上，再加上廣告片做得好、代言人找得好、媒體選得好；如此，我們公司的銷售業績及品牌資產價值，就會做得很成功、很出色。

行銷企劃人員在廣告方面的九大工作

1　做出叫好又叫座的電視TVCF（廣告片）

2　選擇正確、精準、有效的媒體組合播放

3　隨時了解廣告投放效果好不好

4　要隨時機動調整策略及快速應變

5　要確立每次不同的廣告目標的目的

6　選擇有效果的藝人代言人或網紅代言人

7　要觀察競爭對手的任何廣宣動作

8　要觀察外在環境變化與趨勢

9　回到基本功，徹底做好行銷4P/1S五大工作

十七、行銷企劃撰寫的七大能力基礎

(一) 豐富的行銷知識

行銷學、品牌行銷、整合行銷、傳播、公關學、廣告學、產品管理、定價管理、行企撰寫、通路管理、服務管理……等基礎知識。

(二) 6W、3H、1E（10 項思考準則）

1. 6W：What、Why、When、Where、Who、Whom。
2. 3H：How to Do、How Much、How Long。
3. 1E：Evaluation。

(三) 累積的工作經驗

過去在各種工作崗位上的歷練、記憶、得與失、收穫與經驗視野等之有效且迅速的累積。

(四) 開會檢討、集思廣益

在撰寫前、中、後，應該多多向相關單位的長官或同輩同事詢問看法、意見與觀點，以從不同面向與不同角度的集思廣益效果。

(五) 有自己的創意、想法及做法

自己一定也會有一些獨特的創意、想法及做法，這些應該反映在撰寫報告上。

(六) 吸取別行業、別公司及國外先進公司的做法

如何有效的吸取別行業、別公司或國外先進公司，一流公司的各種做法及他們的總結經驗及得失參考，均值得我們在撰寫時，參考的依據。

(七) 看前人所寫的報告及買參考工具書參考指南

後輩可參閱前人所寫的此類相關企劃案或報告案以掌握正確方向。此外亦可買一些外界出版的企劃案撰寫工具書作為我們借鏡參考。

十八、行銷企劃成功關鍵二十一點

行銷企劃是任何行銷活動的第一階段工作，企劃工作的周全與完善，將可以提高行銷成功的績效程度。根據筆者過去多年在企業實務界的工作經驗，以及個人所做的個案學術研究結果，顯示在規劃及執行行銷企劃時，可以歸納下列成功關鍵的二十一項要點，是值得行銷人員在工作上參考借鏡的：

(一) 參考過去的做法避免犯同樣錯誤

可以參考去年或以前做過的同類型行銷企劃案，拿出來看看，並了解過去案子的得與失。如何避免過去的疏失，避免再犯同樣的錯誤，並吸取過去成功的經驗與做法，想想是否可以再沿用並擴大戰功。因此，了解過去、掌握現在、策勵未來是行銷企劃重要的三部曲。例如：以百貨公司週年慶為例，去年最受歡迎及對業績成長最有幫助的是哪一項促銷活動？免息分期付款，或是全館全面八折或滿千送百，或是抽獎活動等。另外，在交通動線安排及結帳人潮疏解等方面，是否有再改善的空間等，均必須力求再精進。

(二) 滿足顧客需求

我們應該問自己，這些行銷企劃案內容及做法是否可以滿足目標顧客群的真正需求？這個案子，對顧客是否有吸引力？是否有價值？是否能兼求顧客導向的立場去做行銷規劃呢？以及我們是否真的洞察到顧客的需求？並能感動他們？又如何來確認這些真的是顧客想要的東西呢？因此，行銷企劃人員及其跨部門小組成員，均必須不斷的討論、辯論及尋求真理出來。必要時也應該將消費者納入企劃會議內，認真傾聽他們的聲音及看法。

(三) 顛覆傳統、大膽創新

我們應該掌握大膽的行銷創新原則，不走老套，要有獨特性、差異化、特色化、流行化，行銷企劃創新應讓人眼睛為之一亮。這些創新方向，包括了：1.新產品創新、2.新服務創新、3.新通路創新、4.新定價策略創新、5.新廣告模式創新、6.品牌創新、7.促銷活動創新、8.定位創新、9.異業結盟創新及10.科技運用創新等。所謂創新的意思是，要與過去的做法及呈現，的確有所不同。但是，行銷創新仍然不要忘記，這些創新最終的結果，還是要植基在**顧客價值**與**顧客滿足**的立場上才行，不要為了創新而創新，否則創新很容易失敗或不討好。

(四) 定位與區隔是否正確

我們應該想一想，是否在一開頭，即對：1.行銷企劃案的目的、2.目標市場、3.區隔顧客群、4.產品定位、5.品牌定位及6.公司經營定位，有最深入、最明確與最正確的概念與結論。未來的行銷企劃一切作為，都將環繞在

這些主軸上規劃及發想，只要方向對了，執行面的計劃才會比較有效。最近，全國電子感動行銷的廣告 CF 企劃、Citycafe、dyson精品家電、iPhone手機、林口三井OUTLET、優衣庫、NET服飾、LV、Gucci、路易莎咖啡、全聯超市、舒酸定牙膏、晶華酒店、涵碧樓休閒精緻旅館及無印良品居家賣場等，就是很成功的做好品牌定位。

(五) 速度與誘因必須超過競爭對手

我們應該想一想，我們的行銷企劃案是否勝過競爭對手所推出的案子內容及做法。如果企劃案力道沒有比對手更好、更有誘因、更強，那麼就不太會超越競爭對手。另外，在推出的速度上，如果能超越對手，成為第一個推出此案的領先者，則其行銷企劃效果將會更大。例如：白鴿洗衣精是第一個推出抗新冠病毒的洗衣精。

(六) 行銷應與策略經營結合

我們應該想一想此次的行銷企劃案，是否能和本公司的最高經營策略相結合，使策略＋行銷的二方資源相互搭配，而成為策略行銷 (Strategic Marketing) 力量。例如：1.王品、西堤、陶板屋等連推十五個品牌的餐飲連鎖企劃、2.新光三越百貨公司在信義商圈，十年內快速推出 A8、A9、A11 及 A4 等四大館的策略行銷大氣魄做法、3.家樂福大賣場加速擴點，以及推出綜合式大賣場的策略行銷大戰略等，就都是展現出一種策略＋行銷的有力資源及經營戰略，進而使他們成為該行業的領導品牌，並創造優良經營績效與進入障礙。

(七) 洞察環境最新變化趨勢

我們應該想一想並注意到環境條件的最新變化趨勢。例如：少子化、老年化人口結構、家庭結構、購買地點行為、購買時間行為、消費者價值觀、生活型態、分眾化／小眾化市場發展、借錢消費、名牌消費、教育水準、所得差距、女性購買力、商業區改變、城鄉差異、南北差異、科技條件、法令與政策、外食人口、通路變化、流行風潮、個性化、通膨漲價等各種變化。這些變化的方向、程度、力道、影響性等均會對我們的行銷企劃案的內容及規劃，產生一定的影響，以及我們因應對策又是如何？

(八) 科學化數據做支撐

　　我們應該想一想在行銷企劃案中，一定要有相關數據來支撐我們的方案及設想。這包括過去以來的市場及產業數據資料及其趨勢變化，以及我們委外所做的客觀市調及推估、預估數據。亦只有這樣做，才有利於高級主管做最後的決策。因此，1.歷史性的、2.科學性的、3.外部客觀的、4.業者互相比較性的，以及5.內部合理推估的各種主客觀數據的反應，均是在比較重大行銷企劃案必須呈現出來的。例如：台灣便利商店近幾年來，積極提高鮮食產品類在全店中的營業占比，這部分日本的數據，目前已達到 30%，而台灣約 15%，成長空間仍很大。

(九) 向國外先進業者取經

　　我們應該想一想是否要以國外先進國家的市場發展、產業現況、第一名領導廠商的成功、經營策略模式、成功行銷及促銷做法，作為必要參考借鏡。一方面可以學習別人的優點及成功方法，二方面對上級的詢問也能回答的出來，三方面，亦將會使自己更加篤定及堅定信心。因此，國外市場考察，業者訪談或是資料報告取得或網站查詢蒐集等，均是可做的。其實，最近幾年國內蓬勃發展的便利商店、藥妝店、咖啡連鎖店、量販大賣場、百貨公司、餐飲連鎖、網路購物、OUTLET購物中心、便利商店大店化等，均是向國外取經的。

(十) 各種效益面向的分析

　　我們應該想一想在行銷企劃案中，最後應該要有不可缺的效益分析部分。包括：1.無形效益與有形效益列示、2.短期與長期效益列示、3.內部與外部效益列示，以及4.成本與利益之對照列示分析。此亦有助於最高經營者對本案決策之支持。效益分析是過去行銷企劃人員最常忽略的工作，也是行銷人員自己較缺乏的專業知識。事實上，經過效益分析的過程，也是讓企劃人員深度再評估企劃案的可行性及做法內容的有效性。

(十一) 提出多個方案做比較選擇及思考

　　我們應該想一想在行銷企劃案中，對於解決方案或是提案方案的數量，最好能有多個不同考量面向及資源投入的多個**選擇方案** (Alternative Plan)。

此之目的，主要在提供決策者的比較思考之用。有時候行銷企劃人員的階層與最高決策者的決策觀點、決策視野、決策所站在的位置、以及決策的影響深遠程度等，均會有不同的看法、思考及觀察。因此，行銷企劃人員最好要站在不同的主管級層次、時間點、以及不同的戰略戰術觀點，多提出不同的方案，並分析他們的優缺點、使用時機、及影響面向等。如此，也有助於決策者的最終正確決策。

(十二) 行銷預算的編列

我們應該想一想大部分的行銷企劃案，一定要有行銷預算編列。可能包括：單純的支出預算、或收入與支出均存在的預算、以及最後的損益預算等。從預算中，才可以反應出來行銷方案的決策該如何做下。沒有數據，是無法做最後行銷決策的。沒有預算數據支撐下的行銷決策，其風險是相對提高的。

(十三) 時程表做追蹤考核之用

我們應該想一想行銷企劃案中，要有時程表作為追蹤考核之用，以及各單位應負責的工作事項。時程表也是貫徹執行力好壞的一個基礎。

(十四) 賽局理論，想到第二步、第三步去

當推出這一個行銷企劃案時，應再進一步設想到主力競爭對手會有何反應，以及會採取什麼樣的反擊或跟進措施來迎戰。在此狀況下，行銷企劃方案應更深遠的想到下一個推案已準備哪些第二波行銷火力。這就是策略的賽局理論 (Game Theory) 的推演。這些事情都應該事先準備好。例如：推出 24 期（二年）免息分期付款，而競爭對手則推出 36 期（三年）更強烈的免息方案，那時我們該如何呢？是跟進？或是下更重口味的 48 期（四年）方案？但此時利息成本負擔的加重，是否會吃掉微薄的獲利呢？這些都必須事前模擬想到。

(十五) 準備好配套的 SOP

對一個比較複雜的行銷企劃案，應再考量到執行的作業流程是否已安排好或設計好，或同步建構中。這就是所謂 SOP (Standard Operating Procedure) 標準作業流程。很多的行銷企劃計劃推動，必然要涉及到多個不同協同部門

作業執行面的改變或執行，這方面也必須做好「配套」準備才行。例如：要在三個月內，推出一個新產品上市；要在十二個月內，推出一部新車款上市；要在六個月內，建立作業自動化的資訊系統等；均要牽涉到很多部門、很多負責人員、很多上、中、下游內外部作業接續流程等之統合、合作及協調才可以的。很多外商消費品公司在這方面都有很好的及很嚴謹的 SOP 制度。SOP 亦可視為是確保執行力品質的重要根基。

(十六) 異業資源結盟，擴大力量

行銷企劃案大部分時候，也必須藉助異業的行銷資源力量合作，才會壯大自己的方案價值及吸引力。因此，異業行銷結盟合作是一個重點。例如：統一超商與日本 Hello Kitty 凱蒂貓合作、7-11與晶華大飯店合作、全家與鼎泰豐合作鮮食便當。

(十七) Show Me the Money（能賺錢的，就是好的企劃案）

老闆最想看到的行銷企劃案是「Show Me the Money」，最好的行銷企劃案就是能夠讓公司立竿見影，創造高業績、高現金周轉、高毛利的賺錢企劃案。例如：十多年前統一超商的 Hello Kitty 促銷活動案，就非常成功帶動該公司業績成長二到三成之多。可說是近年來最成功的行銷企劃案典範。

因此，在討論及設計行銷企劃案中，不要忘記了能夠為公司賺多少錢，或是省下多少通路成本、人力成本、產品成本等 Cost Down 之事宜。然後老闆才會很快同意案子。事實上，Show Me the Money 的行銷理念，也促使行銷企劃人員，更加思考及重視行銷企劃案的創新性、可行性、及效益性。

(十八) 通過可行性考驗 (Feasibility Study)

行銷企劃案是否具有**可行性** (Feasibility)，是否做過詳細及說服力強的可行性評估，被證明是可行的。很多時候，老闆或部門主管會質詢此案的可行性問題，我們必須要答覆的上來才行。當然，一些過去沒做過的、創新做法的、新開創市場、或是巨大變革事項等，均會涉及到可行性問題，而且有時候，也很不易對此做百分之百的確定。因此，相對的也要進一步想到可能的風險性問題，亦即公司可以承擔多大損害的風險程度。然後，老闆才會下決策。當然，有時候也要注意到可行性議題也不能當做阻礙行銷創新的藉

口。因為創新必須容忍某種可接受的風險存在。因此，有時候也不能花太多時間在可行性的辯論上。

(十九) 跨部門、跨單位共同討論後的共識結論

行銷企劃案是否經過公司所有相關部門的多次開會討論、辯論、修正及最後定案。其目的就是在求取所有關係部門的共同的認同及承諾，以及專業的分工負責。換言之，這個行銷企劃案是跨部門、跨單位共同認可及討論出來的最後結果，大家共同對此負責。因此，行銷企劃單位，應會同業務部、資訊部、商品開發部、生產部、財會部、品質部、物流倉儲部、廣告宣傳部、管理部、門市店、加盟部等，所有關係到此次行銷企劃活動的部門，共同結合為團隊作戰的行銷力量才可以。

(二十) 爭取老闆或決策主管的全力支持（要人給人，要錢給錢）

行銷企劃案是否成功，必然要爭取到最高主管或老闆的全力支持 (Support) 才行。這種 Support，代表公司會全力支援行企案的相關必要資源。包括人力資源、金流資源、產品資源、研發資源、設備資源等。唯有資源力量充足，做企劃案才會有力量，否則再好的想法，沒有公司資源的支撐，也不能落實行企的美好想法及點子。尤其在中小企業，或市占率在第三名之後的公司，常因為公司老闆所給的資源不足，而使行銷企劃功能一直無法發揮，而變成重業務而輕企劃單位的不良現象。

(二十一) 流動型企劃案，隨時檢討改進、滾動式檢討修正

最後一點行銷企劃案不是一案定江山、不是一案到底、不是一本漂亮的計劃報告、不是不能改變的，也不是怕失面子而不敢修改的。相反的，任何大大小小的行銷企劃案，絕對是：應該彈性、流動、滾動的、非固定、可調整、應改變，要看效果而定的最大原則。

這就是筆者一直強調的「流動型、滾動型行銷企劃案」的根本原因。因為，行銷企劃案會遇到外部自然環境、競爭對手、供應廠商、消費者等各種條件而影響。因此，只要行銷企劃案推出一週、半個月、一個月或一季被證明是無效或效益低時，就應該馬上調整改變的。

還有，行銷企劃案在實務上，也不是一次就應該寫好一大本、寫好全部

的事情,這是不切實際的。行銷企劃案可能會被切割成幾個在不同時間去規劃及推出來小案子累積而成的。換言之,每天、每週、每旬、每月、每季、每半年、每年等都可能會有大大小小的行銷企劃案及接連順序而出的行銷企劃案,每天都必須非常重視外部及內部的數據情報及動態情報,然後研擬出「流動型、滾動型行銷企劃案」,而這些累積起來,最終就是這家公司的行銷企劃最強戰鬥力及最佳的年終行銷企劃績效成果。

十九、結語:把二十一點視為行銷企劃的關鍵組合

以上是在設計、構思、撰寫、討論、修正、以及進入執行階段時,應該隨時隨地都必須想到的二十一個行銷企劃推動的重要要點所在。

千萬不要忽略其中任何一點,因為缺少任一點就足以讓行銷企劃案破功,因此,必須以誠惶誠恐的態度及邏輯化與多元化的思考,然後行銷企劃案才會大功告成,然後行銷企劃人員在公司的地位,才會受到業務部門及老闆的高度重視、支持與肯定。因此,我們可以總結說,本文的二十一點就是任何一個行銷企劃案關鍵成功因素 (Key Success Factor, KSF) 的組合體。也是作為一個成功卓越行銷企劃人員,應該必備的行銷智慧內涵之所在。

行銷企劃案的成功關鍵二十一點

1. 參考過去的做法避免犯同樣的錯

2. 滿足顧客需求

3. 顛覆傳統，大膽創新

4. 定位與區隔正確

5. 速度與誘因超過競爭對手

6. 行銷應與策略經營結合

7. 洞察環境最新變化趨勢

8. 科學化數據做支撐

9. 向國外先進業者取經

10. 各種效益面向的分析

11. 提出多個方案，做比較選擇及思考

12. 行銷預算的編列

13. 時程表做追蹤考核之用

14. 賽局理論，想到第二步、第三步去

15. 準備好配套的 SOP

16. Show Me the Money（能賺錢的就是好的企劃案）

17. 通過可行性考驗

18. 跨部門、跨單位共同討論後的共識結論

19. 異業資源結盟，擴大力量

20. 爭取老闆或決策主管的全力支持

21. 流動型、滾動型企劃案，隨時檢討改進

第 3 篇

行銷企劃案撰寫
全文內容、大綱及案例

第 8 章

行銷（廣告）企劃撰寫
內容分析

本章將要介紹一個完整的「行銷（廣告）企劃案」撰寫內容說明。這是一個完整的架構，涵蓋領域非常地廣，也是一個完整的企劃案。但是在實務上，不一定需要寫這麼完整的內容與項目。因為企業實務上，每天都有新的狀況出現，或是有新的作為，或是一些連續性、常態規律化的行動，未必每次都要提出如此完整的企劃案。本章所要介紹的企劃案，比較適合下列三種狀況：

　　第一：廣告公司為爭取年度大型廣告客戶，所提出的完整比稿案或企劃案。

　　第二：公司計劃新上市某項重要年度新產品，所提出的年度行銷企劃案。

　　第三：公司轉向新行業或新市場經營，正計劃全面推展。

　　本章所介紹的行銷（廣告）企劃案，應該算是在行銷領域的一個基本上重要的根本企劃案。其他較為零散的企劃案，也是從本案中，再抽出獨立撰寫。

　　下面將開始介紹本企劃案撰寫的重要綱要項目，如下：

一、導言

　　本案的目的與目標。

二、行銷市場環境分析

(一) 市場分析 (Market Situation)

1. 市場規模 (Market Size)。
2. 重要品牌占有率 (Market Share of Major Brand)。
3. 價格結構 (Price)。
4. 通路結構 (Channel)。
5. 推廣宣傳結構 (Promotion)。
6. 商品生命週期 (Product Life Cycle)。
7. 進入障礙分析 (Entry Barrier)。

(二) 競爭者分析

1. 主要品牌產品特色分析。
2. 主要品牌產品價格分析。
3. 主要品牌通路分布分析。
4. 主要品牌目標市場區隔分析。
5. 主要品牌定位分析。
6. 主要品牌廣告活動分析。
7. 主要品牌販促活動分析。
8. 主要品牌整體競爭力分析。

(三) 商品分析 (Product Analysis)

1. 商品的包裝方式、規格大小、各種包裝的售價、各種包裝的銷售比例。
2. 商品的特色與賣點。
3. 各商品的行銷區域及上市時期。
4. 各商品的季節性銷售狀況。
5. 各商品在不同通路的銷售比例。

(四) 消費者分析 (Consumers Analysis)

1. 重要的使用者與購買者是誰？是否為同一人？購買總數量？
2. 消費者在購買時，會受到哪些因素影響？購買重要動機為何？
3. 消費者在什麼時候買？經常在哪些地點買？或時間、地點均不定？
4. 消費者對商品的重要要求條件有哪些？
5. 消費者每天、每週、每月或每年的使用次數？使用量？
6. 消費者大多經由哪些管道得知商品訊息？
7. 消費者對此類商品的品牌忠誠度如何？很高或很低？
8. 消費者對此類商品的價格敏感度高低如何？對品牌敏感度高低如何？對販促敏感度高低如何？對廣告吸引力敏感度高低如何？
9. 不同的消費者是否有不同包裝容量的需求？

三、定位：產品現況定位 **(Positioning)** 或市場定位

(一) 市場對象：什麼人買？什麼人用？

(二) 廣告訴求對象：賣給什麼人？

(三) 產品的印象及所要塑造的個性。

(四) 定位就是產品的位置，究竟站在哪？您要選好、站好、區隔好、永遠站穩，讓人家很清楚。

四、問題點及機會點 **(Problem & Opportunity)**

(一) 問題點分析與克服。

(二) 機會點分析與掌握。

五、行銷計劃 **(Marketing Plan)**

(一) 行銷目標 (Marketing Goal)。

(二) 定位 (Positioning)。

(三) 目標消費族群（對象）(Target Audience)。

(四) 產品特色與獨特賣點 (USP)。

(五) 行銷通路布局。

(六) 銷售地區布局。

(七) 定價策略。

(八) 上市時間點。

六、廣告計劃 **(Advertising Plan)**

(一) 廣告目標 (Advertising Goal)。

(二) 廣告訴求對象 (Target Audience)。

(三) 消費者利益點與廣告支持點、訴求點、主張點。

(四) 廣告呈現格調 (Tone) 與調性、人物、背景、視覺。

(五) 創意構想與執行。

七、媒體計劃 (Media Plan)

(一) 媒體目標。
(二) 媒體預算。
(三) 媒體分配、媒體組合。
(四) 媒體實施期間分配。
(五) 媒體公關（記者、編輯）。

八、促銷活動計劃

(一) 販促活動目標。
(二) 販促活動的策略與誘因。
(三) 販促活動的執行方案內容。
(四) 販促活動時間表。

九、體驗行銷計劃

(一) 體驗行銷計劃重點。
(二) 直效行銷 (Direct Marketing) 計劃重點。

十、藝人代言人及網紅KOL代言人計劃

(一) 藝人代言人計劃說明。
(二) KOL網紅配合宣傳計劃說明。

十一、工作進度總表

各組及各工作事項的時間進度安排。

十二、總行銷預算

(一) 廣告預算。
(二) 促銷預算。

(三) 媒體公關預算。

(四) 藝人代言人行銷預算。

(五) KOL網紅行銷預算。

(六) 記者會、發表會預算。

(七) 市調預算。

(八) 其他預算。

　　以上是整個行銷（廣告）企劃案撰寫的綱要項目內容。

　　下面將針對上述相關事項，再做進一步重點闡述說明：

(一) 本案目的與目標

　　此處要開宗明義宣示出本企劃案撰寫與提報之目的何在？目標又何在？均須很明確地加以提示，好讓高階決策者知道本企劃案為何提報，然後他們才能聽完或看完後，給予修正提示並做最後裁示決策。

(二) 市場規模 (Market Size)

　　市場規模是很重要的事情，它能讓人判斷是否值得進入此市場，以及應投入多少心力。

　　例如：國內轎車市場一年銷售 40 萬輛車，每輛平均 80 萬元，全年規模達到 3,200 億元。

　　再如國內速食麵市場一年約 100 億。冰品市場約 20 億。廣告市場約 500 億。百貨公司市場約 3,300 億，大賣場市場規模約 1,500 億，便利商店連鎖市場約 3,400 億。私立大專院校市場規模一年 20 萬人，每年 10 萬元學雜費，就是 200 億之市場大餅。

(三) 廣告表現格調 (Tone)

　　每一種產品均有其不同的定位、區隔市場、購買對象及產品特色，因此在廣告方面一定要與這些相一致才行。

　　我們舉一些案例來看：

1. 保力達 B、維士比、蠻牛等廣告：表現較為粗獷。
2. BENZ、BMW、LEXUS 等高級的車廣告：表現較為高雅豪華。

3. 多芬、SK-II、鑽石等廣告：唯美表現。

4. 保肝丸：鄉土表現。

5. 六福村、劍湖山：玩樂、刺激表現。

6. 麥當勞：歡聚歡笑在一起。

7. 百貨公司週年慶：快樂購物的感受。

(四) 目標市場（區隔市場）對象

每一種品牌、產品或服務，其實均有不同的消費群或是目標區隔市場，單一產品想要吃下所有層次的市場，已是不可能的事。

現在市場已被區隔化得很精緻了；我們舉一些案例來看：

1. 三立、民視八點檔閩南語連續劇：以本土、年紀稍大、學歷中下程度之顧客群為主。

2. 新聞頻道：以白領階層、男性為主。

3. 麥當勞：以全客層為主。

4. 多芬洗髮精：以上班族女性為主。

5. SK-II 保養品：以較高所得、較高教育程度女性為主。

6. 亞培恩美力：以有小孩家庭主婦為主。

7. LV 皮件／CD 香水：以高所得女性為主。

(五) 品牌占有率

實務上，前幾大品牌經常會占有六成、七成以上的市場占有率，重要的競爭者也是這幾家公司。我們舉一些案例如下：

1. 人壽保險：國泰人壽、富邦人壽、南山人壽為前三大品牌。

2. 有線頻道：東森、TVBS、三立及民視為前四大品牌。

3. 保養品：SK-II 居第一品牌。

4. 洗髮精：飛柔居第一品牌。

5. 速食：麥當勞居第一品牌。

6. 便利商店：統一 7-Eleven、全家及萊爾富為前三大品牌。

7. 冰品：哈根達斯、義美及杜老爺為前三大品牌。

8. 速食麵：統一為第一品牌。

9. 百貨公司：新光三越及遠東 SOGO 為前二大品牌。

10. 轎車：以TOYOTA為第一大品牌。

11. 進口轎車：BENZ 居第一品牌。

12. 便利型咖啡：Citycafe為第一品牌。

13. 店內咖啡：以星巴克為第一品牌。

14. 服飾店：以優衣庫及NET服飾為第一品牌。

15. 金控集團：以國泰金控及富邦金控為前二大品牌。

16. 零食：以樂事洋芋片為第一品牌。

17. 牙膏：以黑人（更名為「好來」）牙膏及高露潔為前二大品牌。

第 9 章

行銷企劃案撰寫大綱及案例

如何撰寫行銷（業務）企劃案

行銷企劃案實戰案例綱要架構

　　行銷（及業務）企劃案對產品或服務的銷售，具有直接的關鍵影響。前面章節前提到的經營企劃案，比較著重整個公司、集團或事業總部的策略企劃與營運計劃，它們是比較戰略層次、高層次的、彙總型的及全方位的思考。但是企業最重要的還是售出商品或勞務。這對公司來說，就是業績達成或是業績成長。而這有賴於卓越的行銷企劃或業務企劃工作。

　　因此，我們可以定位經營企劃是戰略，而行銷（業務）企劃則是最重要的一項戰術，戰略就像是參謀總長及陸軍總司令功能，戰術則為陸軍各師長的職權及功能。兩個都很重要，是相輔相成的。下面將企業實務上的行銷（業務）企劃分為八種類型：

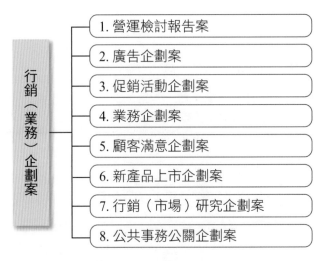

　　圖 9-1　行銷（業務）企劃案的八種類型

第一節　如何撰寫「營運檢討報告案」

案例 01

某量販公司去年度「營運績效總檢討」報告

(一) 全公司去年度營運績效總檢討

1. 營收達成績效。
2. 獲利達成績效。
3. 店數達成績效。
4. 自有品牌事業達成績效。
5. 管銷費用率達成績效。
6. 毛利率達成績效。
7. 服務滿意度績效。
8. 產品效益分析。
9. 媒體公關效益分析。
10. 促銷活動效益分析。
11. 與上游供應廠商採購作業分析。
12. 小結。

(二) 本公司去年度各種營運績效指標與競爭對手比較分析及優缺分析

1. 財務績效面比較分析。
2. 營業績效面比較分析。
3. 服務績效面比較分析。
4. 廣告、公關、促銷行銷績效面比較分析。
5. 供應廠商績效面比較分析。
6. 小結。

(三) 本公司全台各分店營運績效總檢討

1. 北、中、南三大區域總檢討。
2. 各店營運績效總檢討。
3. 小結。

(四) 去年度量販店市場、環境變化總檢討分析

1. 法令環境分析。
2. 競爭者環境分析。
3. 消費者環境分析。
4. 供應廠商環境分析。
5. 自有品牌環境分析。
6. 流通業互跨競爭環境分析。

(五) 去年度店內各大類產品線營運狀況分析

1. 各產品線、營收、毛利、獲利貢獻占比分析。
2. 各產品線銷售量成長或衰退分析。
3. 各產品線採購狀況分析。

(六) 總結論與得失分析

(七) 未來新年度應努力改革與進步的基本方向與做法原則說明

(八) 結語與恭呈裁示

案例 02

某食品飲料廠商對「綠茶市場」的競爭檢討分析報告

(一) 今年茶飲料市場總規模

160 億元，其中，強調健康的綠茶占 50 億元。

(二) 市場上綠茶飲料五大品牌市占率及年度銷售額預估

廠　　　牌	統一	維他露	黑松	愛之味	悅氏
品　　　牌	茶裏王	御茶園	就是茶	分解茶	油切綠茶
市　占　率	13%	7%	5%	5%	5%
年銷售目標	20 億元	12 億元	8 億元	8 億元	8 億元

(三) 五大品牌的行銷策略比較分析

1. 茶裏王行銷 4P 策略分析。

2. 御茶園行銷 4P 策略分析。

3. 就是茶行銷 4P 策略分析。

4. 分解茶行銷 4P 策略分析。

5. 油切綠茶行銷 4P 策略分析。

6. 小結。

(四) 五大品牌廣告投入量比較分析

1. 金額比較。

2. 呈現手法比較。

3. 效益比較。

(五) 五大品牌設備投資擴產動態分析

(六) 日本綠茶產銷趨勢情報借鏡分析

(七) 國內消費者需求與消費市場趨勢預測

(八) 本公司穩固前五大品牌之內的做法

1. 經營策略方向。

2. 行銷 4P 策略方向。

3. 業務組織方向。

(九) 結論

案例 03

某大百貨公司「週年慶活動事後總檢討」報告書

(一) 業績目標達成總檢討

1. 實際業績與預期業績比較檢討分析。

2. 今年度與去年度同期週年慶業績比較檢討分析。

3. 各分館業績達成率檢討分析。

4. 各樓層及各商品群業績達成率檢討分析。

5. 來客人數及客單價檢討分析。

6. 同業週年慶業績檢討分析。

7. 小結。

(二) 週年慶各部門工作執行相關活動總檢討

1. 廣告宣傳活動檢討分析。

2. 媒體公關活動檢討分析。

3. 各專櫃配合活動檢討分析。

4. 信用卡業務配合活動檢討分析。

5. 現場服務配合檢討分析。

6. 總體企劃檢討分析。

7. 週邊交通指揮配合檢討分析。

8. 直效行銷作業配合檢討分析。

9. 網站作業配合檢討分析。

10. 現場活動作業配合檢討分析。

11. 人力調度配合檢討分析。

12. 會員卡（聯名卡）使用檢討分析。

13. 小結。

(三) 週年慶促銷項目總檢討

1. 化妝品（一樓）全面八折活動檢討。

2. 全館七五折起活動檢討。

3. 滿千送百活動檢討。

4. 免息分期付款活動檢討。

5. 大抽獎活動檢討。

6. 刷卡禮活動檢討。

7. 紅利積點活動檢討。

8. 小結。

(四) 成本與效益分析

1. 本次週年慶行銷支出總成本及各項成本分析。

2. 預算成本與實際支出比較分析。

3. 效益分析

　　(1) 來客數分析。

　　(2) 客單價分析。

　　(3) 營收額分析。

　　(4) 毛利及獲利額分析。

(五) 總結論

1. 本次週年慶成功行銷的關鍵因素分析。

2. 本次週年慶仍待改善分析。

3. 下年度週年慶應注意之行銷計劃要點。

(六) 恭請裁示

案例 04

某百貨公司「母親節檔期」促銷活動檢討報告案

(一) 今年母親節檔期本公司業績總檢討

1. 實際業績與原先預訂目標業績之差距。

2. 今年母親節業績與去年同檔期業績之比較分析。

3. 全台 19 個分館個別業績與目標之差異列表比較。

4. 小結。

(二) 今年母親節檔期行銷活動總檢討

1. 各項行銷預算支出與實際支出之比較分析。

2. 各項行銷活動執行效益分析檢討

　　(1) 買千送百促銷活動檢討。

　　(2) DM 活動檢討。

　　(3) 廣告宣傳活動檢討。

　　(4) 公關發稿與見報檢討。

(5) 電視新聞置入報導檢討。

(6) 贈品活動檢討。

(7) 抽獎活動檢討。

(8) 分期付款活動檢討。

(9) 紅利積點活動檢討。

(10) 刷卡禮活動檢討。

(11) 現場舉辦活動檢討。

(12) 小結。

(三) 今年母親節檔現場管理活動總檢討

1. 現場服務活動檢討。

2. 車輛與交通指揮活動檢討。

3. 安全活動檢討。

4. 現場環境清潔檢討。

5. 結帳速度檢討。

6. 換禮券速度檢討。

7. 小結。

(四) 今年母親節檔期各專櫃廠商、銀行信用卡及美食街廠商配合情況總檢討

(五) 獲利總檢討

營收額、抽成（毛利額）、行銷費用支出及獲利等，母親節檔期專案活動損益結果列表，及分析說明。

(六) 明年度舉辦相同檔期促銷活動應改善精進事項說明

1. 行銷活動改善事項說明。

2. 現場管理活動改善事項說明。

3. 配合專櫃廠商、銀行信用卡及美食街廠商之改善事項說明。

4. 小結。

(七) 同業競爭者（遠東SOGO、遠東、微風、台北101等同業）母親節檔期促銷活動之業績列表及比較分析說明

(八) 今年度母親節檔期促銷活動整體市場買氣及總體業績，預估較去年成長
　　○○%，以及北、中、南三個地區成長幅度比較分析說明

(九) 結論

(十) 恭請裁示

案例 05

某化妝保養品品牌檢討分析「市占率衰退」及精進改善企劃案

(一) 今年上半年化妝保養品市場成長狀況

1. 彩妝系列較去年成長狀況。
2. 保養系統較去年成長狀況。
3. 小結。

(二) 今年上半年前十大品牌營業額及市占率變動狀況分析表

(三) 本品牌今年上半年業績檢討及市占率檢討

1. 業績檢討
   (1) 與去年同期業績比較。
   (2) 與今年原預算業績比較。
   (3) 小結。
2. 市占率檢討
   (1) 與去年同期市占率比較。
   (2) 市占率衰退比率。
3. 市占率衰退原因分析
   (1) 主要競爭對手品牌強大廣宣投入，成功搶占市占率
   　　① ○○○品牌。
   　　② ○○○品牌。
   　　③ ○○○品牌。
   　　④ ○○○品牌。
   (2) 新加入競爭對手品牌，加入戰局，分食市占率

　　　　① ○○○品牌。

　　　　② ○○○品牌。

　　(3) 開架式化妝品的快速成長，分食市占率。

　　(4) 本公司自我因素的檢討

　　　　① 廣宣預算縮減因素。

　　　　② 缺乏新產品上市推出。

　　　　③ 通路變化的影響。

　　　　④ 價格彈性不足的影響。

(四) 今年下半年化妝保養品市場變化趨勢分析

(五) 今年下半年主力競爭對手行銷策略動向之分析

　　1. ○○○品牌行銷策略動向。

　　2. ○○○品牌行銷策略動向。

　　3. ○○○品牌行銷策略動向。

(六) 今年下半年本品牌市占率回升對策說明

　　1. 新產品上市推出策略及計劃。

　　2. 廣宣預算增編策略及計劃。

　　3. 通路因應策略及計劃。

　　4. 價格彈性策略及計劃。

　　5. 業務組織及品牌行銷組織人力變革計劃。

(七) 本品牌市占率一年內回升目標與時間表

　　1. 7～9 月（今年第三季）：○○%。

　　2. 10～12 月（今年第四季）：○○%。

　　3. 明年第一季：○○%。

　　4. 明年第二季：○○%。

(八) 請求相關部門支援事項說明

(九) 結語與恭呈裁示

案例 06

某飲料公司分析茶飲料「未來三年發展策略」報告案

(一) 180 億茶飲料市場現況分析

1. 近五年茶飲料市場銷售成長趨勢分析。
2. 近五年各式茶飲料（綠茶、烏龍茶、高山茶、紅茶、奶茶等）銷售成長趨勢分析。
3. 今年及去年前十大茶飲料品牌市占率及營收業績比較分析。
4. 小結。

(二) 前三大茶飲料大廠競爭力及競爭優勢綜合比較分析

(三) 茶飲料消費市場未來趨勢及方向預測分析

1. 消費者端。
2. 茶葉供應商。
3. 競爭品牌對手。
4. 小結。

(四) 本公司過去三年發展茶飲料的成果分析

1. 本公司近三年各品牌茶飲料業績成長狀況。
2. 本公司茶飲料品牌市占率成長狀況。
3. 本公司茶飲料品牌於整體營收額及獲利額整體占比逐年提升的狀況。
4. 茶飲料於本公司整體氣勢、形象及業務帶來綜效之助益狀況。

(五) 本公司未來三年發展茶飲料的基本策略說明

1. 本公司定位在飲料專業廠，此為本公司核心競爭力。
2. 本公司茶飲料系列產品是本公司未來三年持續成長的第二條生命線。
3. 本公司最強品牌「○○○」將會朝多品牌發展。
4. 健康、精緻、高附加價值及機能性，將是本公司發展茶飲料的核心訴求重點。
5. 持續加強對全省具特色茶園、長期契作、茶園管理、茶葉檢驗等品質管控機制之落實。

6. 持續爭取冠軍茶來源的掌握及簽約。

7. 朝發展「高價茶」定價策略及商品策略之推進。

8. 針對不同年齡族群，發展區隔化茶飲料，以持續擴張成長。

9. 與日本茶飲料第一品牌大廠，展開各項策略聯盟合作方案。

10. 塑造茶飲料領導品牌及企業形象之具體做法。

11. 持續投入行銷廣告預算，累積品牌資產。

(六) 總結論

(七) 討論與裁示

案例 07

某汽車公司針對上半年「整體汽車市場衰退」之分析報告及因應對策案

(一) 今年上半年（1～6 月）國內汽車市場衰退數據分析

1. 今年 1～6 月，前八大汽車廠牌新車領牌數量，合計為 20.7 萬輛，較去年同期 1～6 月，明顯衰退達 25.4%。

　（註：八大汽車廠為豐田、中華三菱、裕隆日產、福特、馬自達、本田、韓國現代及鈴木太子等）

2. 八大汽車廠今年 1～6 月與去年同期新車領牌台數，個別比較分析表。

3. 小結。

(二) 今年上半年市場巨幅衰退二成五之綜合原因分析

1. 國內上半年整體經濟景氣原因。

2. 國內雙卡（信用卡／現金卡）呆帳效應影響原因。

3. 過去三年平均高速成長而止漲回跌效應影響原因。

4. 消費者購買力下滑與信心不振趨向保守消費影響原因。

5. 100 萬以上中高價位車影響較小，而 70 萬以下低價位影響較大之原因分析。

6. 各廠仍推出各款新車型，但仍不敵市場買氣低迷不振的現象分析。

7. 小結。

(三) 本公司今年上半年營運衰退狀況分析

1. 本公司（本品牌）上半年實際領車牌數，較去年同期衰退 26%，但仍優於裕隆、中華及福特汽車（分別為 -39%、-27% 及 -41%）。
2. 本公司各品牌款型今年上半年與去年同期銷售數量比較分析。
3. 本公司各低、中、高價位車型銷售區別比較分析。
4. 小結。

(四) 預估今年下半年（7～12 月）國內汽車市場榮枯變化趨勢分析

1. 外部經濟大環境因素變化分析。
2. 汽車市場內部因素變化分析。
3. 小結。

(五) 本公司下半年因應車市景氣可能仍持續低迷之對策計劃

1. 控制及降低成本與費用之做法及目標數字
   (1) 廣宣費用減少○○%，計節省 $○○○○萬元。
   (2) 管理費用減少○○%，計節省 $○○○萬元。
   (3) 交際費用減少○○%，計節省 $○○○萬元。
   (4) 製造費用減少○○%，計節省 $○○○○萬元。
   (5) 人員費用減少○○%，計節省 $○○○○萬元。
   (6) 合計：總減少○○%，總節省 $○○○○萬元。
2. 加速研發明年度第一季新推出車款之計劃時程，寄望明年上半年景氣將復甦。
3. 於不景氣時期改為質化經營，強化營業人員能力，提升銷售數字提升維修服務滿意度之二大方向。
4. 重新評估行銷費用預算支出之各項效益，追求對汽車銷售最有效的行銷活動項目（包括減少純廣告託播刊登，增加促銷活動舉辦，以吸收買氣）。

(六) 預計本公司今年下半年業績衰退狀況，較去年同期及今年上半年狀況之比較判斷報告

(七) 結論

(八) 恭呈裁示

案例 08

某百貨公司「上半年業績檢討報告」及因應對策報告案

(一) 本公司上半年「業績」與「預算」比較分析表

1. 達成度狀況分析（整體）。
2. 北、中、南三區達成度狀況分析。
3. 全台 19 個分館達成度狀況分析。
4. 今年上半年業績與去年同期比較分析。
5. 小結。

(二) 今年上半年業界比較分析

1. 整體百貨公司業績（營收額）衰退○○%。
2. 本公司與競爭對手上半年營收業績比較表。
3. 小結。

(三) 今年上半年整體百貨市場業績衰退原因分析

1. 信用卡／現金卡債風暴影響。
2. 物價上漲。
3. 薪資所得未增。
4. 景氣仍屬低迷。
5. 消費心態保守。
6. 政治動態。
7. 台商及其幹部外移中國。
8. 天候變化不定。
9. 虛擬通路競爭的影響（含電視、型錄、網路及直銷等四種通路）。
10. 小結。

(四) 今年下半年整體「營運對策」方向之建議

1. 加速建置顧客關係管理 (CRM) 系統，瞄準優質卡友的來店消費意願。
2. 強調「分眾行銷」，瞄準不同分店的客層。

3. 持續舉辦大型節慶促銷活動，營造消費氣氛，帶動買氣。

4. 強化與各樓層供應商（專櫃）之合作促銷方案施展。

5. 持續加強各種精緻服務，提升主顧客滿意度及來店首選忠誠度。

6. 加強「事件行銷」型態活動舉辦，以創造周邊熱鬧人潮之帶動。

(五) 今年下半年「管理對策」方向之建議

1. 增加「外派人力」之聘用，降低勞退金之提撥壓力。

2. 部分單位遇缺不補，降低人力成本。

3. 針對電費上漲，注意控制不必要照明及空調成本之浪費。

4. DM 寄發對象及成本應加強篩選及控制。

5. 小結：整體管銷費用，應以降低 3～5% 為目標要求。

(六) 結論與恭呈裁示

案例 09

某皮鞋連鎖店檢討「直營通路縮減」分析報告案

(一) 本公司今年前八月通路營收業績衰退 26% 之分析檢討

1. 整體通路及三個品牌通路業績較去年同期比較分析。

2. 獲利通路，以及虧損通路之損益分析。

3. 目前三個品牌通路據點及分布地區分析。

4. 小結。

(二) 通路縮減因應對策建議

1. 目前通路店面：合計 306 家市門店。

2. 今年底將刪減調整到：280 家。

3. 預計關閉或轉讓不符合效益店：30 家門市店。

4. 執行小組組織負責單位及人員。

5. 預計關閉完成的時程表。

6. 相關單位應配合事項。

(三) 通路據點精簡後之效益分析

1. 對全公司整體獲利改善，將達每年$○○○○萬元。
2. 平均獲利店，將達○○%，不獲利店減至○○%。
3. 對廣宣費用投入的節省：$○○○○萬元。
4. 對門市店人員的節省：$○○○○萬元。

(四) 未來品牌通路的發展政策

1. 持續提升店效，保守店量擴增。
2. 調整及改善三個品牌通路經營與行銷的明顯區隔化策略及執行方案。
3. 加強門市店長及人員教育訓練及銷售技能素質。
4. 成立三個不同品牌通路負責單位及主管，朝向利潤中心體制 (Business Unit, BU) 組織及考核體制改革。
5. 加強整合行銷傳播計劃，提升品牌知名度、喜愛度、促購度、忠誠度及指名度。

(五) 結論與討論

(六) 恭請裁示

案例 10

某衛生棉品牌提升市占率之「行銷績效成果」報告案

(一) 本品牌近半年來市占率提升之數據分析

1. 今年 1～6 月，本品牌銷售量、銷售額、市占率、品牌地位排名分析表。
2. 其他品牌市占率排名變化分析表。
3. 本品牌市占率提升之地區性分析（北、中、南區）。
4. 本品牌市占率提升之消費族群輪廓分析。
5. 本品牌市占率提升之銷售通路分析。
6. 小結。

(二) 本品牌市占率躍升到第二名，進逼第一名之原因分析

1. 第一品牌廣告投資轉趨保守，使品牌曝光量減少，致使銷售下滑。

2. 本品牌產品重新包裝設計，拉攏年輕女性族群的距離，使業績明顯突破成長。

3. 本品牌在「護墊」產品成長迅速，已成此產品之市占率第一。

4. 行銷策略訴求衛生升級的弱酸性護墊為主力，並找醫生及護士背書。持續教育消費者使用升級型的產品，不只是價格低，才有效維持新鮮感。

5. 採用「情境行銷法」，業績獲得突破。

6. 適度的廣告投入量及廣告曝光度所致。

(三) 今年下半年的行銷策略說明

1. 廣告 CF 表現手法及廣告投入量方面之規劃說明。

2. 在廣編特輯表現手法及廣告投入量方面之規劃說明。

3. 產品力的持續改革及精進之規劃說明。

4. 賣場（店頭）行銷之規劃說明。

5. 網路行銷與年輕族群之規劃說明。

6. 品牌避免老化之因應對策方針說明。

7. 第二品牌及多品牌行銷之可行性評估。

8. 鞏固忠誠消費者之會員經營部門成立之說明。

9. 下半年 Event 行銷活動之規劃說明。

10. 小結。

(四) 預計下半年市占率再提升之目標百分比及排名預估

(五) 結語與恭呈裁示

案例 11

本土啤酒公司邀請天后張惠妹做年度「廣告代言人後之廣告效益」檢討報告案

(一) 廣告上檔滿一個月後，廣告效益總檢討報告

1. 從實際銷售業績面分析

(1) 上月銷售業績較去年同期業績及今年度平均月業績之比較分析表。

(2) 全國北、中、南區業績成長比較分析表。

(3) 各種行銷通路業績成長比較分析表。

(4) 小結。

2. 從廣告與品牌行銷面分析

(1) 張惠妹當代言人的知曉度調查結果：達○○％，以及好感度：○○％。

(2) 事後廣告總收視點數 (GRP) 達成度數據：達 ○○％。

(3) 對此次行銷 Slogan「快樂因為有你」的知曉度：達○○％，以及好感度：達○○％。

(4) 對是否曾看過阿妹的廣告比例：達○○％；以及企購度：達○○％。

(5) 對品牌年輕化的轉型感覺：達○○％。

(6) 小結。

3. 是否達成設定搶攻 PUB 場所的年輕消費者市場之結果

(1) 上月廣告推出後，全省 PUB 通路業績，較平常每月業績增加：○○％ 及○○○○萬元。

(2) 在全省 PUB 通路據點增加數量，計新增：○○○家店及○○○個銷售點。

(3) 在 PUB 店的消費者面對面談訪記錄調查結果（略）。

(4) 小結。

4. 各通路商對此波廣宣活動意見的綜合表達

(1) PUB 通路商意見。

(2) 量販店通路商意見。

(3) 超市通路商意見。

(4) 便利商店通路商意見。

(5) 酒店通路商意見。

(6) 全省各縣市經銷商意見。

(7) 小結。

5. 本公司業績部門及全省各營業所提出的意見表達。

6. 結論。

(二) 第一個月已初步見到行銷成果，未來仍可強化精進的方向

1. 「大型戶外廣告」正式上場。

2. 規劃大型夏季戶外熱鬧「事件行銷」活動舉辦，造成話題行銷。

3. 規劃「網路行銷」活動，以吸引年輕族群。

4. 營業部門加速以特惠價優惠方案，專案全面打進 PUB 通路市場，力求全面鋪貨。

5. 規劃台北小巨蛋「萬人演唱會」。由阿妹領場演出，進場者，每人須拿出○○個瓶蓋，作為門票的替代。（快樂，因為有你。○○萬人演唱會）。

6. 規劃與五大有線新聞頻道在週六及週日舉辦啤酒活動時之「置入新聞報導」，以加深廣宣效果。

7. 加強全省經銷商的業務推廣及溝通，並提出獎金誘因。

8. 與大型量販店擴大店頭（賣場）行銷活動，包括展示空間專區設立。

9. 舉辦大抽獎活動案。

10. 規劃與四大便利超商全面的促銷案活動。

11. 小結。

(三) 上個月投入廣宣預算支出金額明細說明分析，以及未來三個月持續預計投入的行銷預算列表說明

(四) 結論與討論

(五) 恭呈裁示

案例 12

某化妝保養品公司對今年度「廣告代言人」執行成效之總檢討報告案

(一) 廣告代言人與「業績表現」的關聯性分析說明

1. 今年度與去年度有廣告代言人及無廣告代言人業績之比較分析。

2. 自廣告代言人活動月分起，各月分業績較去年同期業績成長比較分析。

3. 排除新產品上市因素後，廣告代言人對業績成長之分析。

4. 小結。

(二) 廣告代言人對「品牌」的關聯性分析說明

1. 對品牌「知名度」（提示下及未提示下）之效益。

2. 對品牌「好感度」之效益。

3. 對品牌「促購度」之效益。

4. 對品牌「忠誠頻率度」之效益。

5. 對品牌「年輕化」之效益。

6. 小結。

(三) 廣告代言人對「市占率」的關聯性分析說明

有代言人後，百貨公司業績之市占率提升之說明。

(四) 廣告代言人對「百貨公司／購物中心」進櫃及櫃位安排的關聯性分析說

(五) 廣告代言人對本公司產品目標顧客群年輕化之關聯性分析說明

1. 今年購買客層平均年齡較去年下降 5～10 歲。

2. 今年購買族 Profile（輪廓）的變化說明。

(六) 廣告代言人對本公司與各大報社及電視媒體公關關係增進效益之分析說明

(七) 總結

綜合上述說明，今年度代言人費用及代言人參與活動費用之行銷支出，與上述六大效益分析，應具有相當肯定之成效。

(八) 明年度代言人人選比較分析說明及建議

1. 方案 1：續用今年度代言人。

2. 方案 2：改用新人選，包括：○○○、○○○、○○○及○○○，四人中擇一。

3. 綜合列表比較這五位候選代言人之優缺點、適合性及建議人選。

4. 各新代言人費用概估列表。

(九) 明年度新代言人行銷策略運用及提升更大效益之精進改善計劃說明

　1. 代言人與廣編特輯的運用。

　2. 代言人巡迴各大百貨公司專櫃宣傳造勢的運用。

　3. 代言人與會員特刊的運用。

　4. 代言人與母親節、情人節、婦女節、週年慶、年中慶等各大型促銷活動舉辦之配合運用。

　5. 代言人話題創造之運用。

　6. 代言人公益形象之運用。

　7. 代言人拍攝電視廣告 CF 之計劃運用。

　8. 小結。

(十) 全省各專櫃小姐及各分區督導對今年度廣告代言人表現及效益之問卷調查統計分析說明

　1. 肯定部分的分析說明。

　2. 期待改善部分的說明。

(十一) 結論

(十二) 討論

(十三) 恭呈核示

案例 13

某日系液晶電視成為「市場第一品牌」之行銷檢討報告案

(一) 上月單月「銷售量」突破 5,000 台，去年 11 月以來單月「銷售額」居市場第一之說明

　1. 液晶電視十大競爭品牌，各品牌近八個月銷售金額及市占率排名表。

　2. 液晶電視十大競爭品牌，上月（7 月）各品牌銷售量（台數）及市占率排名表。

(二) 本公司品牌單月銷售突破 5,000 台之數據分析

　1. 北、中、南區銷售台數分析表。

2. 各尺寸（32 吋／37 吋／40 吋／42 吋／45 吋／50 吋／55 吋／60 吋／65 吋／70 吋等）銷售台數及占比分析表。

3. 各通路別銷售台數及占比分析表。

4. 小結。

(三) 本公司品牌液晶電視單月銷售突破 5,000 台之原因分析

1. 價格策略（降價）奏效因素分析

　　(1) 50 吋不到 2 萬元。

　　(2) 40 吋不到 1 萬元。

2. 通路商策略因素分析

　　(1) 獎勵措施發揮效果。

　　(2) 業務人員全方位動員推進。

3. 廣宣及品牌策略因素分析

　　(1) 塑造品牌形象取得第一名。

　　(2) 媒體廣告及公關宣傳效應顯著。

4. 產品力策略因素分析

　　(1) 產品品質廣獲通路商及消費者口碑肯定。

　　(2) 產品品項規格豐富多元。

　　(3) 產品線齊全。

5. 日本總公司相關行銷業務資源的支援。

(四) 下半年預估行銷目標

1. 本公司已在台灣拿下液晶電視雙料冠軍（銷售量及銷售額雙料）。

2. 以市占率超過 20% 為努力目標。

(五) 下半年的行銷策略與行銷計劃策訂

1. 新產品推進市場策略及計劃。

2. 品牌廣宣深耕策略及計劃。

3. 第三波價格策略及計劃。

4. 全力投入行銷預算計劃。

5. 通路與業務全面拓展推進策略及計劃。

　　6. 小結。

(六) 預估今年度（1～12 月）液晶電視產品源的預估損益表（含營收、營業
　　成本、營業費用及營業獲利等）

(七) 取得台灣液晶電視市場第一品牌，業務之行銷啟示意義，及對台灣分公
　　司的戰略意義

(八) 結語

(九) 恭請裁示

案例 14

某泡麵公司檢討年度發展「營運策略方針」報告書

(一) 泡麵市場總規模逐年下滑之分析：十年內從 100 億降到 90 億

　　1. 分析市場銷售下滑數據。

　　2. 市場縮小的原因分析

　　　(1) 健康意識崛起。

　　　(2) 鮮食（便利商店）的普及化。

　　　(3) 冷凍食品漸漸復活。

　　　(4) 新生人口數逐年下降。

　　　(5) 小結。

(二) 近三年來，四大泡麵品牌大廠的市占率及經營策略分析

　　1. 統一。

　　2. 維力麵。

　　3. 味王麵。

　　4. 味丹麵。

　　5. 小結。

(三) 本公司（本品牌）現況面對的問題點分析

1. 品牌漸趨老化。

2. 維持 50% 的歷年高市占率。

3. 泡麵獲利水準下降。

4. 整個泡麵市場之需要及銷售規模的下滑趨勢。

5. 新產品／新市場開發力度與創新仍有不足。

6. 小結。

(四) 本公司高營收額泡麵主要品牌現況分析

1. □□□。

2. △△△。

3. ╳╳╳。

(五) 未來三年，泡麵品牌事業的大經營及行銷策略方針

1. 制定務實且具戰鬥力的「品牌白皮書」（各單一品牌均須明確制訂）。

2. 加速啟動品牌年輕化計劃及追蹤考核。

3. 有效設計規劃搶攻高價泡麵市場，有效擴大市場。

4. 設計規劃以健康、有機、天然，以及抗老的輕食泡麵商品，以擴大女性市場規模。

5. 全面翻新及創新產品口味，帶動每年新產品及新品項上市成功。

6. 加強促銷活動（含公仔贈品、抽籤設計、街舞活動及事件行銷活動，以吸引買氣）。

7. 小結。

(六) 結論與討論

(七) 恭請裁示

案例 15

某第一品牌化妝保養品公司面對「強力競爭」挑戰下的因應對策檢討報告案

(一) 強力競爭的現況分析

1. 第二大及第三大品牌的強力競爭現況分析。
2. 新加入品牌分食市場的強力競爭現況分析。
3. 開架式平價品牌分食市場的強力競爭現況分析。

(二) 今年上半年業績成長緩慢之數據分析

1. 今年 1～6 月實際營收業績與去年同期之比較分析。
2. 今年 1～6 月業績與原訂預算目標差距之比較分析。
3. 業績衰退的地區分析、各百貨公司別分析及一般通路別分析。

(三) 上半年未能達成原訂成長目標之原因分析說明

1. 外部整體市場環境的不利因素說明。
2. 競爭者及環境的挑戰因素說明。
3. 本公司的反省自身因素說明。
4. 小結。

(四) 下半年本公司突破成長瓶頸，達成預定成長業績目標的因應改革對策建議

1. 加速新品上市的速度，每三個月即推出新品。
2. 豐富產品品項，由目前 40 多個增至 100 個品項。
3. 改變對策，拉攏金字塔底部新客層：消費客層區分為三等分；底部占 1/5，中間占 3/5，頂端占 1/5。以新產品吸引底部的新客層。
4. 鞏固既有忠實顧客，提供更多精緻、更頂級、更廣泛的服務，以鞏固中、高消費力的顧客。
5. 品牌廣告宣傳手法及內容表現力求創新與改變。
6. 加強配合百貨公司各大促銷活動，及有效優惠計劃的執行力。

(五) 結論與討論

第二節　如何撰寫「廣告企劃案」

一、基本理論概念

(一) 傳播概念與傳播策略。

(二) 傳播組合。

(三) 創意腳本。

(四) Event 活動。

(五) 網路行銷 (Online Marketing)。

(六) 媒體計劃 (Media Plan)。

(七) 品牌資產 (Brand Equity)。

(八) 市場分析。

(九) 品牌網路關係。

(十) CF、NP、RD（CF：電視廣告片；NP：報紙廣告稿；RD：廣播廣告稿）。

(十一) 產品定位 (Product Positioning)。

二、個案列舉

案例 01

某大型「啤酒公司」年度「廣告企劃案」

本企業案係由廣告公司對某啤酒公司提出的「廣告企劃案」。茲將綱要架構列示如下，以供參考。

(一) 整體環境的挑戰

1. 競爭者挑戰面。

2. WTO 開放挑戰面。

3. 消費者變化挑戰面。

4. 政府法令面。

(二) 啤酒市場未來在哪裡

1. 最近五年啤酒產銷。

2. 各品牌啤酒市場占有率。

3. 啤酒的未來成長空間與潛力。

(三) 目前本啤酒品牌與消費者的品牌網路關係

(四) 本啤酒品牌今年度最關鍵思考主軸與核心

(五) 經營策略

1. 如何擴大整體啤酒市場。

2. 如何提升本品牌形象。

3. 如何經營年輕人市場。

4. 如何經營通路。

(六) 傳播目標與策略

1. 短期／長期的傳播目標。

2. 短期／長期的傳播策略。

(七) 傳播概念

1. 主要／次要訴求對象。

2. 核心訴求重點與口號。

3. 品牌概念。

4. 產品概念。

5. 企業理念。

6. 價值訴求。

(八) 傳播組合

1. 品牌運作

(1) 廣告（電視、報紙、廣播、電影、雜誌）。

(2) 通路行銷（中／西餐廳、KTV 店、便利商店）。

(3) 促銷 (SP)。

(4) 事件行銷 (Event)。

(5) 網路互動。

　　2. 公益 Campaign 運作

　　　(1) Event。

　　　(2) PR 記者會。

(九) 創意策略與表現

　　1. 主題口號。

　　2. 核心 Idea。

　　3. 創意各篇腳本（電視 CF 篇、報紙 NP 篇、廣播 RD 篇）。

(十) 通路行銷

　　活動目的、主題、方式、廣告助成物。

(十一) Event 活動

　　活動名稱、目的、計劃、內容、助成物。

(十二) 網路行銷

　　活動目的、主題、手法、方式、視覺表現。

(十三) 公益 Campaign

　　活動目的、策略、傳播組合。

(十四) 媒體計劃建議

　　1. 目前主要品牌媒體廣告已投資分析。

　　2. 媒體廣告組合計劃。

　　3. 媒體選擇。

　　4. 媒體排期策略。

　　5. 媒體執行策略。

(十五) 媒體預算分析

　　1. 五大媒體預算。

　　2. 通路行銷預算。

　　3. Event 預算。

4. 公益 Campaign 預算。

5. 互動網路預算。

6. CF 製作費。

7. 廣告效果測試預算。

8. 企劃設計費。

9. 其他費用。

10. 總計金額。

(十六) 整體時效計劃表

1. 拍片 (CF)。

2. 助成物印製。

3. 五大媒體上檔。

4. 通路行銷發動。

5. SP 發動。

6. Event 發動。

7. Campaign 發動。

8. 互助網路發動。

9. 廣告效果測試日。

案例 02

某大廣告公司對某大「人壽保險公司」所提年度「廣宣企劃案」

(一) 市場概況

1. 今年度狀況分析。

2. 最近五年的變化

(1) 壽險公司的歷年知名度比較。

(2) 認識壽險公司的主要傳播媒介。

(3) 業務員最受推崇的壽險公司比較。

(4) 最佳推薦壽險公司比較。

3. 現況的分析研判。

(二) Target 分析

1. 未投保但有投保意願的消費者（新保戶）。

2. 已投保且有再投保意願的消費者（再保戶）。

(三) 競爭品牌分析

1. 品牌。

2. 商品命名。

3. 廣告活動。

4. PR 活動。

5. 徵員訴求。

(四) 問題與機會點

(五) 課題與解決對策

1. 課題之一：爭取 20～30 歲年輕階層的好感度

解決對策之一：(1) 傳播。(2) 商品。(3) PR。

2. 課題之二：提升專業感

解決對策之二：(1) 增員。(2) 商品。

3. 課題之三：PR資源重整&有效利用

解決對策之三：(1) 傳播。(2) 分眾。(3) 重點化、主題化。

(六) 行銷策略

1. 行銷策略之一

策略主軸：因應 40 週年，○○帶領壽險產業升級。

2. 行銷策略之二

(1) 第一階段行銷目標

　　① 年度新契約的成長。

　　② 企業形象年輕化、專業化。

(2) 第二階段行銷目標

　　① 拓展市場。

　　② 確立全方位理財形象。

(3) 第三階段行銷目標

鞏固 All No.1 之品牌地位。

3. 行銷策略之三

目標對象：新保單在哪裡？

4. 行銷策略之四

行動概念：活動、積極、全方位的壽險業領導者。

(七) 傳播策略

1. 傳播目的：企劃形象年輕化、活力化。

2. Main Target：20～30 歲都會地區人口

(1) 獨立自主型。

(2) 傳播依賴型。

(3) 精挑細選型。

3. 廣告主張：保險不再只是保險。

4. 改變認知。

(八) 創意策略與表現

(九) 媒體策略

1. 電視執行策略。

2. 報紙執行策略。

3. 雜誌執行策略。

4. 媒體預算分配建議。

(十) 其他建議

1. 置入性行銷節目合作建議案。

2. 戶外媒體（戶外看板）建議。

3. 網路使用策略。

4. 電影院使用策略。

5. 廣播使用策略。

案例 03

新上市化妝保養品牌「廣告提案」

(一) ○○○源自法國，因為○○，台灣消費者得以享受到平價的高級保養品

(二) 目標對象

  1.30～45 歲熟齡女性。

  2. 大專以上家庭主婦及白領上班族。

  3. 家庭月收入 10 萬元以上。

  4. 注重生活品質，關心自我保養。

(三) 她們為什麼會相信○○○？她們如何面對使用○○○的社會評價？

(四) ○○○要帶給女人什麼？

(五) 什麼是下一代保養品的新浪潮？

(六) 幸福觸感

(七) 30 歲女人→青春不再的危機→自發性的內在對話→由內而外的美麗

(八) 誰能說服她們？誰是她們追隨的典範？

(九) 歷經歲月的美女，被寵愛、被呵護、被尊重、幸福的女人

(十) ○○○上市的兩大系列 ── 深海活研及草本效能

(十一) 深海活研系列：代言人張艾嘉

  深海活研的幸福觸感 ── 透明光采。

(十二) 草本效能系列：代言人鍾楚紅

  草本效能的幸福觸感 ── 回復柔潤緊緻。

(十三) 創意概念，徹底舒壓，喚醒肌膚自我修護能力，回復原有的潤澤緊緻

案例 04

某廣告公司對某「型錄購物」公司的「廣告提案」企劃案

(一) 引言

　　因為○○電視購物頻道成功，台灣在家購物市場逐漸成長，亦帶動○○型錄購物機會被看好。

(二) 策略思考

1. ○○電視購物頻道成功關鍵。
2. ○○購物品牌核心價值：○○嚴選。
3. ○○嚴選的意義：從消費者角度建立一種品質信賴。
4. 型錄定位：嚴選、方便、豐富——精品百貨就在你家。

(三) 界定課題

1. 引爆台灣一場主婦的在家購物革命。
2. ○○購物型錄品牌，不是量的問題，而是質的問題。
3. 我們的消費者
   (1) 女性消費者分為四群（○○年 E-ICP 生活型態研究）
      ① 時髦拜金女。
      ② 純樸小婦人。
      ③ 精明巧佳人。
      ④ 時尚貴婦人。
   (2) 目前的消費者輪廓
      ① 80% 女性。
      ② 25～39 歲占 65%。
      ③ 高中職及大專以上占 83%。
      ④ 家庭主婦及白領占 61%。
      ⑤ 家庭月入 3～9 萬元占 57%。

(四) 廣告溝通策略

　　「妳也可以做個 Smart with Style 的主婦。」

(五) 代言人建議方向

1. 具知名度。

2. 具親和力，與消費者沒有距離。

3. 主婦身分。

4. 本身具有 Smart with Style 形象。

(六) 創意表現

1. TVC。

2. Print（平面）。

3. Outdoor（戶外媒體）。

4. Bus（公車廣告）。

5. Taxi（計程車廣告）。

6. MRT（捷運廣告）。

(七) TVC（電視廣告）

1. 現代巧婦篇。

2. 精挑細選篇。

(八) 媒體計劃與其他行銷建議

1. 25～44 歲女性媒體，接觸行為摘要。

2. 媒體策略。

3. 電視媒體執行建議（無線＋有線電視）。

第三節　如何撰寫「新產品（上市）企劃案」

一、基本理論概念

(一) 產品規劃 (Product Plan)。

(二) 定價規劃 (Pricing Plan)。

(三) 廣告宣傳規劃 (Advertising Plan)。

(四) 公共事務規劃 (Public Relation Plan)。

(五) 通路規劃 (Channel Plan)。

(六) 業務組織規劃 (Sales Organization Plan)。

(七) 品牌規劃 (Brand Plan)。

(八) 產品區隔與定位規劃 (Product Segmentation and Positioning Plan)。

(九) 目標族群分析 (Target Profile Analysis)。

(十) 市場契機與成長潛力 (Market Opportunity)。

(十一) 焦點團體座談 (Focus Group Interview, FGI)。

(十二) 電話訪問 (Telephone Survey)。

(十三) 街頭定點訪問 (On-street Interview)。

(十四) 媒體預算 (Media Budget)。

(十五) 行銷費用預算 (Marketing Expense Budget)。

(十六) SWOT 分析。

(十七) 競爭分析 (Competition Analysis)。

二、個案列舉

案例 01

某乳酸飲料公司拓展「新產品線」營運企劃案

(一) 現有主力產品線現況分析

1. 公司之乳酸飲料躍為國內第一品牌，營收額達 7 億元。

2. 某乳酸飲料公司上市三年來之銷售量及銷售額成長概況。

3. 某乳酸飲料公司各通路銷售結構比及各地區銷售結構比分析。

4. 某乳酸飲料公司的 SWOT 分析。

5. 本品牌已面臨乳酸飲料市場規模的成熟飽和度。

6. 小結。

(二) 明年度擬推出新產品線營運方向說明

1. 現有飲料市場規模、競爭分析及空間分析

(1) 優格 (Yogurt) 飲料類。

(2) 茶飲料類。

(3) 咖啡飲料類。

(4) 碳酸飲料類。

　　　(5) 果汁飲料類。

　　　(6) 礦泉水飲料類。

　　　(7) 運動飲料類。

　　　(8) 健康食品飲料類。

　　　(9) 其他飲料類。

　　(10) 小結。

　2. 明年度本公司為完整產品線擬推出下列產品線

　　　(1) 優格飲料之開發與產品上市（第一季）。

　　　(2) 咖啡飲料之開發與產品上市（第一季）。

　　　(3) 運動飲料之開發與產品上市（第四季）。

　　　(4) 代理國外品牌飲料上市（接洽中）。

　　　(5) 小結。

(三) 為因應產品線擴充，本公司組織架構與人力的相關調整與擴增說明

　1. 原「營業部」變革為「產品事業部」組織。

　2. 業務人力擬增加○○人員。

(四) 優格飲料產品上市半年內的積極重點策略方向

　1. 產品研發策略方向。

　2. 廣告宣傳策略方向。

　3. 通路布置策略方向。

　4. 生產作業策略方向。

　5. 定價策略方向。

　6. 第一年營業量及營業額目標說明。

(五) 結論與討論

案例 02

某日商手機製造行銷公司「最新款手機上市」營運企劃案

(一) 本案緣起與背景

(二) 最新款 5G 手機產品簡介

1. 品牌名稱

   ○○○智慧型手機。

2. 產品功能

   (1) 2,000 萬畫素自動對焦相機。

   (2) 內建 256 GB 記憶體。

   (3) 其他功能說明。

3. 研發地點

   日本○○○總公司手機研發中心。

(三) 新產品上市之整合行銷傳播策略規劃

1. 代言人策略

   由○○○當紅男歌手，擔任今年度代言人。

2. 戶外大型看板策略

   擬於台北市最具視野效果的信義威秀廣場、敦化北路及南京東路交叉路口的巨型廣告看板掛招。

3. 媒體廣告刊播策略

   (1) 電視媒體廣告播出計劃說明。

   (2) 四大綜合報廣告刊出計劃說明。

   (3) 網路媒體廣告刊出計劃說明。

   (4) 雜誌媒體廣告刊出計劃說明。

   (5) 廣播媒體廣告刊播計劃說明。

   (6) 第一波（7 ～ 9 月）媒體預算花費：計○○○○萬元。

4. 事件行銷活動舉辦策略。

5. 公關發稿及見稿策略。

6. 新聞置入及節目置入策略。

7. 代言人年度配合出面活動計劃策略。

(四) 銷售通路策略

1. 直營通路。
2. 經銷通路。
3. 特殊通路。
4. 由聯強國際擔任獨家代理。

(五) 定價策略

1. 建議零售價為 1.88 萬元，屬高價、高功能、高質感智慧型手機。
2. 各通路層次定價表（略）。

(六) 預計營業績效目標

1. 奪得 5G 單機價 1.8 萬元以上的銷售冠軍。
2. 第三季銷售量整體手機市場市占率目標達 13%，銷售金額達 17% 以鞏固市場前三大品牌寶座。
3. 本產品預計未來一年的每月銷售量／銷售額預估表。

(七) 行銷（含廣告、宣傳、公關、活動、代言人、店頭促銷等）預算支出表

(八) 新品上市對本公司在台灣市場戰略性的意義分析

(九) 日本○○○總公司對台灣子公司的資源協助說明

(十) 整體上市時程表說明

(十一) 結論與討論

(十二) 恭呈裁示

案例 03

某飲料公司「新優酪乳產品上市」行銷計劃案

(一) 媒體廣告準備事項報告

1. 第一波強攻期的媒體預算、媒體配置、媒體策略、廣告 CF、報紙廣編

特輯及網路行銷等之規劃進度說明。

2. 第二波持續期之規劃進度說明。

(二) 公關活動準備事項報告

1. 新品上市規劃進度。

2. 發稿文案準備。

(三) 大賣場行銷活動準備事項報告

1. 試吃規劃進度。

2. 物流鋪貨規劃進度。

3. 架位規劃進度。

(四) 促銷活動準備事項報告

1. 大型抽獎活動規劃進度。

2. 包裝促銷活動規劃進度。

(五) 生產工廠製造配合準備事項報告

1. 前三個月預計生產數量。

2. 彈性機動生產數量。

(六) 全省各縣市經銷商通路準備事項報告

1. 進貨／訂貨數量概估。

2. 產品說明及宣傳文案資料提供準備。

3. 進貨價格的安排規劃。

(七) 上市後四週內（一個月內）立即舉行上市銷售業績及相關行銷活動總檢討會議召開，準備各種行銷策略的彈性調整及改善計劃推出

(八) 結語與討論

(九) 恭呈核示

案例 04

某飲料公司規劃「冷藏咖啡」新產品行銷策略報告

(一) 國內即飲咖啡市場現況分析及其成長商機分析

1. 市場銷售總規模：今年約 63 億元。
2. 近五年來的成長百分比狀況。
3. 常溫咖啡與冷藏咖啡占比的消長變化。
4. 小結：冷藏咖啡是市場成長主要力道。

(二) 目前冷藏咖啡飲料競爭者概況分析

1. 前二大品牌市占率 52%。包括味全貝納頌 (37%) 及統一左岸咖啡 (25%)。
2. 其他品牌市占率列表說明。
3. 味全貝納頌及統一左岸咖啡之競爭優勢及行銷競爭特色比較分析說明。
4. 冷藏咖啡前五大品牌之定位、目標市場及定價策略比較分析。
5. 小結。

(三) 本公司將推出冷藏咖啡之行銷策略規劃方向說明

1. 切入「利基點」方向與空間分析說明。
2. 新品牌之「S-T-P」架構說明分析（Segment 區隔市場；Targeting 目標消費群；以及 Positioning 產品或品牌定位）。
3. 本產品咖啡口味、咖啡內涵及咖啡玻璃瓶包裝之特色點分析說明。
4. 本產品品牌名稱、Logo 及包裝瓶設計之特色點分析說明。
5. 本產品初期定價策略及價格帶分析說明。
6. 本品牌廣宣訴求重點所在分析說明。
7. 本產品與其他前五大咖啡品牌的差異點列表比較分析。
8. 本品牌將打造為求公司年銷售額〇〇億以上大品牌，預計上市第一年，將耗資〇〇〇〇萬元整合行銷傳播預算之分析說明。
9. 本產品生產工廠分析說明。
10. 小結。

(四) 結論與討論

(五) 恭呈裁示

第四節　如何撰寫「業務（銷售）企劃案」

一、基本理論概念

(一) 降價因應對策。

(二) 販促因應對策。

(三) 激勵獎金辦法。

(四) 業務人力訓練。

(五) 行銷 4P 改善。

(六) 在地行銷。

(七) 市場情報。

(八) 業務策略。

二、個案例舉

案例 01

某第一大碳酸飲料公司與○○茶葉公司「行銷異業合作」企劃案

(一) 國內飲料市場各種產品銷售結構比分析

　1. 總體市場規模歷年比較。

　2. 各類飲料歷年比較。

(二) 成長最快的茶類飲料市場分析

　1. 市場規模分析。

　2. 產品分析。

　3. 供應製造廠分析。

(三) 本公司在茶飲料市場之 SWOT 分析

(四) 本公司若未發展茶飲料之困境與危機

(五) 本公司欲發展茶飲料之競爭策略核心 ── 爭取與○○茶葉公司合作，

包括：

1. 茶原料來源提供。

2. ○○品牌授權使用。

(六) 雙贏策略與資源互補

1. 利用○○的茶原料及知名茶品牌。

2. 配合本公司的研發、通路及行銷功能

    (1) 金萱綠茶飲料。

    (2) 天霧烏龍茶飲料。

3. 新產品特色與功能說明。

(七) 預計三年內之茶類飲料營收額目標（第一年、第二年、第三年）

(八) 結論

案例 02

某大內衣廠商拓展內衣「專賣連鎖店」業務企業案

(一) 目前本公司○○內衣概念拓展順利情況檢討

1. 有關業績檢討分析

    (1) 北、中、南區營業與損益檢討。

    (2) 店內特色與氣氛檢討。

    (3) 店內產品檢討。

    (4) 店內人力狀況檢討。

    (5) 50 萬貴賓卡（ES 卡）卡友檢討。

(二) 未來一年○○內衣概念店「成長」營運計劃

1. 店數目標：擴大至 200 家店。

2. 產品計劃：從內衣延伸擴大到泳裝、洋裝、休閒裝、縫紉機、包包、高跟鞋等更多元化、與多品牌發展。

3. 貴賓卡（ES 卡）卡友突破 100 萬人目標計劃與卡友經營計劃。

4. 人力資源配合計劃。

5. 促銷活動配合計劃。

6. 明年度○○營收額及獲利目標。

7. 明年度○○營收額占全公司營收額之比率升高到○○% 目標。

(三) 結論：目前本公司營收額市占率占全部 100 億元內衣市場約 20%，預計三年內，提升到 30% 之目標要求

(四) 討論與裁示

案例 03

某大「網路購物」年度營運策略企劃案

(一) 本購物網站的行銷策略方向

1. 商品策略方向

(1) 專題企劃

① 主題包裝。

② 品牌包裝。

③ 族群包裝。

(2) 拓展新客層

① 白領上班族群

A. 旅遊產品。

B. 理財產品。

② 學生族群

A. CD 產品。

B. 票券產品。

③ 虛擬服務

A. 線上遊戲。

B. 算命。

C. 線上教學。

2. 通路策略方向

(1) 網路搜尋、FB、IG。

(2) 流量結盟，增加曝光率。

(3) 開拓新客層

　① 員工網購（上班族）。

　② 學校網購（學生）。

3. 媒體廣宣策略方向

(1) 提高知名度：活動舉辦。

(2) 提高知名度：無店舖網路銷售通路第一品牌。

(二) 本購物網站的行動方案

1. 讓更多人看到：年度廣宣預算○○○○萬元。

2. 提高知名度

電視 CF、演唱會活動、校園合作、話題行銷。

3. 培養會員網購習慣

結合證券商、送電腦。

4. 盡速讓型錄及電視購物 100 萬會員，習慣用網路（利用 3% 購物全金、折價金）。

(三) 各館業績預估目標（今年度）

1. 家居生活館：$○○○萬元。

2. 珠寶精品館：$○○○萬元。

3. 電腦資訊館：$○○○萬元。

4. 休閒旅遊館：$○○○萬元。

5. 美食天地館：$○○○萬元。

6. 服飾配件館：$○○○萬元。

7. 通訊家電館：$○○○萬元。

8. 家俱家飾館：$○○○萬元。

9. 美容保養館：$○○○萬元。

合計：$○○○○萬元。

(四) 今年度各項營運指標

1. 客單價（元）目標。

2. 年客戶人次數目標。

3. 日平均客戶人次目標。

4. 內部會員客戶比率目標。

5. 回應率（內部會員）% 目標。

6. 每日流量（內部）目標。

7. 回應率（外部）% 目標。

8. 日流量（外部）目標。

9. 日流量（內部）目標。

(五) 本部門組織與人才招聘計劃

1. 組織部門

   (1) 網路商品處。

   (2) 網路行銷處。

   (3) 網頁設計處。

   (4) 網站研發處。

   (5) 網路行政處。

2. 組織人力

   (1) 目前人力：○○○人。

   (2) 今年編制：○○○人。

   (3) 需補人力：○○○人。

(六) 今年度廣宣計劃說明

1. 各月別活動名稱、預算費用及營收目標等詳列（1～12 月分）。

2. 主要行銷費用項目

   (1) 電視 CF 費用。

   (2) 行動電話簡訊費用。

   (3) 記者會費用。

   (4) 戶外活動費用。

   (5) 贈品費用。

   (6) 抽獎費用。

   (7) 購物費用。

(8) 記者公關費用。

(9) 平面廣告費。

(10) 其他費用。

(11) 合計金額。

案例 04

某大飲料廠「礦泉水」年度營業檢討企劃案

(一) 去年度礦泉水營業總檢討報告

1. 國內礦泉水市場營業規模金額變化。

2. 國內礦泉水市場主力競爭品牌業績比較分析。

3. 國內礦泉水市場低價與高價品牌比較分析。

4. 本部礦泉水業務檢討

    (1) 業績實績與預算目標產量之分析。

    (2) 本部四種礦泉水品牌銷售分析

        ① 麥飯石礦泉水。

        ② H_2O 純水。

        ③ 海洋深層水。

        ④ evian（依雲）（法國品牌）。

    (3) 全省地區別與通路別銷售分析。

    (4) 包裝水廣宣年度費用支出與預算比較。

(二) 今年度○○高價包裝水之行銷策略主軸

1. 主打「健康保健、健康食品」之概念。

2. 提升品牌操作力

    (1) 提出日本藝術大師設計的紅藍限量運動用瓶，可達時尚流行的概念，以及提出（○○）水滴紀念瓶，在 7-Eleven 上架，以供○○愛好者收藏。

    (2) 與異業結盟合作：○○將與知名化妝品牌（海洋拉挪）、大飯店及 LV 等精品業者合作。

3. 加強宅配新興通路之推展。

4. 預計花費行銷廣宣費用：○○○○萬元。

(三) 今年度四種包裝水品牌之業績目標與獲利目標

(四) 結論與指示

案例 05

某咖啡連鎖店「大舉展店」營運企劃報告案

(一) 展店總目標：五年內，總店數據達 350 家，營收額也要倍數成長

(二) 經營大環境變化分析

1. 加盟咖啡連鎖的競爭變化。

2. 便利商店及其他業種販售咖啡的競爭變化。

3. 店面及店租未來競爭變化的分析。

4. 市占率趨勢變化的影響因素分析。

5. 消費者消費行為趨勢的變化分析。

6. 集團總部的發展及發展性之要求。

7. 小結：展開更靈活的展店策略，以面對大環境的改變，啟動「350 大展店計劃」。

(三) 展店策略與計劃大概說明

1. 店面坪數（店型）的多元化展店策略（三種店型）計劃

   (1) 目前的百坪中型店。

   (2) 小型店（辦公大樓內的小型咖啡吧）。

   (3) 大型店（500 坪～1,000 坪，附設停車場，提供全方位服務的景觀餐廳）。

2. 加快風景區展店計劃，目前已有 12 家，配合集團強大配送能力，將可解決偏遠風景區配送問題。

3. 未來五年店數目標進展

   (1) 今年底：190 家。

   (2) 20○○ 年：240 家。

(3) 20○○ 年：280 家。

(4) 20○○ 年：320 家。

(5) 20○○ 年：350 家。

4. 營收額目標

(1) 今年達 32 億元。

(2) 20○○年達 65 億元。

5. 但仍需人力分配計劃

(1) 至少 100 位店長及 20 位區經理的人力需求，並有助內部人力晉升。

(2) 目前員工 2,000 人，五年後達 4,000 人。

6. 350 展店全省各地區分配店數及占比

(1) 北部：○○店，占○○%。

(2) 中部：○○店，占○○%。

(3) 南部：○○店，占○○%。

(4) 東部：○○店，占○○%。

7. 展店所需裝潢資金預估：○○○○萬元。

8. 展店專賣小組組織架構分工職掌及人員配置說明。

9. 展店進程表及重點工作事項說明。

10. 展店的店面租金洽談政策及原則，彈性對策說明。

11. 小結。

(四) 為求獲利成長，本公司嘗試走向多角化經營

1. 販賣與本品牌形象連結的商品，例如：音樂 CD、書籍等。

2. 外帶飲食商品及季節節慶產品。

(五) 350 大展店計劃，須請公司各部門協力事項說明

(六) 350 大展店計劃，須請次流通集團相關公司協力事項說明

(七) 350 大展店計劃，預估五年期的各年度損益表概估（20○○ 年～20○○年）及工作底稿說明

(八) 結語：350 大展店計劃的戰略性意義說明

(九) 結語

(十) 恭請裁示

案例 06

某飲料公司茶飲挑戰「年營收100 億元」營運企劃案

(一) 去年營收額首度突破 90 億元

1. 去年三大品牌及其他小品牌營收額列表說明。
2. 全國北、中、南三區營收額分布列表說明。
3. 三大茶飲料品牌達成業績分析
   (1) ○○○。
   (2) □□□。
   (3) △△△。
4. 小結。

(二) 今年營收額挑戰 100 億元，目標之行銷策略主軸

1. 釐清旗下三大主力品牌 (Mega Brand) 之定位、訴求、及目標客層列表區隔策略。
2. 全面導入「全包材」品項策略
   (1) ○○○系列
      ① 過去以「鋁箔包」材為主力。
      ② 今年將導入「利樂皇」及「保特瓶」之包材。
   (2) □□□
      ① 過去以「保特瓶」及「利樂皇」包裝為主力。
      ② 今年將導入「鋁箔包」之包裝。
   (3) △△△
      上述三種包材均補齊導入。
   (4) 小結
      預估在新包材加入下，使整體業績將有 10% 成長。
3. 發展升級版茶飲料，並提高售價策略

(1) 選定具有特色及冠軍比賽的紅茶、綠茶、烏龍茶及高山茶等，朝發展升級版的○○○、□□□及△△△之茶飲料。

(2) 逐步提高部分售價攻入高價茶飲料之新市場空間。

4. 預定今年度內，再隆重推出一個茶飲料新品牌，傾全力打響第四個主力茶飲料品牌（另案規劃上呈）。

5. 持續加碼投入行銷預算，以鞏固市場第一品牌地位

(1) 視營收額之成長、相對加碼投入廣宣、促銷及公關事件活動，不斷累積品牌印象及品牌忠誠。

(2) 堅定三大茶飲料品牌的品牌定位、品牌精神及品牌個性。

6. 業務部及各區經銷商人員加強督導店頭行銷及賣場布置。

7. 對關係企業之賣場及超商，持續加強資源整合及互利行銷與合作促銷之舉辦。

(三) 達成 100 億挑戰目標之獎金發放

1. 飲料事業群全體員工之獎金發放辦法（另案上呈）。

2. 經銷商之獎金發放辦法（另案上呈）。

(四) 請求各相關部門支援事項

1. 研究所支援事項。

2. 生產部門支援事項。

3. 流通部門支援事項。

4. 廣告發稿部門支援事項。

5. 財會部門支援事項。

6. 採購部門支援事項。

7. 其他部門支援事項。

(五) 結語與恭請裁示

案例 07

某多功能事務機公司「低價家用市場」搶攻企劃案

(一) 多功能事務機市場現況分析

1. 今年市場銷售規模分析（量與金額）。
2. 近三年銷售成長趨勢分析。
3. 產品趨勢：集合傳真、影印、列印及掃描等功能於一體。
4. 主要競爭廠商（三分天下）
   (1) 電腦周邊廠商，如：EPSON 及 HP。
   (2) 家電廠商：如：Panasonic、Sharp。
   (3) 相機廠商，如：Canon 及 Nikon。
5. 主要價格趨勢分析。
6. 顧客群分類趨勢與比例變化
   (1) 大型公司。
   (2) 中小企業。
   (3) 家用市場（家庭戶）。
7. 銷售通路變化趨勢。
8. 廣宣投資變化趨勢。
9. 消費者（家庭戶）選擇購買的關鍵因素分析。

(二) 本公司今年下半年的營業策略規劃

1. 推出多種不同事務機器產品線策略。
2. 低價格戰鬥入門機種，定價在 3,000 元以下，將與 HP 及 EPSON 兩大品牌力拼市占率。
3. 通路策略
   加強在資訊 3C 連鎖大賣場及量販店大賣場布點。
4. 廣宣策略
   今年將首度編列○○○○萬元。

案例 08

某大化妝品公司年度「新代言人」分析案

(一) 本品牌年度新代言人建議人選：楊謹華

(二) 本品牌舉辦四場新代言人人選 FGD（Focus Group Discussion；顧客焦點團體座談會）之結果報告

(三) 新代言人入選條件分析

1. 個人特質條件分析。
2. 個人履歷背景分析。
3. 個人條件與本品牌產品適合性分析。
4. 個人條件與本品牌顧客層適合性分析。

(四) 新代言人下年度代言成本預算：○○○○萬元

(五) 新代言人下年度應配合本品牌之各行銷活動事項，規範如下：

1. 拍攝電視廣告片○○支。
2. 拍攝平面廣告照片○○○○張數。
3. 錄製廣播廣告○○支。
4. 出席產品上市發表會○○次。
5. 出席新代言人發表會 1 次。
6. 出席公益活動○○次。
7. 出席會員活動○○次。
8. 其他相關事項。

(六) 對新代言人簽合約之要求解約事發生之狀況說明

(七) 代言人年度費用支付期數說明

(八) 新代言人效益分析評估

(九) 恭請裁示

第五節　如何撰寫「顧客滿意企劃案」

一、基本理論概念

(一) 顧客滿意 (Customer Satisfaction, CS)。

(二) 焦點團體座談會 (Focus Group Interview, FGI)。

(三) 電話訪問 (Telephone Interview)。

(四) 電話行銷 (Telephone Marketing, T/M)。

(五) CTI（電腦電話整合系統）(Computer Telecom Integration)。

(六) IVR（電腦語音自動回覆系統）(Interactive Voice Response)。

(七) 會員經營 (Member Club)。

(八) 客服中心 (Call Center)。

(九) 服務品質 (Service Quality)。

(十) 服務業 8P (Product、Place、Pricing、Promotion、Personal Selling、Public Relation and Physical Environment、Service Process)。

(十一) CRM（顧客關係管理）(Customer Relations Management)。

(十二) 動感行銷 (Emotional Marketing)。

二、個案列舉

案例 01

國內某大電視購物公司「客戶滿意度調查」結果報告

(一) 研究設計與方法

1. 調查主題：○○電視購物台客戶滿意度調查。
2. 調查地區：台灣地區。
3. 調查對象：○○○年 9 ～10 月購買過○○電視購物台商品的消費者。
4. 抽樣方式：以○○電視購物台提供給客戶資料為母體，採隨機抽樣法。
5. 調查方法：電腦輔助電話訪問 (CATI)。
6. 調查時間。

7. 樣本數：1,079 人。

8. 抽樣誤差：95% 信心水準下，約正負 3.0 個百分點。

9. 調查單位：○○民調中心。

10. 評分方式：滿意度=100×非常滿意 %＋80×還算滿意 %＋40×不太滿意 %＋20×很不滿意 %＋60×無意見 %。

(二) 樣本結構分析

1. 性別結構。

2. 年齡結構。

3. 教育程度結構。

4. 職業別結構。

5. 家庭月收入結構。

6. 婚姻狀況結構。

7. 家庭無 9 歲以下小孩結構。

8. 所在區域結構。

(三) 調查結果分析

1. ○○電視購物台節目收視方面。

2. 訂購專線客戶服務方面。

3. 商品方面分析。

4. 貨物運送方面分析。

5. 售後服務方面分析。

6. 退貨服務方面分析。

7. 郵購刊物方面分析。

8. 網路商城方面分析。

9. 促銷活動方面分析。

10. 整體服務滿意度分析。

11. 再購意願方面分析。

12. 信用卡方面分析。

13. 電話語音訂購專線方面分析。

14.購物金與禮券方面分析。

(四) 結論與建議

案例 02

某大公司舉行「會員活動」企劃案

(一) 活動名稱：秋冬珠寶、精品派對

(二) 活動時間：○○○年○○月○○日，下午 1 點～5 點

(三) 活動地點：台北遠東大飯店 3 樓宴會廳（187 坪）

(四) 預估成本：○○○萬元

(五) 活動目標效益分析

(六) 參加目標對象

1. 對象一：白金會員與尊榮會員，計○○○人。
2. 對象二：近半年內，曾購買一克拉鑽石之顧客約○○○○人。
3. 對象三：近六個月在本公司消費產值較高者。
4. 對象四：各媒體記者。

(七) 企劃發想

1. 秋冬流行演繹，引導貴賓接觸秋冬「哥德式風情」。
2. 華麗爵士（搖滾）── 化妝舞會。

(八) 企劃活動架構

1. 商品規劃
   (1) 秋冬高級精品發表、皮革、皮衣。
   (2) 當季珠寶。
   (3) 拍賣商品。
   (4) ○○○化妝品。
2. 展場規劃

(1) 主題區。

　　(2) 展示區。

　3. 活動企劃

　　(1) 形象天使（名人走秀）。

　　(2) 晚宴珠寶及精品主題展示秀。

　　(3) 珠寶拍賣會。

　　(4) 服務活動與娛樂表演。

　4. 宣傳策略

　　(1) 電子媒體。

　　(2) 平面媒體。

(九) 活動 Run Down 流程（時間點、流程、說明、負責人員）

(十) 活動主軸

　1. 珠寶精品銷售說明。

　2. 珠寶秀說明。

　3. 拍賣會。

　4. Live 爵士樂。

　5. 雞尾酒招待會。

　6. 迎賓好禮促銷。

(十一) 硬體陳列及氣氛感覺

(十二) 預算分配

　1. 場地租金、餐點費用。

　2. 贈品費用。

　3. 活動費用。

　4. 陳列費用。

　5. 工程費用。

　6. 平面製作物費用。

　7. 其他費用。

　8. 合計。

(十三) 各單位工作分配表

1. 行銷企劃部（活動規劃／宣傳）。
2. 商品部（招商）。
3. 節目部（現場陳列／燈光／側錄）。
4. 自營商品部（自營商品）。
5. 型錄事業部（平面製作物）。
6. 電話行銷部（聯絡／接待）。
7. 財務部（現場接單）。

(十四) 預計各部工作進度時程表

案例 03

某大型錄購物公司會員「顧客滿意度」及各項「營運狀況了解」之民調企劃內容

(一) ○○購物型錄閱讀及購買現況

1. 請問您最近二個月有沒有收到○○購物型錄？
2. 請問您最近收到○○購物型錄的日期是該月分幾號？
3. 請問您常不常瀏覽最近二個月您所收到的○○購物型錄？平均每次花多少時間閱讀？
4. 最近二個月，請問您有沒有買過○○購物型錄的商品？買過幾次？買的原因？買過哪些商品？
5. 你為何不買○○購物型錄商品？
6. 請問您每次只購買一種商品，還是多種商品？請問為何每次只買一種商品，不買多種商品呢？
7. 請問您收到○○購物型錄後，大約隔了幾天才開始訂購商品？採用哪一種訂購方式？
8. 請問您會不會將○○購物型錄拿給親友或是同事傳閱？

(二) ○○購物型錄各項評價

1. 您對○○購物型錄【商品種類】滿不滿意？

2. 您覺得○○購物型錄中，對於【商品介紹】滿不滿意？

3. 您對○○購物型錄內容的【商品價格】滿不滿意？

4. 您對這本郵購刊物的【編排設計】滿不滿意？

5. 請問您希望○○購物型錄改進哪些編排設計？

6. ○○購物型錄中，有分為七個館，您最喜歡閱讀哪一個館的商品？

7. 您對○○購物型錄【商品訂購方式】滿不滿意？

8. 請問您滿不滿意○○購物型錄的訂購專線？請問最近二個月內，您有打過下列哪些訂購專線？

9. 請問您滿不滿意專線服務人員的【接話速度】？【服務態度】？【產品解說能力】？

10. 請問，您對最近一期型錄中的【促銷活動】包括贈品、購物金優惠、滿次送贈品、滿額送贈品、加價購買低價優質商品、抽獎及折價券等活動滿不滿意？哪一項最吸引您購買商品？

11. 在○○購物型錄後面幾頁【會員專區】，有提供一些優惠券（如一些住宿、商品購買優惠或是電腦學習等），請問您有沒有看過？有沒有使用過？使用過哪些？

(三) 有關商品、封面人物

1. 您希望○○購物型錄多為您提供哪些商品？

2. 請問您希望是由哪一位名人來擔任○○購物型錄的封面人物？

(四) 外在競爭

1. 除了○○購物型錄外，請問您每月還會收到哪些型錄或郵購刊物？

2. 除了○○購物型錄以外，請問您買過哪些型錄或是郵購刊物的商品？請問您買過哪些商品？

3. 請問下列各類型的型錄，您看過哪一些？

4. 【○○購物型錄】、【DHC】、【便利商店型錄】、【銀行信用卡型錄】、【其他型錄】在【商品種類】、【商品編排】、【版面編排】及【商品價格】滿意度比較？

(五) 內在競爭問題

1. 請問您有沒有到過便利商店拿過購物型錄或是郵購刊物？
2. 請問您拿過哪些購物型錄或是郵購刊物？
3. 請問您知不知道目前○○購物型錄與全家便利商店合作，可以在全家便利商店拿到○○購物 DM？
4. 目前○○購物提供五種通路，消費者分別可透過電視一台、電視二台、型錄、購物報、網站及廣播買到○○購物商品，請問曾透過哪幾個通路購買○○購物商品？
5. 請問您透過○○購物台而不透過○○購物型錄買商品的原因是什麼？
6. 請問您透過○○購物報而不透過○○購物型錄購買商品的原因是什麼？
7. 請問您透過網站而不透過○○購物型錄購買商品的原因是什麼？
8. 目前○○購物提供的五種通路，請問你比較喜歡透過哪一種方式購買？透過各通路購買的原因是什麼？
9. 請問您覺得哪一個通路的促銷活動比較有吸引力？
10. 請問您對於○○購物型錄還有什麼建議可以提供給我們做參考的？

(六) 基本資料

1. 請問您今年大約幾歲？
2. 請問您的婚姻狀況？有沒有 12 歲以下的小孩？
3. 請問您的教育程度？
4. 請問您目前的職業？
5. 全家平均月收入為多少？
6. 有沒有申辦會員卡？
7. 請問您這裡是哪一個縣市？

案例 04

某大健身休閒俱樂部今年度提升「會員顧客滿意度」調查企劃案

(一) 本案緣起與目的

(二) 歷次會員顧客民調所反應意見總彙整說明

(三) 今年度提升會員顧客滿意度具備改善措施計劃

1. 在現場服務措施改善計劃
   (1) 餐飲改善計劃。
   (2) 設備改善計劃。
   (3) 空間改善計劃。
   (4) 訓練老師改善計劃。
   (5) 音響改善計劃。
   (6) 動線改善計劃。
   (7) 燈光改善計劃。
   (8) 服務人員改善計劃。
2. 總公司客服中心改善計劃
   (1) 客服人員素質汰換提升計劃。
   (2) 客服人員專業教育訓練計劃。
   (3) 客服設備引進 CTI 計劃。
   (4) 客服電話線擴增計劃。
   (5) 客服人員考核計劃。

(四) 今年度上述改善計劃之支出預算概估

1. 硬體設備類支出預算明細。
2. 軟體服務類支出預算明細。
3. 合計支出預算。

(五) 改善後，預計可產生的效益分析

1. 有形效益分析。
2. 無形效益分析。

(六) 恭請裁示

案例 05

某大便利連鎖商店今年度提升顧客滿意度之企劃案

(一) 去年度透過各區督導顧客、各加盟店東、本公司網路及本公司委外民調結果，所彙整之顧客滿意度狀況分析及顧客曾表達意見分析

(二) 今年度提升顧客滿意度之方針說明

1. 產品面

   (1) 開發新產品與新服務產品的量與質的提升方針說明。

   (2) 在全新產品結構調整占比之方針說明。

2. 現場人員服務面

   (1) 工讀生人力素質提升方針說明。

   (2) 工讀生服務態度加強方針說明。

   (3) 工讀生解決顧客問題能力提升方針說明。

3. 設備面

   現場置物櫃照明、影印機、傳真機，及其他硬體設備更新方針說明。

4. 現場整齊、清潔面

   工讀生對商品擺置、商品補貨、地面清潔、店外清潔提升方針說明。

5. 主題行銷與促銷活動面

   (1) 主題行銷強化方針說明。

   (2) SP 促銷活動回饋方針說明。

6. 公益活動面

   年度公益活動方針說明。

(三) 成立今年「顧客滿意提升10%」專案推動小組組織架構、分工職掌、人力配置與小組預算

(四) 本案推動預計可產生之效益分析

(五) 恭請裁示

案例 06

國內第一大信用卡銀行——某銀行公司，每年一度對「道路救援服務」所做的滿意度問卷調查表

(一) 請問您這次使用道路救援服務是由何處得知申告服務之 080 專線電話？（可複選）

- □(1) 道路救援服務手冊
- □(2) 帳單訊息
- □(3) 道路救援服務貼紙
- □(4) 官網首頁
- □(5) 卡園心橋
- □(6) 電視或報紙廣告
- □(7) 本行同仁告知
- □(8) 其他

(二) 請問您對於可享有某銀行提供之「道路救援服務」的每一項服務是否清楚？（請回答每一小題）

	是	否
(1) 使用道路救援服務須核對本人、卡號、車號	□	□
(2) 白金卡／金卡可享 50／30 公里內免費拖吊（同一縣市則不限里程）	□	□
(3) 白金卡／金卡可享免費接電啟動、開車門鎖服務	□	□
(4) 白金卡／金卡可享免費送油加水服務	□	□
(5) 白金卡／金卡可享免費更換備胎、充氣服務	□	□
(6) 白金卡／金卡卡友無須負擔免費拖吊里程內之過路費與過橋費	□	□
(7) 卡片有效期限內，不限次數免費服務，但同一天同一案件除外	□	□
(8) 拖吊超過免費里程，每公里加收 40 元	□	□
(9) 如需支付救援費用，可刷卡付費	□	□

(三) 請問您最近使用「道路救援服務」的哪些項目？

- □(1) 拖吊（公里數：_____）
- □(2) 送燃料油
- □(3) 加水
- □(4) 開車門鎖
- □(5) 更換備胎、充氣
- □(6) 接電啟動
- □(7) 特殊狀況處理

(四) 請您就本次使用道路救援的經驗，對道路救援「管制中心」的服務內容
做一綜合評價：

1. 管制中心 0800-000-××× 專線電話的撥通難易度
　□(1) 非常滿意　　　□(2) 滿意　　　　　□(3) 沒意見
　□(4) 不滿意　　　　□(5) 非常不滿意

2. 管制中心人員的權益說明
　□(1) 非常滿意　　　□(2) 滿意　　　　　□(3) 沒意見
　□(4) 不滿意　　　　□(5) 非常不滿意

3. 管制中心人員的服務態度
　□(1) 非常滿意　　　□(2) 滿意　　　　　□(3) 沒意見
　□(4) 不滿意　　　　□(5) 非常不滿意

4. 管制中心派員到達的速度
　□(1) 非常滿意　　　□(2) 滿意　　　　　□(3) 沒意見
　□(4) 不滿意　　　　□(5) 非常不滿意

5. 若對上述問題有不滿意的地方，請告訴我們原因：

_____

_____

(五) 請問您本次使用道路救援服務的時間，拖吊車約過多久到達現場？
　□(1) 30 分鐘內　　　　　□(2) 30 至 60 分鐘
　□(3) 1 至 2 小時　　　　□(4) 2 小時以上
　□(5) 自行處理取消服務　□(6) 未抵達現場

(六) 請問您向管制中心申告救援後，拖吊車約過多久到達現場？
　□(1) 30 分鐘內　　　　　□(2) 30 至 60 分鐘
　□(3) 1 至 2 小時　　　　□(4) 2 小時以上
　□(5) 自行處理取消服務　□(6) 未抵達現場

(七) 請問您對於本行所提供之免費飲料是否覺得貼心？
　□(1) 是　　　　　□(2) 否　　　　　□(3) 未收到

(八) 請您就本次使用道路救援的經驗，對「現場服務人員」的服務品質做一
　　綜合評價：

1. 處理問題的服務態度

　　□(1) 非常滿意　　　□(2) 滿意　　　　□(3) 沒意見
　　□(4) 不滿意　　　　□(5) 非常不滿意

2. 處理問題的專業程度

　　□(1) 非常滿意　　　□(2) 滿意　　　　□(3) 沒意見
　　□(4) 不滿意　　　　□(5) 非常不滿意

3. 若對上述問題有不滿意的地方，請告訴我們原因：

　　_____

　　_____

(九) 整體而言，您對於本次使用○○銀行提供之「道路救援」服務過程，是
　　否感到滿意？

　　□(1) 非常滿意　　　□(2) 滿意　　　　□(3) 沒意見
　　□(4) 不滿意　　　　□(5) 非常不滿意

(十) 請問，以下何者為影響您對「道路救援服務」整體滿意度的最重要項
　　目？（單選）

　　□(1) 0800-000-××× 專線電話撥通難易度
　　□(2) 管制中心人員的權益說明
　　□(3) 管制中心人員的服務態度
　　□(4) 管制中心人員的派員到達的速度
　　□(5) 現場服務人員處理問題的方式
　　□(6) 現場服務人員處理問題的服務態度
　　□(7) 其他，請簡述_____

(十一) 您的心聲，我們不願忽略，請針對此次使用道路救援的服務過程，
　　　說出您的問題或建議，讓我們能為您提供更貼心的服務！

　　_____

　　_____

(十二) 您的基本資料：

　　姓名：＿＿＿＿＿＿＿＿＿＿

　　車號：＿＿＿＿＿＿＿＿＿＿

　　電話：（日）＿＿＿＿＿＿＿＿＿　　（夜）＿＿＿＿＿＿＿＿＿

1. 如果您滿意我們的服務，請將我們推薦給您的親朋好友，歡迎來電 0800-000-×××，我們需要您的推薦，謝謝！

2. 謝謝您在百忙之中提供我們寶貴的意見，請於填妥問卷後，直接黏好寄回即可。

3. 提醒您，如換購新車，歡迎利用語音登錄車籍資料（0800-024-××× 按 1 再按 *9）變更您的車籍資料，以確保您的權益。

第六節　如何撰寫「市場（行銷）研究企劃案」

一、基本理論概念

(一) 行銷研究 (Marketing Research)。

(二) 行銷（市場）情報系統 (Marketing Information System)。

(三) FGI（焦點團體座談會）。

(四) 競爭因應對策。

(五) 質化調查 (Qualitative Survey)。

(六) 量化調量 (Quantitative Survey)。

(七) 原始資料 (Primary Data)。

(八) 次級資料 (Secondary Data)。

(九) 現場主義 (On-The-Spot Decision-Making)。

(十) 顧客資料探勘 (Data Mining)。

二、個案列舉

案例 01

某公司化妝品「廣告效果」電訪調查企劃案

(一) 廣告接觸率分析

1. 最近一個月內有沒有在電視上看過臉部美白方面商品的廣告？看過哪些品牌臉部美白方面商品的廣告？

2. 最近有沒有在電視上看過鍾楚紅代言的保養品廣告？鍾楚紅是代言什麼品牌的保養品？

3. 最近有沒有在電視上看過「○○○水漾嫩白系列」保養品的廣告？

4. 請簡單敘述一下所記得「○○○水漾嫩白系列」的廣告內容？

5. 提示後，請問您有沒有印象看過這個廣告？

6. 覺得這支廣告想要表達怎樣的訊息？

(二) ○○○廣告效果分析

1. 喜不喜歡這支電視廣告？喜歡這支電視廣告的哪些地方？不喜歡這支電視廣告的哪些地方？

2. 會不會再看一次這支廣告？會想再看一次這支廣告的原因？不會想再看一次這支廣告的原因？

3. 會不會想去購買「○○○水漾嫩白系列」商品？會購買的原因？不會購買的原因？

4. 有沒有聽過○○○這個品牌的保養品？

5. 知不知道○○○這個品牌產品在哪裡購買？（追問句：在哪裡？）

(三) 代言人調查分析

1. 喜不喜歡鍾楚紅？喜歡的原因？不喜歡的原因？

2. 鍾楚紅適不適合代言美白系列的相關商品？適合的原因？不適合的原因？

3. 還有誰也適合代言美白方面保養品的廣告？

4. 誰適合代言彩妝方面的商品？

5. 職場上，女性漸漸嶄露頭角，現代女性兼顧工作與家庭，誰是現代媽媽

的代表？

案例 02

某大化妝保養品公司「開架式化妝品」之市場變化企劃案

(一) 開架式化妝保養品市場環境之有利變化分析

1. 開架式產品市場總值已占總化妝保養品市場規模的四分之一，年產值達 150 億元，比率不斷提高。

2. 今年第一季整體化妝保養品市場（含開架、專櫃、沙龍、直銷），比去年同期營業額成長僅 8%，但開架營業額成長達 42%。

3. 開架式化妝保養品成長，而專櫃化妝保養品卻萎縮。

4. 開架式化妝保養產品的三大品類

   (1) 肌膚保養類。

   (2) 彩妝類。

   (3) 染髮類。

5. 開架式化妝保養品成長原因

   (1) 經濟不景氣，消費者荷包緊縮。

   (2) 不必到百貨公司專櫃，也可享受到同樣品質，但價格較便宜之產品。

   (3) 開架式的品牌也算是有名的品牌。

   (4) 女性消費者水準提升，自主選購意願提高。

   (5) 廣大學生族群也提早使用化妝保養品，愛美的年齡層不斷下降。

(二) 目前開架式化妝保養品競爭者分析

1. A 級競爭者分析（品牌、價位、產品系列、產品特色等）。

2. B 級競爭者分析。

3. C 級競爭者分析。

(三) 本公司未來發展及營運策略

1. 產品線策略。

2. 通路更普及策略。

3. 廣告宣傳策略。

4. 價位策略。

5. 促銷策略。

6. 現場 POP 策略。

7. 品牌策略。

8. 網站美容顧問策略。

9. 目標族群區隔策略。

(四) 結論與討論

第七節　如何撰寫「促銷活動企劃案」

一、基本理論概念

(一) 販促、促銷 (Sales Promotion)。

(二) 成本效益分析 (Cost Effect Analysis)。

(三) 主題行銷 (Topic Marketing)。

(四) 會員行銷 (Member Marketing)。

(五) 活動成本 (SP Cost)。

(六) 促銷吸引力 (SP Attractive)。

二、個案列舉

案例 01

某大便利超商推出「第二件五折大促銷」活動企劃案

(一) 本月主題促銷活動內容設計

1. 計劃名稱：第二件五折大促銷。

2. 第二件商品的類別範圍（限低溫飲料）。

3. 執行期間：○月○日～○月○日。

4. 執行地區：全省各店面。

(二) 預計業績的帶動效益

1. 單店業績帶動目標。

2. 執行期間總業績增加目標。

(三) 廣宣費用預計：○○○萬元

(四) 供應廠商供貨與物流中心出貨配合要求重點

(五) 店頭宣傳品製作物設計

(六) 其他幕僚單位配合措施

(七) 總語與裁示

案例 02

某大量販店推出年度「促銷活動月」企劃案

(一) 本年度「促銷活動月」內容要點描述

1. 主題名稱：○○○瘋了。

2. 活動時間：○○○年○○月○○日起，到○○○年○○月○○日止，計 35 天強打。

3. 促銷品項總數：達 3,000 項。

4. 促銷波段：每隔七天為一波段，計有七個波段。

5. 每一天：有一項超低價限量促銷商品。

6. 促銷價格吸引力

(1) 民生日用品平均低於市價 40～50%。

(2) 生鮮食品祭出五折促銷。

7. 賣場特區規劃五區

(1) 3C 產品。

(2) 汽車配件。

(3) 肉品。

(4) 白米。

(5) 服飾。

(二) 本年度促銷活動月廣告宣傳摘述

1. 印製超過 400 萬份報紙型 DM 宣傳單。
2. 總行銷費用投入 1 億元。
3. 電視廣告集中在五家電視公司頻道。
4. 邀集全省 29 家分店店長舉行誓師大會。
5. 組織 35 輛宣傳小卡車，在各分店商圈遊行。

(三) 預計達成 35 天的總營收額目標：○○億元

(四) 本活動相關單位及店面的配合事項與注意要點說明

(五) 結語

案例 03 ───────────────────────────────

某大銀行信用卡促銷方案企劃案

(一) 促銷主題：「刷卡得利，讓你刷到豹」

(二) 刷卡得利好點子

　　每月送你百萬 JAGUAR（積架汽車），再抽千萬大獎，刷愈多愈有好「豹」。

(三) 活動日期：○○○年○○月○○日到○○○年○○月○○日

(四) 刷滿 500 元以上，即有一次抽獎機會，滿 1,000 元，有兩次抽獎機會，依此類推

1. 不限地點消費超額送
   JAGUAR X-TYPE（4 部）
   SAMPO 27 吋液晶電視（100 台）
   FUJIFILM A310 數位相機（200 台）
2. 百貨公司消費加碼送
   400 支 GEORG JENSEN EKL 名錶加碼送：活動期間至全省各大指定百貨公司消費，即有機會再抽中名錶。

3. 紅利商品、分期付款店消費再加碼

　400 名 10 萬點紅利點數大放送：活動期間至本行 3,000 家特約紅利商店及近 5,000 家分期付款商店消費，即有機會再抽中刷卡得到點數 10 萬點。

(五) 抽獎次數：每月一次，合計四次

(六) 預計本活動可帶動總刷卡額增加總額：○○○○萬元

(七) 本促銷活動宣傳總預算：○○○萬元

案例 04

某購物中心週年慶促銷活動內容案

(一) 本促銷活動目的

(二) 週年慶促銷活動主軸

1. 雙重雙喜

   (1) 雙喜雙重非常禮一重喜：歡樂滿額送、非常好禮都送您！

      活動期間於當日全館消費 5,000 元以上，即可憑發票兌換週年慶豐富好禮！

      ※備註：發票恕不接受隔日累計：紙張禮券、電子禮券、商品券及燦坤3C消費發票恕不列入計算。

   (2) 雙喜雙重非常禮二重喜

      ①當日於全館消費滿 2,000 元，即有機會抽中 MATIZ COLA Car 乙部。

      ②刷○○卡訂 MATIZ。

      ③刷 9,900 送 9,900！

      （○○保留本活動最終解釋及修正權利，優惠辦法依現場告知為準）

2. ○○卡友一元圓夢不是夢

   活動地點：10 樓象限平台

活動日期：10 月 13 日～10 月 20 日（週六、週日除外）

(1) 每日上午 11：30 開始開放排隊，上午 11：30 前抵達活動現場之卡友均可領取抽獎券 1 張（每日限額 1 張，正附卡合併計算）。

(2) 每日中午 12：00，將由當天抽獎箱中抽出 1 名卡友，將可以 1 元價格購買全套圓夢商品。

(3) 每日中午 12：00 以後投入抽獎箱之抽獎券，與每日 12：00 前未中獎之抽獎券一併累積，將於 10 月 28 日下午 15：00 抽出 1 名卡友可獲得 SUZUKI 機車乙部。

3. 新登場週年慶獨家優惠

活動地點：6 樓龐德街、Mira 2F 星辰、ARMANI EXCHANGE（2 樓）、HUNTING WORLD（鞋殿）

獨家全面單筆消費滿 2,000 送 200

※禮券、商品券及燦坤3C消費金額與三聯式及手開式發票，恕不列入計算，並不得與其他滿千送百活動合併參加。

4. ○○卡友獨家禮遇，刷拚現賺 —— 滿 5,000 送 500

活動日期：10 月 13 日～10 月 20 日

上述活動期間內，持○○銀行信用卡於當日消費，滿 5,000（註①）元贈 500 元週年慶商品券，滿 10,000 元贈 1,000 元週年慶商品券，以此類推，刷愈多賺愈多！

※請出示○○卡憑發票與簽單至 11 樓贈品處兌換（註②），限當日刷同一卡號消費金額方可累計！

上述活動期間內，○○卡友專享：

(1) 等同○○VIP 購物折扣惠（正品 9 折，折扣品再享 95 折優惠）（註③）。

(2) 免費停車 1 小時。

(3) 持○○銀行信用卡單筆消費滿 499 元，送 BOBSON 牛仔票夾乙個。

備註：①黃金珠寶、特定家電、燦坤3C、主題餐廳及部分專櫃之消費恕不列入累計，各店櫃配合狀況依現場標示為憑。

②黃金珠寶、特定家電、燦坤3C、惠康超市、屈臣氏、佳麗寶、SK-II、資生堂、nice beauty、黛安芬系列、華歌爾系列、

B3美食街、各樓層咖啡廳及部分專櫃恕不接受週年慶商品券，各店櫃配合狀況依現場標示為準。

③限以○○銀行信用卡刷卡消費，方可享有此 VIP 折扣優惠。

5. 全館流行服飾 7 折起，內睡衣 8 折起，化妝品 9 折起＋滿額送

活動日期：10 月 13 日～10 月 20 日

刷○○卡／○○之友卡，滿 5,000 送 500

(三) 相關周邊服務配合措施計劃

1. ○○首創「五星級專人泊車服務」！

服務地點：1 樓○○廣場

即日提供您「超五星級代客泊車」頂級榮耀服務！

提供您獨立專屬貴賓單位、全天候監視系統及專人巡禮等貼心服務，讓您消費尊榮又安心！○○以客為尊，用最誠摯的笑容歡迎您！

2. 外籍旅客購物退稅服務

即日起外籍旅客於○○購物，當日消費滿新台幣 3,000 元以上，可於「聯合服務中心」填寫「退稅明細申請表」，辦理退稅事宜。

辦理地點：○○百貨 4 樓聯合服務中心

注意事項：

(1) 退稅時請出示護照及相關發票。

(2) 適用品項依中華民國稅賦規定辦理。

3. 週年慶特別營業時間：週日～週四 10：30～22：30；週五、週六、例假日前一日 10：00～23：00；B3 地心引力美食街 10：00～02：00

(四) 本次週年慶活動預計達成業績目標：$○○○○萬元

(五) 本次週年慶投入廣宣費用：$○○○○萬元

(六) 結語

案例 05

國內第二大量販店促銷月活動企劃案

(一) 促銷期間：○○○年○○月○○日～○○月○○日，計 28 天

(二) 促銷月 Slogan：天天超低價，打破最低價

(三) 促銷活動內容：6,000 萬豪禮「6 重」驚爆連環送
　　　第一重：千萬抽獎，全民大票選。
　　　第二重：聯名卡友當日刷卡達 $2,000 以上，即送 $100 購物抵用券乙
　　　　　　　張，最多可送 $600。
　　　第三重：聯名卡友獨享多款商品 3 期 0% 利率。
　　　第四重：全國加油站汽油 9 折。
　　　第五重：紅利點數大分紅，滿 20 點送 20 點。
　　　第六重：商店街全面 8 折起。

(四) 促銷月活動投入行銷費用：$○○○萬元
　1. 贈品費用：$○○○萬元。
　2. 抽獎品費用：$○○○萬元。
　3. 廣告宣傳費用：$○○○萬元。
　4. 抵用券費用：$○○○萬元。
　5. 免息費用：$○○○萬元。

(五) 促銷月預計達成總業績目標：○○○○萬元

(六) 全省 25 家大型店同步執行

(七) 結語

案例 06

第一大電信公司行動電話突破 800 萬戶，回饋客戶抽獎活動案

(一) 抽獎產品
　　NISSAN X-TRAIL 休旅車 3 部（特獎、每月 1 部）、流行彩色手機 60

支（鴻運獎，每月 20 支）、800 元行動電話國內通信費 300 名（幸運獎，每月 100 名）。

(二) 抽獎方式

手機直撥 8189 回答問題（按一般時段網內互打費率）。

(三) 抽獎時間

即日起至○○○年 12 月 31 日止。

特別注意：每月抽獎，共有三次抽獎機會，愈早打、打愈多，中獎機會愈大。

(四) 活動對象

1. 活動對象：○○電信行動電話客戶（含月租型及預付卡），不包含一般公務及測試門號。
2. 答對者即獲一次抽獎機會，每月抽獎一次，未抽中者可保留機會至次月再抽。

(五) 本次回饋活動總預算：$○○○○萬元

1. 抽獎獎品預算：$○○○萬元。
2. 廣宣預算：$○○○萬元。
3. 其他預算：$○○○萬元。

第八節　如何撰寫「公共事務宣傳企劃案」

一、基礎理論概念

(一) 公共關係 (PR)。

(二) 新聞稿 (News Letter)。

(三) 記者專訪答覆稿。

(四) 公益活動 (Welfare Activity)。

(五) 企業公民形象 (Corporate Citizen)。

(六) 電視媒體 (TV Media)。

(七) 報紙媒體 (NP Media)。

(八) 廣播媒體 (RD Media)。

(九) 雜誌媒體 (MG Media)。

(十) 網站媒體 (Web Site Media)。

(十一) 手機行動媒體 (Mobile Media)。

(十二) 國際媒體 (International Media)。

二、個案列舉

案例 01

某大公司「新產品上市」發表會

(一) 成立新產品上市發表會專案小組

1. 專案小組組織表。
2. 各分組成員名單。

(二) 新產品上市發表會主要事項安排

1. 發表會日期確定。
2. 發表會地點確定。
3. 發表會議程確定
    (1) 總經理致詞（5 分鐘）。
    (2) 產品開發部經理介紹新產品（10 分鐘）。
    (3) 行銷部經理介紹市場行銷（5 分鐘）。
    (4) Q&A（詢答）（20 分鐘）。
    (5) 結束。
    (6) 與記者餐敘。
4. 發表會資料袋、紀念品準備。
5. 發表會現場布置。
6. 媒體宣傳
    (1) 發表會記者到場採訪。
    (2) 發新聞稿。

(3) 安排記者專訪。

(4) 刊登各媒體廣告宣傳 CF 及平面稿、廣播稿。

7. 本次發表會經費預算估計。

8. 發表會邀請對象確定。

(三) 結語

案例 02

某大便利超商舉辦加盟店主「菁英 100 表揚大會」年度企劃案

(一) 舉辦年屆：第○屆「菁英 100 表揚大會」

(二) 舉辦地點：台北市○○大飯店○○廳（去年在花蓮）

(三) 舉辦時間：○○○年○○月○○日下午○時

(四) 得獎人

1. 原訂表揚績優加盟主名額為 100 對，但由於加盟店每年 15% 成長，故今年以 155 對為表揚名額。

2. 入選機率僅 50%，為歷年最低。

(五) 激勵項目

1. 獲獎人（加盟主）獎金：計新台幣○○○○○元。

2. 晶華飯店二天一夜免費住宿招待。

3. 頒獎大會。

(六) 六個獎項類別及得獎人數

1. 最佳新人獎：○○人。

2. 最佳經理人獎：○○人。

3. 最佳管理獎：○○人。

4. 尊榮獎：（連續三年得獎）：○○人。

合計：○○○人。

(七) 費用預算估計

1. 加盟主獎金：○○○萬元。
2. 大飯店住宿費：○○○萬元。
3. 表揚大會現場全部費用：○○○萬元。
4. 各項雜支：○○萬元。

合計：○○○萬元。

(八) 表揚大會節目流程概要

1. 總經理致詞（10 分鐘）。
2. 各類得獎人上台接受頒發獎盃（20 分鐘）。
3. 得獎加盟主代表心得感言（○○人）（20 分鐘）。
4. 得獎人與本公司主要幹部合影留念（10 分鐘）。

(九) 媒體宣傳聯繫狀況說明

1. 電視媒體。
2. 報紙媒體。
3. 雜誌媒體。
4. 網站媒體。
5. 廣播媒體。

(十) 裁示

案例 03

某大公司今年度邀宴「平面媒體記者餐敍」企劃案

(一) 本案目的說明

(二) 邀宴時間：○○○年○○月○○日晚上 19：00

(三) 邀宴地點：○○大飯店○○廳

(四) 邀宴記者對象名單

1. 證券版記者：○○○人。

2. 產業版記者：○○○人。

3. 商業版記者：○○○人。

4. 財經雜誌記者：○○○人。

合計：○○○人。

(五) 餐誼預算（每人及合計額）

1. 套餐（每人）：2,000 元。

2. 贈禮品費（每人）：2,000 元。

3. 本公司自有產品：不計費。

每人預算：4,000 元。

合計總預算：100 萬元。

(六) 本公司參加人員：計 10 人

(七) 備本公司相關簡報法人說明會資料

(八) 結語

案例 04

某大公司邀宴「各大平面及電子媒體總編輯及高級主管聯誼」企劃案

(一) 本案目的說明

(二) 聯誼時間：○○○年○○月○○日～○○月○○日

(三) 聯誼地點：桃園鴻禧別館

(四) 主題：休閒旅遊二天一夜活動

(五) 聯誼對象：各大媒體總編輯暨其家人

(六) 名單

1. ○○電視台：計 3 人。

2. ○○電視台：計 2 人。

3. ○○電視台：計 3 人。

4. ○○大報：計 3 人。

5. ○○大報：計 3 人。

6. ○○財經雜誌：計 2 人。

7. ○○財經商業雜誌：計 3 人。

8. ○○廣播電台：計 2 人。

合計：21 人。

(七) **本公司出席人員**：計 15 人各部門主管

(八) **聯誼預算概估**：○○○萬元

1. 住宿費（夜）：○○○萬元。

2. 餐費（晚餐）：○○萬元。

3. 禮品費：○○萬元。

4. 交通費：○○萬元。

5. 高爾夫球費：○○萬元。

合計：○○○萬元。

(九) **結語與請示**

案例 05

某大公司邀請媒體記者「出國參訪」日本合作對象公司之「隨同參訪行程企劃案」

(一) **本案緣起與目的**

(二) **參訪日期**：○○○年○○月○○日至○○月○○日，計四天三夜行程

(三) **隨同參訪邀請記者對象名單**

1. 電子媒體記者（含文字記者及攝影記者）：計 2 家電視台。

2. 報紙財經產業版記者：計 6 家報紙，12 名人員。

3. 財經雜誌記者：計 3 家雜誌，6 名人員。

合計：11 家媒體公司及 22 名人員，隨本公司參訪團出訪。

(四) 在日本東京及橫濱四天三夜詳細行程表（略）

(五) 本公司出訪人員：計 10 人（略）

(六) 本案預算概況：○○○萬元

　　1. 機票來回（日本 ←→ 台北）：○○○萬元。

　　2. 住宿：○○萬元。

　　3. 餐費：○○萬元。

　　4. 交通費：○○萬元。

　　5. 禮品費：○○萬元。

　　6. 其他雜費：○○萬元。

(七) 相關參訪日本公司基本背景資料準備

(八) 專案預計達成的公關與宣傳效益分析說明

(九) 結語與裁示

案例 06

某大公司文化慈善基金會今年度「公益活動」企劃案

(一) 去年度本公司文化慈善基金會工作成果檢討

　　1. 去年度所辦各項重大活動成效檢討。

　　2. 去年度本基金會之收入與支出檢討。

　　3. 小結：效益目標達成。

(二) 今年度本公司文化慈善基金會工作計劃說明

　　1. 今年度各季重大公益活動內容詳細說明。

　　2. 今年度本會之收入與支出金額預估。

　　3. 今年度預計的效益目標分析說明。

(三) 本基金會與本集團各關係企業之資源整合說明

　　1. 各關係企業捐款本基金會金額說明。

　　2. 各關係企業參與支援本基金會之請求說明。

(四) 結語與恭請核示

案例 07

某汽車銷售公司「公益活動」企劃案

(一) **活動名稱**：熱愛生命，○○萬人萬步走

(二) **活動目的**

(三) **活動時間／地點**

第一場：10 月 1 日淡水漁人碼頭

報名期間：8 月 5 日～9 月 21 日

第二場：11 月 5 日高雄澄清湖

報名期間：8 月 5 日～10 月 25 日

報名人數一場 20,000 人，額滿為止。（○○保留更改時間權利）

(四) **參加辦法**

以下列方式報名並繳交報名費 300 元（不受理刷卡），即贈活力步器乙個（市價 690 元）、元氣健走帽乙頂（市價 500 元）及健康手環。當日完成健走路線，就可參加現場摸彩活動，多走路健康又有好康，千萬別錯過！

1. 個人報名：請到全省某汽車營業所及○○租車全省營業據點報名參加，活動詳情請洽某汽車活動網站：www.×××.com.tw 或來電 ○○租車：0800-011-×××。

2. 團體報名：10 人以上接受團體報名，請洽中華馬拉松協會。電話：(02)2101-××××，傳真：(02)8751-××××。

(五) **報到禮**：（贈品以實物為準）

活動當天報到即贈惠氏克補、諾比冰心及曼秀雷敦熱力貼布乙組。

(六) **摸彩獎品／每一場**

(七) **本公益活動之專案工作小組組織架構及分工安排**

(八) **重要工作推展時程表**

(九) 本公益活動支出預算表估算

(十) 本公益活動對本公司之效益分析

1. 有形效益分析。
2. 無形效益分析。

(十一) 外部各單位配合

1. 指導單位

    (1) 行政院體委會。

    (2) 台北市政府。

    (3) 高雄市政府。

2. 主辦單位

    (1) 某汽車公司。

    (2) 中華馬拉松協會。

3. 協辦單位

    (1) 國瑞汽車公司。

    (2) 和運租車公司。

    (3) 和安保代。

4. 贊助單位

    (1) 惠氏藥廠。

    (2) HP。

    (3) PONY。

    (4) ORIS。

(十二) 恭請裁示

第 4 篇
行銷企劃撰寫
實務全文案例

案例 ❶ ○○健康茶計劃書

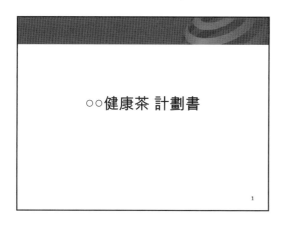

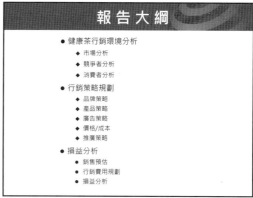

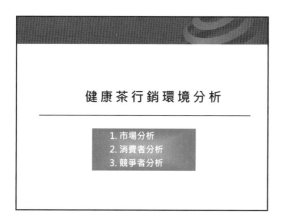

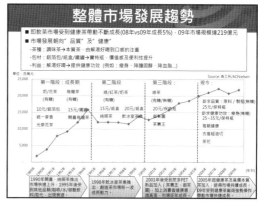

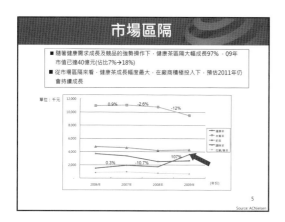

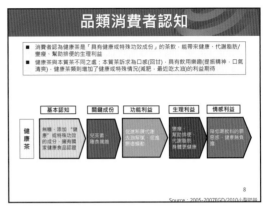

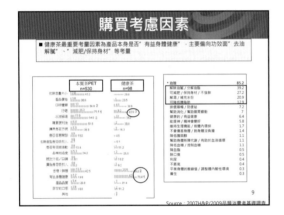

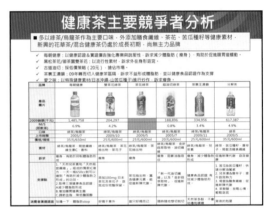

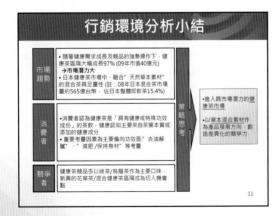

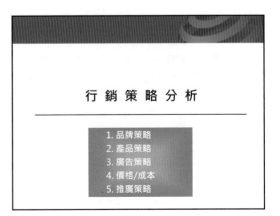

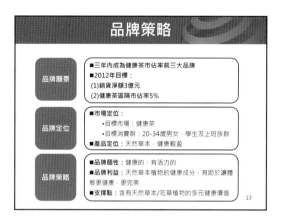

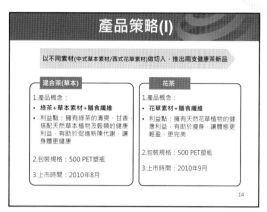

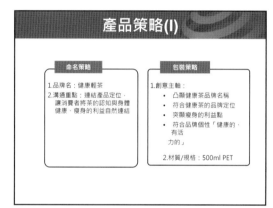

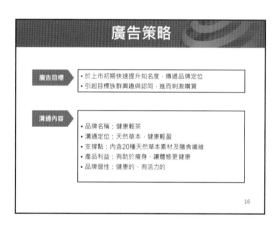

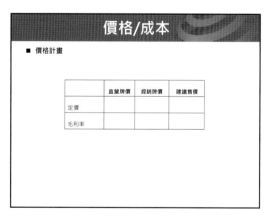

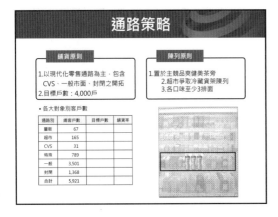

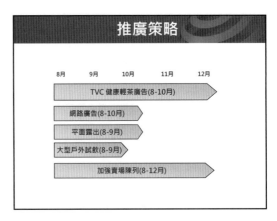

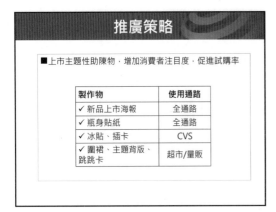

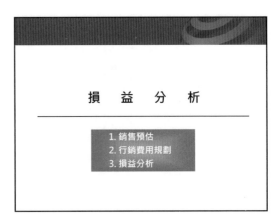

附　　　錄

附件-健康素材

- 草本混合茶：
  綠茶、荷葉、山楂、大麥、玄米、決明子、黑豆、薏仁、陳皮、柿子葉、芝麻、琵琶葉、七葉膽、杜仲葉、桑葉、昆布、紫蘇、靈芝、竹葉、膳食纖維
- 花茶：
  玫瑰果、法國粉玫瑰、錫蘭紅茶、膳食纖維

國內競品比較

國內競品		
訴求	素材	品牌

1. 擁有兩項國家認證
  -有助減少體脂肪形成
  -調節血脂
2. 無外添加
	綠茶 (高兒茶素含量)	茶裏王 濃韻

1. 擁有三項國家認證
  -有助減少體脂肪形成
  -調節血脂
  -增加腸道益生菌
	綠茶 (高兒茶素含量)+菊苣纖維	每朝健康

1. 好喝 2. 纖體	綠茶+茶花	茶花 雙茶花
	綠茶+茶花+油切纖維	古道山茶花
隔離油脂、抑制脂肪吸收	綠茶+金針菇淬取物+油切纖維	古道超油切
分解油膩、恢復窈窕身形	綠茶+苦瓜種籽+唐辛子+膳食纖維	愛之味分解茶
補充營養、日日充滿活力	混合茶(五穀類)	五穀健康茶

27

案例 ❷　○○飲料企劃案

投影片 1

○○股份有限公司

「○○飲料行銷推廣
委外代理服務」企劃案

提案單位：A(股)公司

投影片 2

簡報大綱

一、A公司團隊與服務實績簡介

二、○○飲料市場概況分析

三、○○飲料整體行銷推廣策略暨創意表現

　廣告創意

　公關EVENT及通路活動

　媒體購買及效益評估

四、預算經費分配

五、媒體置入表現方式

2

投影片 3

A公司團隊與服務實績簡介

3

投影片 4

A公司整合媒體與通路行銷資源平台

衛星電視媒體平台資源

➢A電視家族頻道　　➢A公司海外媒體
　A新聞台　　　　　　A亞洲衛視
　A新聞S台　　　　　A美洲衛視
　A綜合台　　　　　　機上新聞
　A電影台　　　　專業新聞網站
　A洋片台　　　ET Today.com
　AYoYo台　　　頻道代理經營
　A娛樂台　　　　B電視台
　A電視台　　　　C電視台
　A戲劇台
　超級娛樂台

虛擬購物通路平台

➢六電視購物 五台
➢A購物300萬會員
➢網路購物商城 ET Mall.com
➢購物型錄 發行100萬份
➢○○便利店(A房屋)
➢台北小巨蛋

報紙與集團平台資源

➢南南部高屏七縣市整合行銷中心
➢A公司南部新聞中心
➢A公司媒體集團會員資料庫
➢A公司7000名員工
➢兼具市場行銷與創意策略的整合
　行銷團隊
➢藝人經紀

4

投影片 5

統合專戶整合三種專業能力
——一起深耕與建構台酒烈酒品牌價值

市場策略與廣告製作夥伴

➢匚合廣告 范可欽（台鹽/台酒）
➢國華廣告（嘉新生技）
➢創行社 許偉泉（中油）
➢達特影視（台鹽）
➢子午影視（台庫/台糖）
➢聚點影視（嘉新生技）
➢品亦廣告（台鹽）
➢吳是廣告 等

媒體公關與節目製作夥伴

➢東森電視
➢東森公關
➢全能製作　　　王鈞
➢哇哈哈製作　　沈玉琳
➢飛躍影視
➢奧提公關
➢先勢公關
➢維思公關
➢策動行銷 等

媒體購買企劃與執行夥伴

➢宏將廣告
➢喬商廣告
➢浩騰媒體
➢群邑媒體
➢極效傳媒
➢泛斯特
➢晴天廣播/瑞迪廣播 等

深耕與建構○○飲料商品品牌價值

5

投影片 6

服務實績I—
○○產品知名度竄升市場第三
銷售突破550萬瓶

服務實績II—
○○產品單月銷售突破100萬瓶
品牌好感度提升30%

6

成功行銷

7

○○飲料概況

■○○飲料市場概況

　■整體市場

　　■○○飲料

　　■A競爭飲料

　　■B競爭飲料

　■2019上半年市場銷售狀況

　■2020下半年新產品預估

9

○○飲料行銷推廣策略
暨
創意表現

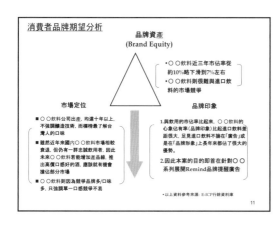

消費者品牌期望分析

品牌資產
(Brand Equity)

• ○○飲料近三年市佔率從約10%略下滑到7%左右
• ○○飲料則很難與進口飲料的市場競爭

市場定位

品牌印象

■ ○○飲料公司出產,均達十年以上,不強調釀造技術,而標榜最了解台灣人的口味

■ 雖然近年來國內○○飲料市場相較衰退,但仍有一群忠誠飲用者,因此未來○○飲料若能增加產品線,推出高價口感好的酒,應該就有機會搶佔部分市場

■ ○○飲料則因為競爭品牌多/口味多,只強調單一口感競爭不易

1.與飲用的市佔率比起來,○○飲料的心象佔有率(品牌印象)比起進口飲料差距很大,足見進口飲料不論在「廣告」或是在「品牌形象」上長年來都佔了很大的優勢。

2.因此本案的目的即首在針對○○系列展開Remind品牌提醒廣告

•以上資料參考來源: E-ICP行銷資料庫

11

整合行銷目標與戰略

G1－重新建立品牌個性

產品定位–透過形象廣告快速傳遞產品新的定位與價值

G2－有效提昇品牌好感度

廣告–藉由最大觸及率的電視媒體宣傳,喚醒消費者對該品牌的記憶與好感

體驗行銷活動–
1、規劃有趣具話題性的公關活動,提高消費者與產品的接觸,傳遞台灣特有的『共飲文化』,並將飲用者年齡向下推移
2、規劃有趣具話題性的公關活動,推廣○○飲料的另類飲用方式,延伸產品的附加價值,提高年輕飲者的興趣

G3－有效提昇銷量

通路促銷–
1、因應年節採購旺季,規劃大型賣場的試飲與促銷活動,直接提昇消費者的購買意願
2、配合中高價位新產品上市計劃,規劃試飲推廣

12

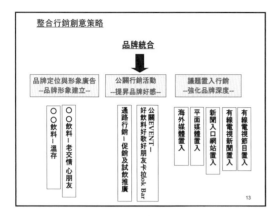

廣告策略創意表現

13

總體傳播戰略

雙飲料並進　品牌統合

● 雙飲料同時出擊, 各自創造獨特個性
● 最後以品牌的烙印來做視覺統合
● 讓目標受眾感受一新, 投射品牌好感情愫!

15

飲用場合選項

以台灣的市場區位來看, <u>主打共飲場合</u>
始終是最佳的機會區塊!

16

飲者心理探索

不是喝什麼, 而是跟誰喝

在共飲的當下, 喝的<u>氣氛感</u>總是<u>大於真正的口感</u>
所以, 在廣告上傳達<u>品牌與飲者之間的共同語言</u>
是最有效的切入!

17

差異化思維

當市場上的飲料

充滿某族群<u>共飲的寫真</u>

沒有創意差異, 就沒有品牌識別!

18

廣告創意發展

○○飲料

19

創意策略

溫存(溫醇)

是為○○飲料打造的最佳切入點

20

- ○○飲料的飲用核心方式在於捧在手心的[溫杯]

- 從物理性的溫杯轉化成化學性的 [溫存友情]

- 會讓品牌與目標飲者的關係添加了[溫度]

21

Slogan

溫存心中的台灣味

22

創意建議

23

Part I. 電視廣告

24

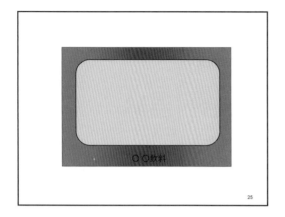

○○飲料

25

Part II. 平面廣告

各式海報

26

平面創意應用
網頁BANNER

27

○○飲料

○○飲料

廣告創意發展

○○飲料

30

創意策略

套交情

應用品牌資歷, 發展成飲者心中的品牌關係

31

- 交情是共飲的核心精神, 是品牌與消費者之間的情愫

- 唯有交情可以越過價格和品牌位階, 擄獲飲者的心

- 唯有交情可以讓便宜好喝的○○飲料
  越過品類的藩籬, 贏取更多的好感

32

Slogan

老交情, 心朋友

33

　　創意建議　　

34

飲杯的對話

相關海報

35

Part I. 電視廣告

36

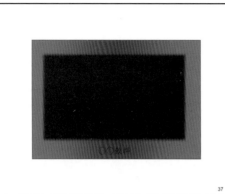

○○飲料

37

Part II. 平面廣告

38

系列一

「下基地的第一個晚上
　多虧你幫我站衛兵…」

「爸媽都有意見的婚禮
　還好你願意當伴郎…」

「像你這樣的朋友
　恐怕地球上已快絕種了…」

老交情，心朋友 – ○○飲料

39

通路暨公關EVENT

一、賣場通路促銷活動

促銷活動訴求

■ 提升並強化品牌形象, 提升產品於通路市場的曝光率

■ 藉由促銷小姐的整體形象, 提升大家對○○飲料年輕化
　的感覺

■ 藉由創意新喝法-給予消費者有不同的享受, 近距離的溝
　通與接觸, 增強消費購買動機。

■ 現場特價銷售, 吸引前來賣場尋求低價商品的客群

42

促銷活動內容

- 建議時間:
  - ✓ 96年1月~2月底(年前送禮及家庭採買旺季)
  - ✓ 每週六、週日
  - ✓ 下午2點~6點, 每次4小時(視該點性質調配時間)
- 促銷方式:
  - ✓ 重點式循點
  - ✓ 以循點加駐點方式, 進行促銷活動, 每個定點2位PG。
  - ✓ 選擇類型:
    - ● 北區-家樂福2場+愛買1場
    - ● 中區-家樂福1場+愛買1場
    - ● 南區-家樂福1場+愛買1場

43

Promote Girl的造型

小禮服　　　　　　改良式旗袍

44

二、好飲料好歌好朋友卡拉OK Bar

活動內容

- **建議時間**:96年4月中~5月
- **建議地點**:某場地室內/室外
- **邀請媒體**:消費線媒體
- **媒體屬性**:TV/NP/MG/WEB
- **活動主題**:第一屆卡啦OK Bar
- **活動方式**:卡啦OK大賽+ Deco
- **活動意涵**:塑造○○飲料是朋友共飲的意涵

46

活動內容

- 現場請到甜點廚師, 搭配○○飲料製作, 給予消費者一口○○飲料+一口巧克力, 雙重香氣, 成為最時尚的新喝法。
- 創意○○飲料喝法:
  - ✓ 品嘗各種臺灣飲料的口感, 再搭配上當天製作的○○飲料巧克力。
  - ✓ ○○飲料創意:

47

活動內容

- 比賽辦法:
  - ✓ 參加對象:上班族(20歲以上)
  - ✓ 參加資格:好友至少2人共同報名
  - ✓ 只要組對報名參加就可得到○○飲料

- 獎金辦法:
  1. 第一名:造型獎牌+獎金5萬元
  2. 第二名:造型獎牌+獎金3萬元
  3. 第三名:造型獎牌+獎金1萬元

48

電視媒體購買策略暨效益評估

電視媒體購買策略-1

- 電視購買方式:保証CPRP
  - 可精準控制購買成本,俾使達到標規限制
- 無線/有線GRPs佔比:
  - 依目標對象收視表現建議20:80
- 節目類型選擇:
  - 兼顧量與質,建議主要投入「新聞類」、「體育類」、「娛樂綜藝類」、「影片類」
- 頻道選擇:
  - 無線:廣度考量無線四台均投入,另加強民視、中視
  - 有線:以主要家族頻道為主,另投入ESPN、AXN等目標對象收視偏好度較佳的節目
  - 其他:因應標規購買成本限制,建議東森投入預算佔比至少達20%以上,以期達成設定的媒體購買成本
- 廣告聲量分配:
  - 波段運用以「前重後輕」的方式提高上片時廣告聲量

50

電視媒體購買策略-2

- 產品別媒體運用
  - ○○飲料:
    - 為主打商品,建議以廣度為主
    - 投入較大規模預算
- 聲量分配:建議○○飲料廣告錯開排期,以利長期有品牌露出

51

電視媒體購買策略-3

- ○○飲料　　　　　　・○○飲料

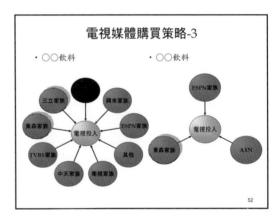

52

電視排期表

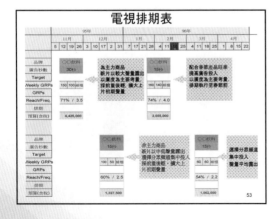

53

預估媒體效益

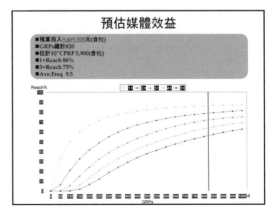

- 預算投入9,469,500元(含稅)
- GRPs總計820
- 估計10″CPRP 5,900(含稅)
- 1+Reach 86%
- 3+Reach 73%
- Ave.Freq 9.5

經費預算分配

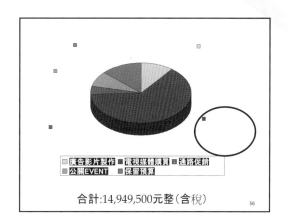

合計:14,949,500元整（含稅）

56

A公司媒體置入回饋

東森媒體集團資源加值回饋總表

媒體	內容	媒體/頻道	次數	價值	小計
電視	策劃性專題報導	東森新聞台	5回	10萬/次	50萬
	活動出機報導	東森新聞台	5次	8萬/次	40萬
	新聞跑馬快訊	東森新聞台	50次	1,500/次	7.5萬
	「超級人物」專訪	東森新聞S台	1次	10萬/次	10萬
	「主播台」專訪	東森新聞S台	1/次	10萬/次	10萬
	「電郵Let's go」置入	東森新聞S台	1/單元	10萬/次	10萬
	「巧婦當家」置入	東森綜合台	1集/次	10萬/次	10萬
	戲劇節目置入	東森綜合/戲劇	1部	無價	無價
	綜藝節目置入	其他家族頻道			
平面	全十廣告/廣編	民眾日報	5篇	8萬/篇	40萬
	活動花絮報導	民眾日報	5篇	5萬/篇	25萬
	型錄內頁廣告	東森購物型錄	1篇	20萬/次	20萬
	平面消息稿露出	蘋果/中時/聯合/自由/壹週刊/時報週刊等	至少10篇	無價	無價
網路	訊息露出	ETtoday	10次	1萬/次	10萬
	圖+文露出	ETtoday「市場報馬仔」	14天	15萬	15萬
海外平台	廣告露出	東森亞洲台	100檔	3,000/檔	30萬
戶外	長榮機上新聞廣告露出	長榮機上新聞	100檔	5,000/檔	50萬
突發事件	危機處理機制	東森新聞平台	機動配合	無價	無價
媒體價值					327.5萬

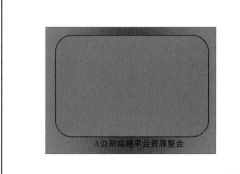

A公司媒體平台資源整合

59

選擇A公司媒體集團
成為您最佳的行銷夥伴！

60

謝謝指教！

Q & A

61

第 5 篇
創業企劃案撰寫

創業議題近幾年來，有日趨重要之發展，不少新鮮人或年輕人都不甘於26～30K 的低薪狀況，想結合志同道合之朋友共同創業，實現自我的夢想。

事實上，近年來也確實有不少人創業成功，雖然其規模都不是很大，但也能小小賺錢而能存活下去，至少比領薪水階級的年輕人要好多了。創業要成功，不是偶然的，而是要靠一套知識、多種專長與人才團隊結合而成。因此本篇特別為有心創業的年輕人，指導在創業過程中，應該具備的基本入門知識、常識與經驗。

創業為什麼要寫企劃案？

一、創業企劃案撰寫大綱架構

(一) 創業種類、行業別分析

1. 創業動機與背景。

2. 創業公司名稱、店名稱。

3. 創業營業項目。

4. 產品名稱或服務名稱。

5. 事業規模大小。

6. 直營門市店或加盟內門市店。

7. 製造業或服務業。

(二) 產業與市場分析

對客觀經營環境的了解，需洞察與掌握之方向：

1. 產業與市場產值規模有多大？
2. 過去及未來的成長性如何？此市場是否有商機存在？如何切入？
3. 處在哪一種生命週期？（導入、成長、成熟、飽和、衰退）
4. 現在市場競爭狀況如何？主要競爭對手如何？競爭策略如何？
5. 本行業進入門檻高不高？
6. 業者在營收、成本及獲利狀況如何？
7. 此行業的關鍵成功因素為何？
8. 產業價值鏈及產業結構如何？
9. 受國內外經營環境變化的影響程度如何？
10. 關鍵技術取得能力如何？
11. 人才的供需及取得狀況如何？
12. 原物料、零組件取得能力如何？
13. 此行業的資金投入與需求大不大？
14. 潛在競爭對手或潛在替代品有沒有？
15. 此行業的通路結構如何？
16. 此行業的 B2B (Business to Business) 客戶或 B2C (Business to Consumer) 顧客狀況如何？
17. 影響產業獲利五力架構分析（如圖 6 所示）為何？
18. 此行業商圈變化的趨勢為何？
19. 此行業消費趨勢與變化為何？
20. 其他須考量的產業與市場因素（EX：科技條件變化、人口因素等）。

(三) SWOT 分析

對主觀自我條件優劣的了解以及外部有何商機與威脅的判斷：

S（強項）	W（弱項）
1、…… 2、 3、	1、…… 2、 3、
O（商機）	T（威脅）
1、…… 2、 3、	1、…… 2、 3、

(四) 經營團隊簡介

對高階經營團隊成員學經歷、背景與專長介紹，包括：

1. 董事長。
2. 總經理（執行長）。
3. 各部門主管（副總經理）：營業、研發、技術、行銷企劃、生產（製造）採購、品管、設計、物流、財會、資訊、經營企劃、法務、門市、客服等部門。

(五) 營運計劃內容說明

1. 營運項目。
2. 營運模式收入來源與獲利模式。
3. 營運策略與方針。
4. 公司組織架構與編制人數。

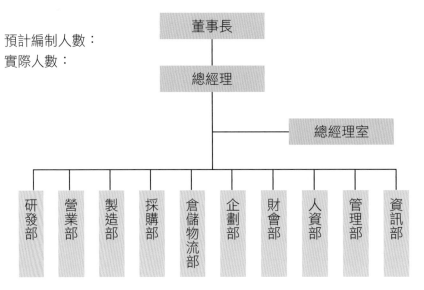

預計編制人數：
實際人數：

✏️ 功能組織架構與編制人數

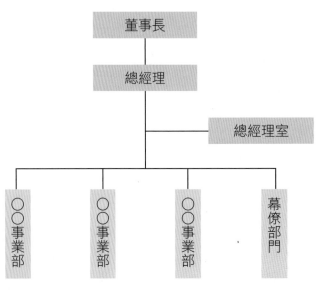

✏️ 事業部組織架構與編制人數

5. 營運計劃內容

  (1) S-T-P 架構分析

    ①Segment Market：市場區隔，市場在哪裡。

    ②Target Audience：鎖定目標客層、消費族群、客戶對象為何。

③Positioning：產品（品牌）定位。

(2) 行銷 4P/1S 計劃

①Product：產品策略與規劃。

②Price：定價策略與規劃。

③Place：通路策略與規劃。

④Promotion：推廣策略與規劃（銷售方式為何？）。

⑤Service：服務策略與規劃。

(3) 品牌打造計劃

①品牌元素設計（Logo 標誌、品名、設計、包裝、風格、Slogan 廣告語、型態、故事、色系、商標、精神、個性等）。

②品牌廣告宣傳與公關活動。

③品牌承諾。

(4) 其他重要計劃

①研發與技術計劃。

②採購計劃。

③生產自製（或代工）計劃。

④倉儲物流建置計劃。

⑤資訊建置計劃。

⑥店面設計與裝潢計劃。

⑦人力資源計劃。

⑧法務計劃。

(5) 國內外同業及異業合作結盟計劃。

(6) 員工績效獎金、年終獎金及股票分紅獎勵計劃。

(7) 中長期：中國大陸市場拓展計劃。

(8) 三年（或五年）每月／每年營收額成長目標計劃列表及說明。

(六) 資金規劃與財務預估

1. 個人／他人出資金額及比例。

2. 預計三年內資金需求額，是否有銀行借貸。

3. 第一年資金需求明細表，預估初期開辦費。

4. 預計第一次實收資本額。

5. 資金來源與方式（股東出資、銀行貸款、個人借貸）。

6. 預計股東成員。

7. 預計未來三年（或五年度）損益表。

8. 預計未來三年度現金流量表。

9. 預計損益平衡年度。

10. 預計投資報酬率。

11. 預計投資回收年限。

12. 銀行貸款償還計劃。

13. 預計營運六年後，申請股票公開上市櫃發行。

(七) 內部管理規劃

1. 組織架構與人力編制。

2. SOP（標準作業流程的製定）。

3. 員工獎勵制度辦法制定。

4. 資訊化處理建置。

5. 各部門人才招聘與挖角。

(八) 市場調查（可行性評估）

1. 服務業商圈地點市調。

2. 目標客層（消費者）需求市調。

3. 既有競爭對手現況掌握市調。

4. 通路商現況市調。

5. 市面產品、定價、成本與獲利市調。

6. 技術來源市調。

7. 人才來源市調。

8. 客戶來源市調。

(九) 風險性評估

1. 國內外景氣變動之影響。
2. 重要關鍵之零組件、原物料的來源。
3. 過度競爭壓力。
4. 客源流失。
5. 進入門檻太低。
6. 商圈移轉的改變。

(十) 關鍵成功因素分析

歸納並預計本創業計劃如何能夠成功之因素（EX：獨家特色、人才團隊、差異化、足夠財力準備、市場成長趨勢、產品力、通路力、知名證言人等）。

(十一) 結語

(十二) 附件

1. 市場調查結果報告書。
2. 產品技術說明書。
3. 產品代理說明書。
4. 國外原廠說明書。
5. 新事業發展與投資可行性評估報告書。
6. 其他附件。

補充說明

(一) 波特教授之產業獲利五力分析架構

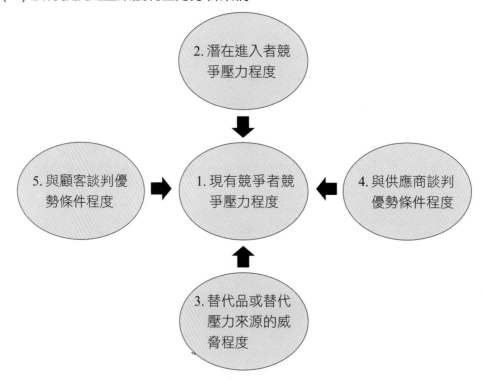

(二) 波特教授之三種競爭策略

1. 成本領導策略 (Cost Leadership Strategy)

降低成本與成本優勢領先七大構面：

(1) 降低人工成本。

(2) 降低零組件、原物料成本。

(3) 降低管銷費用。

(4) 生產線自動化程度提升，精簡用人數量。

(5) 不斷改善及精簡製程或服務流程，以提升效率。

(6) 強化人員訓練與學習力，加快作業效率。

(7) 準確預估銷售量，以降低庫存壓力，並精簡化產品項目及降低原有成本。

2. 差異化策略 (Differentiation Strategy)

(1) 產品外觀設計差異化。

(2) 產品功能差異化。

(3) 產品包裝差異化。

(4) 產品等級品質差異化。

(5) 售後服務差異化。

(6) 配送速度差異化。

(7) 品牌價值差異化。

(8) 服務人員素質差異化。

(9) 付款方式差異化（EX：分期付款）。

(10) 廣告宣傳差異化。

(11) 原物料材質差異化。

(12) 限量銷售的差異化。

3. 集中化策略 (Focus Strategy)

(1) 鎖定特定目標客群。

(2) 主攻某一特定市場。

(3) 專注某一特定產品線。

(三) 損益表製作參考

	1月	2月	3月	4月	5月	6月	7月	8月	9月	10月	11月	12月	合計
① 營業收入													
② 營業成本													
③＝①—② 營業毛利													
④ 營運費用													
⑤＝③—④ 營業損益													
⑥ 營業外收入與支出													
⑦＝⑤—⑥ 稅前淨利													
⑧ 營利事業所得稅													
⑨＝⑦—⑧ 稅後淨利													

(四) 製造與服務業營運管理循環架構

1. 製造業

(1) 主要活動

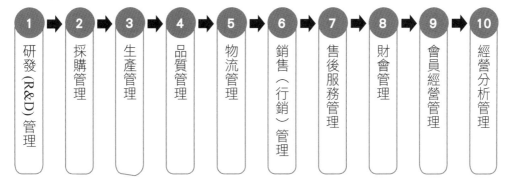

| 1 研發(R&D)管理 | 2 採購管理 | 3 生產管理 | 4 品質管理 | 5 物流管理 | 6 銷售(行銷)管理 | 7 售後服務管理 | 8 財會管理 | 9 會員經營管理 | 10 經營分析管理 |

(2) 製造業成功關鍵

①要有規模經濟效應化。

②研發力強。

③穩定的品質。

④企業形象與品牌知名度。

⑤不斷的改善,追求合理化經營。

2. 服務業

(1) 主要活動

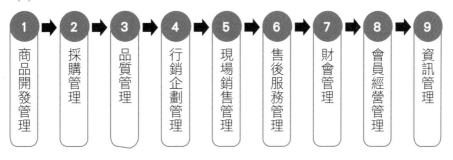

| 1 商品開發管理 | 2 採購管理 | 3 品質管理 | 4 行銷企劃管理 | 5 現場銷售管理 | 6 售後服務管理 | 7 財會管理 | 8 會員經營管理 | 9 資訊管理 |

(2) 製造業成功關鍵

　　①打造「連鎖化」、「規模化」經營。

　　②提升「人的品質」經營。

　　③不斷「創新」與「改變」經營。

　　④強化「品牌形象」的形象操作。

　　⑤形塑「差異化」與「特色化」經營。

　　⑥提高「現場環境」設計裝潢高級化。

　　⑦擴大「便利化」的營業據點。

二、青年創業貸款介紹（2020 年）

(一) 貸款人條件

1. 個人

　(1) 20～45 歲的台灣國民。

　(2) 在三年內受過政府創業輔導課程，且滿 24 小時或取得 2 學分證明。

　(3) 需登記在案出資額，佔公司資本額兩成以上，但立案公司不受此限。

2. 公司

　(1) 依法辦理成立、有商業登記或立案之公司，且登記、立案時間在五年以內。

　(2) 負責人若為國民，需符合 20～45 歲的限制並完成輔導課程。

　(3) 負責人若為外國人，除須年滿 20～45 歲外，並要取得台灣政府核發之「創業家簽證」。

(二) 創業貸款額

　依照不同用途，核貸最高額度不同：

1. 準備金及開辦費用：依法完成公司、商業登記、有限合夥登記或立案後八個月內提出申請，貸款額度最高為新臺幣 200 萬元。

2. 周轉性支出：營業所需周轉性支出，貸款額度最高為新臺幣 400 萬元。

3. 資本性支出：為購置（建）或修繕廠房、營業場所、相關設施、營運所需機器、設備及軟體等所需之資本性支出，貸款額度最高為新臺幣 1,200 萬元。

(三) 貸款利率

以中華郵政股份有限公司二年期定期儲金機動利率加 0.9%，機動計息（目前為 1.67%）。

(四) 償還年限

1. 準備金及開辦費用、周轉性支出
   貸款期限最長六年，含寬限期最長一年。
2. 資本性支出
   (1) 廠房、營業場所及相關設施：貸款期限最長十五年，含寬限期最長三年。
   (2) 機器、設備及軟體：貸款期限最長七年，含寬限期最長二年。
3. 寬限期滿後按月平均攤還本金或本息。
4. 貸放後，承貸金融機構得視個案實際需要調整期限與償還方式，不受前三項規定限制。

(五) 青創貸款銀行

台灣銀行、合作金庫、土地銀行、台灣中小企業銀行、第一商銀、彰化商銀、華南商銀、兆豐國際商銀、玉山銀行、上海商銀、永豐商銀、日盛國際商銀、新光銀行、花蓮第二信用合作社等。

(六) 青創貸款填寫資料

1. 青年創業貸款計畫書。
2. 借款申請書。
3. 負責人身分證正反面影本。
4. 負責人個人資料表與同意書。
5. 切結書。
6. 公司立案或登記證明。
7. 參與創業輔導課程證明。

(七) 青創貸款計劃書（表格）內容

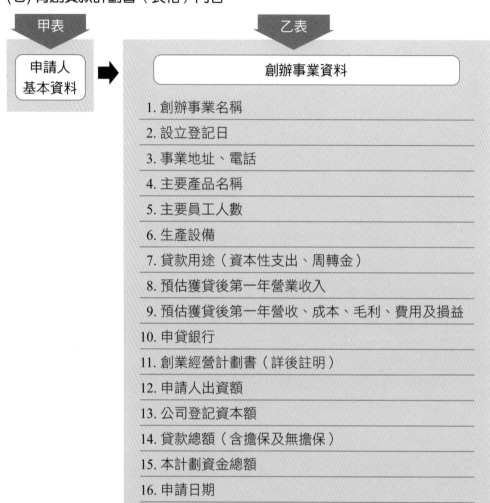

甲表　申請人基本資料　→　乙表

創辦事業資料

1. 創辦事業名稱
2. 設立登記日
3. 事業地址、電話
4. 主要產品名稱
5. 主要員工人數
6. 生產設備
7. 貸款用途（資本性支出、周轉金）
8. 預估獲貸後第一年營業收入
9. 預估獲貸後第一年營收、成本、毛利、費用及損益
10. 申貸銀行
11. 創業經營計劃書（詳後註明）
12. 申請人出資額
13. 公司登記資本額
14. 貸款總額（含擔保及無擔保）
15. 本計劃資金總額
16. 申請日期

(八) 創業經營計劃書（表格）三大部分

1. 經營現況：經營名稱、主要用途、品質水準、功能特點、客源等。
2. 市場分析：市場所在、目標客層、公司定位、如何擴大客源、銷售方式、行銷策略、行銷通路、競爭優勢、市場潛力、未來展望等。
3. 償貸計劃：依照預估損益表，說明償還貸款來源及債務履行方法。

(九) 青創貸款程序

1. 填寫上述所需文件。

2. 銀行接著會辦理：

   (1) 徵信調查。

   (2) 實地了解申請人所創事業的經營狀況。

3. 擔保品提供查核。

4. 撥貸（撥錢入帳）。

(十) 任何銀行評估信用五原則

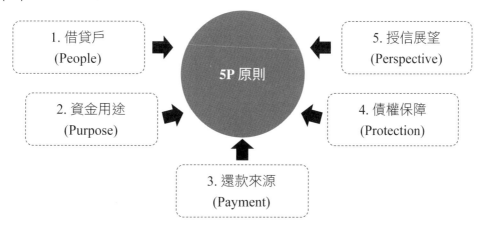

(十一) 青創諮詢電話

TEL：0800-056-476

網址：www.moeasmea.gov.tw/article-tw-2570-4238

(十二) 勞動部：微型創業鳳凰貸款

1. 20～65 歲：女性或設籍於離島之居民。

2. 45～65 歲：國民。

3. 適合小型規模商業適用（EX：民宿、餐廳、手工業、攤販、農林漁業）。

三、創業如何賺錢及為何虧錢

(一) 一般狀況下：新創公司

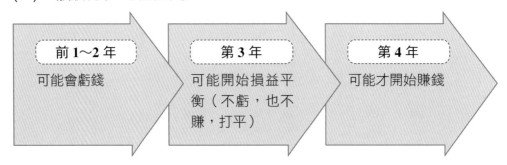

★前 1～2 年為何可能會虧錢

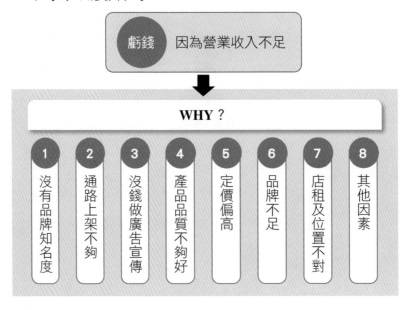

★第 3 年：損益平衡點

★第 4 年：開始獲利賺錢

　　當創業第 2 年～第 3 年時，顧客增多了，營收也增加了，此時，若超過損益兩平點時，此公司或此店就會開始獲利賺錢了。

| 每月營業收入
大幅增加 | 每月超過
損益兩平點 | 每月開始獲利
賺錢有 (Profit) |

(二) 從損益表：看創業公司虧錢五大原因

　　1. 不賺錢原因

　　　　(1) 營業收入不足、偏低。

　　　　(2) 營業成本偏高。

　　　　(3) 營業費用偏高。

　　　　(4) 毛利率偏低。

(5) 營業外支出偏高（EX：利息費用）。

2. 能賺錢原因

(1) 營業收入提高。

(2) 營業成本降低。

(3) 營業費用降低。

(4) 毛利率提高。

(5) 營業外支出降低。

(三) 創業公司如何提高營運收入

1. 改善提升產品品質、功能與設計。

2. 加強通路上架之普及。

3. 調整價格，有平價時尚感。

4. 增加推廣、廣宣、促銷預算。

5. 逐步打造出品牌力。

6. 強化服務力。

7. 其他對策（EX：門市店裝潢或提升人員銷售力等）。

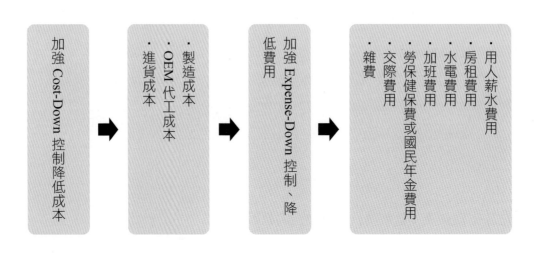

(四) 毛利率

一般水準	較高水準
3～4 成 (30～40%)	5～7 成 (50～70%)

指粗的利潤率，還沒有扣除公司營業費用之前的毛利潤。

狀況 1：毛利率足夠	狀況 2：毛利率偏低
毛利率 －營業費用	毛利率 －營業費用
營業淨利	營業虧損

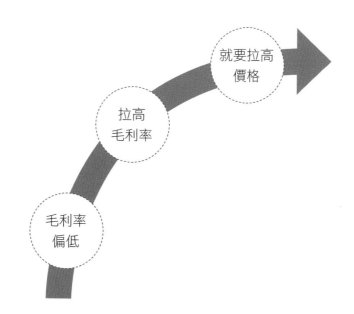

四、現金流量 (Cash-Flow)

企業每日現金流量，猶如人體的心臟，供應血液流動。一旦血液不足，心臟產生問題，公司就掛了！

每天現金流入（收入）	每天現金流出（支入）
＝每天現金淨流入 或每天現金淨流出	OK！ 不 OK！

(一) 每天現金足夠：公司就不會關門、倒閉

(二) 每天現金不足：公司很快就會倒閉、關門結束營業

(三) 現流不足解決之道

　1. 短期對策

　　(1) 各位股東再增資，再拿錢出來。

　　(2) 再向銀行借錢。

　2. 長期對策

　　(1) 徹底改善營運現況。

　　(2) 換掉 CEO（執行長），聘任更有能力的專業人才。

五、資產負債表與財務槓桿運用

(一) 資產負債表 (Balance-Sheet)

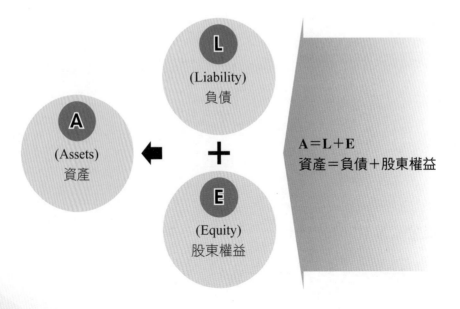

1. 股東權益：愈高愈好！
2. 負債：愈低愈好！

　　負債比不能超過 50%（即向銀行借錢最高只能借到一半；另一半要股東們自己出錢）。

　　最好、最適當的財務結構：

股東權益	vs.	負債
70%	或	30%
80%		20%

(二) 財務槓桿運用

1. 企業有時候要加速擴大經營規模或經營版圖，必然要向銀行貸款，取得資金，才能加速壯大，但占比不能超過 50%，以免產生負債偏高的風險。
2. 若借款利率很低（僅 3～4%），正是借款，擴大營運好時機！
3. 只要企業獲利率大於銀行貸款利率，就值得適當借款經營，藉機壯大！

六、公司申請上市櫃，創造企業價值

(一) 上市櫃目的

1. 從大眾市場取得資金。
2. 企業形象較佳。
3. 創造企業總市值。
4. 員工可以獲得分紅。

原始	上市櫃後
每張股票面值：10 元	股票：升到 400 元（EX：王品）
資本額：5 億	公司市值：5 億×40 倍＝200 億

當初 5 億價值的公司，如今變成 200 億價值，成長 40 倍了。

(二) 王品餐飲集團上市：員工獲利分紅配股

1. 高階主管每人淨賺，至少 1,000 萬元以上。

2. 中階主管每人淨賺，至少 300 萬元以上。

3. 基層員工每人至少一張股票，淨賺 47 萬元。

　　能自己創業成功最好！否則，畢業後應努力找到中大型公司就業，比較有保障。

七、創業企劃案撰寫案例大綱參考（7 個案例）

案例 01
創業直營連鎖店經營企劃案架構

　　花店、咖啡店、早餐店、中餐店、冰店、飲食店、西餐店、服飾店、飾品店、麵包店、火鍋店等。

(一) 開創行業的競爭環境分析與商機分析

(二) 開創行業的公司定位與鎖定目標客層

(三) 開創行業的競爭優劣勢分析

(四) 開創行業的營運計劃內容說明

1. 營運策略的主軸訴求。

2. 連鎖店命名與 Logo 商標設計。

3. 店面內外統一識別 (CI) 的設計。

4. 店面設備與布置概況圖示。

5. 產品規劃與產品競爭力分析。

6. 產品價格規劃。

7. 每家店的人力配置規劃。

8. 通路計劃：第一家旗艦店開設地點及時程。

9. 預計三年內開設的據點數分析。

10. 店面服務計劃。

11. 店面作業與管理計劃。

12. 資訊計劃。

13. 廣告宣傳與公關報導計劃。

14. 總部的組織計劃與職掌說明。

15. 每家店的每月損益概估及損益平衡點估算。

16. 前三年的公司損益表試算。

17. 第一年資金需求預估。

18. 投資回收年限與投資報酬率估算。

19. 產品生產（委外製造）計劃說明。

(五) 結語

案例 02

某「養生早餐店」企劃案

(一) 市場分析

1. 產業分析。

2. 消費者習性分析。

3. 產業未來展望與發展趨勢。

4. 五力分析。

5. 商圈分析。

(二) 店鋪資料

1. 創業動機。

2. 店鋪品牌。

3. 組織架構。

(三) 經營概念分析

1. 經營特點。

2. 財務規劃。

3. SWOT 分析。

4. 成功機會。

(四) 店鋪規劃

1. 店鋪位置。

2. 開店工作分配。

3. 店鋪平面圖金。

4. 設備清單。

5. 品項與材料。

(五) 經營模式

1. 採購策略。

2. 定價策略。

3. 銷售策略。

(六) 預期收益

1. 銷售預測。

2. 財務報表（損益表）。

案例 03

餐飲集團切入中式料理「干鍋上市開賣」之策略分析企劃書

(一) 本案緣起與背景

1. 中國大陸干鍋主題餐廳崛起。

2. 本公司缺乏中式料理。

3. 進入平價餐飲市場。

(二) 本案產品研發結果餐飲製作人才來源及干鍋食材來源分析

(三) 干鍋每餐成本結構分析及成本試算

(四) 產品主軸：套餐＋單點

(五) 定價策略：鎖定在 200～250 元的平價策略

(六) 干鍋的市場調查與試吃結果：支撐干鍋的市場可行性

(七) 本公司旗下各品牌客單價

  1. ○○牛排：1,200 元（美式）。

  2. ○○鐵板燒：1,100 元（美式）。

  3. ○○懷石料理：1,100 元（日式）。

  4. ○○烤肉店：600 元（日式）。

  5. △△牛排：500 元（美式）。

  6. ○○和風料理：500 元（日式）。

  7. ○○火鍋：330 元（中式）。

  8. ○○炸豬排：250 元（日式）。

  9. ○○干鍋：200～250 元（中式）。

(八) 預計正式上市推出第 1 家店：10 月中旬

(九) 總開出店數目標：5 年 50 家店為總目標

(十) 未來 5 年在不同店家數下之損益預估表

    預計第二年起，達○○○家時，即可損益平衡。

(十一) 干鍋主題餐廳鎖定的目標客層

    喜愛川味辣味鐵鍋中式餐飲的年輕上班族群，及廣大的中低收入族群主力市場。

(十二) 品牌定位：平價（低價）中式辣味及自選菜色鐵鍋式的主題式餐飲

案例 04

某加盟創業計劃書

(一) 加盟總部之分析

  1. 公司簡介

    (1) 企業沿革。

    (2) 組織架構。

    (3) 經營理念。

    (4) 成功之道。

(5) 企業現況。

(6) 未來發展。

2. 經營方式。

(二) 創業資金來源

1. 所需創業資金。

2. 創業資金來源。

(三) 設定各階段目標

1. 企業實施時間計劃。

2. 營運目標。

3. 經營方式。

(四) 財務規劃

1. 開辦費。

2. 人事費用。

3. 營業收入計劃。

4. 回收期間。

5. 損益表。

(五) 經營權模式建立

1. 經營型態。

2. 經營團隊。

(六) 經營風險評估

1. 整體風險評估。

2. 加盟○○○○ SWOT 分析。

3. 商圈環境 SWOT 分析。

(七) 結論與附錄

1. 附錄一：資料來源。

2. 附錄二：加盟方式簡表。

3. 附錄三：青年創業貸款。

4. 附錄四：產品介紹。

案例 05

台灣面膜市場商機分析報告案

(一) 台灣面膜市場總產值分析

1. 面膜總生產量分析。
2. 面膜總銷售量與銷售額分析。

(二) 台灣面膜市場產業價值鏈分析及成本結構分析

1. 面膜上中下游產業結構分析。
2. 面膜主力生產業者分析。
3. 面膜成本結構分析。

(三) 台灣面膜市場主要競爭手分析

1. 前三大面膜品牌競爭力分析。
2. 零售商自有品牌面膜競爭力分析。

(四) 台灣面膜行銷通路結構分析

1. 開放式通路。
2. 電視購物通路。
3. 網路購物通路。
4. 專櫃通路。
5. 其他通路。

(五) 台灣面膜產品類型與占比結構

1. 紙面膜與粉面膜。
2. 美白型面膜與其他型面膜。

(六) 台灣面膜價格結構分析

1. 高價位面膜。
2. 中價位面膜。
3. 低價位面膜。

(七) 台灣面膜消費市場未來成長前景預估與成長因子

(八) 台灣面膜使用者（消費者）結構

(九) 台灣面膜市場行銷策略與商機

(十) 本公司面對台灣面膜商機的因應對策

　1. 製造（委製）策略。

　2. 產品規劃策略。

　3. 定價規劃策略。

　4. 通路規劃策略。

　5. 推廣規劃策略。

　6. 預計上市日期策略。

　7. 預計前三年可銷售金額狀況。

　8. 預計前三年損益狀況。

(十一) 結語與裁示

案例 06

某餐飲集團引進日本厚式炸豬排「投資企劃」報告書

(一) 本案緣起

(二) 日本原式炸豬排飯○○○餐飲連鎖店公司參訪結果報告

　1. 該公司背景與營運現況簡介。

　2. 該公司產品組合及特色分析。

　3. 該公司的通路策略及發展現況。

　4. 產品定價策略。

　5. 產品成本結構及獲利概況。

　6. 該品牌在日本同業市場的排名地位。

　7. 該產品食材來源分析。

　8. 該產品供應烹煮做法及要訣分析。

　9. 該連鎖店的主要客群分析。

10.該鎖店的損益平衡點的來客數及營業額分析。

11.該公司願意提供技術合作的條件。

12.參訪總結與建議。

(三) 引進台灣市場的可行性評估

1. 台灣餐飲市場類型發展與趨勢分析。

2. 台灣日式餐飲市場分析

(1) 市場規模值。

(2) 主要業種。

(3) 主要參與公司經營組織。

(4) 主要顧客群分析。

(5) 未來可以介入的利基市場與空間。

3. 可行性評估要點

(1) 市場空間可行性。

(2) 目標客層可行性。

(3) 競爭現況可行性。

(4) 產品製作技術可行性。

(5) 食材來源可行性。

(6) 資金需求可行性。

(7) 經營人才可行性。

(8) 總結。

(四) 成立○○○品牌餐飲連鎖店初步投資企劃方向說明

1. 新品牌名稱：日式「○○○」品牌。

2. 產品定位（品牌定位）：平價、優質及日式口味。

3. 價格：每餐 200～250 元的平價位。

4. 目標客層：上班族群（25～40 歲）。

5. 產品組合餐：計五種主力餐選擇。

6. 預計直營店數：第一年：3 家

　　　　　　　　第二年：累計 8 家

　　　　　　　　第三年：累計 15 家

第四年：累計 20 家

第五家：累計 30 家

7. 預計投資金額（資金需求）：前三年資金需求：○○○○萬元。

8. 餐飲技術來源：第一年由日本○○公司派廚師指導支援。

9. 食材來源：區分為台灣本地及日本進口兩個部分。

10. 預計第一家直營店開店時間。

11. 儲備專案小組組織表及人力分工表（附件）。

12. 第一家店預計開設地區：台北市大安區敦化南路辦公大樓巷道區。

13. 店面設計風格、員工服裝風格：參仿日本○○連鎖店的日式裝潢風格。

14. 每店營收額預估（第 1 個月～第 12 個月）。

15. 每店損益平衡點預估。

16. 每店獲利時間點預估。

17. 每一年～每三年：全部店數之損益表預估。

(五) 結論與裁示

案例 07

向銀行申請中、長期貸款之「營運計劃書」大綱

(一) 本公司成立沿革與簡介

(二) 本公司營業項目

(三) 本公司歷年營運績效及概況

  1. 國內外客戶狀況。

  2. 內銷與外銷比例。

  3. 歷年營收額與損益概況。

  4. 各產品銷售額及占比。

  5. 本公司在同業市場的地位排名。

(四) 本公司組織表及經營團隊現況

(五) 本公司財務結構現況

(六) 本公司面對經營環境、產業環境及全球市場環境之有利及不利點分析

(七) 本公司經營的競爭優勢及核心競爭能力分析

(八) 本公司未來三年的經營方針與經營目標

(九) 本公司未來三年的競爭策略選擇

(十) 本公司未來三年的業務拓展計劃

(十一) 本公司未來三年的產品開發計劃

(十二) 本公司未來三年的技術研發計劃

(十三) 本公司未來三年的兩岸設廠的投資計劃

(十四) 本公司未來三年的財務（損益）預測數據

(十五) 本公司未來三年的資金需求及資產運用計劃

(十六) 結語

(十七) 附件參考

八、評論一份創業企劃書的六個重點

(一) 看完整性（勿有遺漏）。
(二) 看可行性（此創業可不可行）。
(三) 看創造性（創出新商機、新模式）。
(四) 看學術理論與企業實務的結合性。
(五) 看經驗性（過去是否有相關方面之充分經驗）。
(六) 看人才團隊性（人才夠不夠專業）。

九、掌握創業成功十大基本要件

(一) 人才團隊（經營團隊）是否適任。

(二) 行業與行業項目選擇與切入的正確性，以及是否還有商機空間的判斷力。

(三) 是否真的擁有掌握到這個行業的關鍵成功因素。

(四) 三年財力資金的準備是否沒有問題。

(五) 在經營過程中是否能夠不斷的調整營運對策、方針與做法。

(六) 地點選擇的正確性（指服務業）。

(七) 創業者個人或團隊的強烈事業企圖心與意志力。

(八) 具備成功的企業領導力與管理力。

(九) 要有耐心、堅持及高度視野。

(十) 要有膽識而且用心投入，不斷改善精進。

十、創業較易成功的行業

(一) 餐飲連鎖業（各式各樣吃的、喝的）。

(二) 觀光大飯店、旅遊業（中國觀光客來台、國人旅遊）。

(三) 網際網路、電子商務業。

(四) 委外行業（EX：廣告、公關、整合行銷、數位行銷設計公司）。

(五) 代理國外品牌精品業。

(六) 化妝保養品業。

(七) 銀髮族業。

(八) 科技產品與零組件業。

(九) 創新服務業。

(十) 其他可能的行業。

十一、創業較易成功的個人特質

(一) 有旺盛企圖心的人。

(二) 有很多點子、想法的人。

(三) 寧為雞頭不為牛尾的人。

(四) 敢冒險的人。

(五) 不喜歡上班族固定生活的人。

(六) 有膽識的人。

(七) 追逐金錢的人。

(八) 追求自我實現、有願望的人。

(九) 人脈關係良好的人。

(十) 不能太內向的人。

(十一) 果斷、堅定，不會優柔寡斷的人。

(十二) 不易有挫折感的人。

(十三) 天生較樂觀的人。

(十四) 抗壓性高的人。

(十五) 想領導別人的人。

(十六) 敢於實踐行動的人。

(十七) 機會成本比較低的人（EX：現在領的月薪不會太高）。

(十八) 學歷不用太高的人。

十二、常見的不良創業（創店）現象

(一) 開店技術面

問題點	解決之道
1. 地點選錯	根據主力客層選合適地點，而非光篩選租金高低
2. 沒有特色	從店名、商品到服務，讓客人牢牢記住你的店
3. 定價錯誤	站在消費者角度思考，價格訂多少接受度高
4. 本末倒置	賣吃要好吃、賣包要好用，從本質思索商品設計
5. 不懂包裝行銷	包裝行銷不是貴在美輪美奐，口碑行銷最不花錢

(二) 老闆態度面

問題點	解決之道
1. 荷包太滿錢太多	把口袋的錢當最後一根火柴棒，嚴格控管財務，勿過度裝潢擴店
2. 眼高手低不實際	創業要有衝勁，但切記勿過度樂觀，時時觀察市場趨勢，勿過度閉門造車
3. 姿態高比客人大	心中再不爽、客人永遠是老大，特別是異業轉戰，放下過往身分地位再創業

十三、事業永續經營成功的十大關鍵因素（非指創業而是指廣泛性現有的企業）

【因素 1】人的因素（最根本）：優質經營團隊，人才團隊

經驗豐富、人才優秀、人才多、人才忠誠度高、人才向心力強、組織能吸引到好人才。

【因素 2】品牌信賴因素

有品牌力支持、高知名度、高喜愛度、高忠誠度、高依賴度。

【因素 3】高品質 (High Quality) 產品力因素

研發人才強大、商品開發力強大、製造品質強大。

【因素 4】不斷創新、精進領先競爭對手因素

【因素 5】企業領導人卓越因素

【因素 6】在不同階段都能快速掌握新商機因素

【因素 7】大者恆大因素

【因素 8】策略成功因素

低成本策略、差異性策略、獨家特色策略、聚焦專注策略、平價時尚策略、功能創新策略、頂級服務策略。

【因素 9】有願景力因素

設定每一階段的事業願景與目標，供全體員工努力邁進，永不倦怠。

【因素 10】善盡企業社會責任，企業形象良好因素

EX：台積電、富邦、統一企業、統一超商、新光三越、遠東 SOGO 百貨、中國信託、花旗銀行、王品餐飲、華碩、宏達電子 HTC、國泰等。

十四、聽取企劃案報告時，十九個原則重點

【原則 1】Show Me the Money

現在董事長要聽取報告，首要的原則：即是此報告要能夠為公司創造獲利賺錢、要能提升產值效益為基本目標。因此任何報告都應考慮到，一定要寫到這方面的內容才行。

【原則 2】要有數據分析、效益分析

董事長非常重視報告案中一定要有數據分析，要呈現出營收數據分析，成本數據、效益數據及各種營運數據，如此董事長才能做決策及下指示。任何報告不能只有文字報告。而沒有數據報告及效益分析報告，包括業務單位及幕僚單位均是如此，董事長要求每位幹部要有強烈的數據概念才行。

【原則 3】比較分析

在數據分析中，還要記住要有比較分析才行。包括：跟同業比較分析、跟去年同期比、跟上月比、跟整體市場比、跟預算／實際比、跟現在／未來比。透過比較分析，才能知道進步或退步、贏或輸、以及可能潛在的問題在哪裡。

【原則 4】要有市場大數法則觀念

董事長經常強調撰寫報告的內容要有市場法則，亦則報告內容要有邏輯性 (Logic)、合理性 (Make Sense)、符合市場現況性及可達成性。只要違背這些原則的報告，就是不值得看。

【原則 5】要有具體、可行的做法

董事長經常問：您打算怎麼做？有什麼行動方案 (Action Plan)？有什麼創新做法？是否具體、可行？或是被認為可行性低，不會有效果的。因此，一定要能向董事長證明這是最可行性的方案，提出證明或數據、邏輯推演或過去經驗等來做支持點，支持這樣的做法可以成功及可行性高。

【原則 6】要有死命達成預算的決心與方法

預算達成是董事長聽取報告的最終關切點，預算若不達成，一切報告都是虛功。董事長要求任何公司、任何事業部單位的實績與預算差距要在 5% 以內，否則就是失控，部門失控、人員失控。

【原則 7】報告要能抓到要點、要會下結論

董事長通常無太大耐心聽取冗長及沒有切入要點的報告、經常問結論是什麼？因此，寫報告要盡可能精簡化、重點化、結論化，不必長篇大論。因為董事長已聽過幾百、幾千個各式各樣的報告，因此看報告速度非常精準、快，我們要因應這種變化。

【原則 8】要能借鏡國內外第一名做法成功案例及經營模式

國內外第一名做法及成功案例，值得我們參考借鏡，也才能指出正確的方向，才能事半功倍，不必自己浪費時間及浪費成本胡亂摸索。經由模仿，加快速度、創造業績。

【原則 9】要能有成本概念

要賺一筆錢很困難，但要花一筆錢成本支出是很容易。董事長強調任何一筆支出前，都要慎重思考及評估，要看它具體的效益是否真的會產生。每個人心中一定要有成本數據的意識及敏感性。尤其，董事長看到要花錢的報告就會提出很多問題來。

【原則 10】要以四力為根本

董事長強調任何好業績的創造，都是根植於四個力：

1. 產品力。
2. 行銷力。

3. 服務力。

4. 執行力。

只要業績不好或沒有達成預算，就一定是這四力中的某力發生問題。在報告中要從四力中去發現問題及解決問題。

【原則 11】要有強大執行力的展現

董事長認為有良好完整的規劃報告還不夠，只完成一半，後面一半就要看是否有強大的組織執行力。執行力不嚴格、不徹底、沒有紀律、沒有決心，業績自然不會好。光會寫報告，但執行力差，最終效果還是沒有出來。

【原則 12】要找到對的人去規劃或執行

董事長強調組織內每個人的專長及才華都不同，有人專長在思考規劃、有人專長在貫徹執行，因此找到對的人、適當的人，是很重要的。因此，每個主管一定要能在人力安排上適才適所。

【原則 13】執行之前，要做適當的市場調查

董事長認為我們應該再加強市場調查或市場研究的工作。

例如：是否可以提高保險產品銷售成功的精準性？是否可以多做一些事前的電話市調，掌握主顧客的需求，減少產品的失敗率。

【原則 14】隨時提出檢討報告，機動調整彈性應變

董事長要求在新的一年裡，各事業部門單位及各後勤支援單位，都應該以每週為單位，隨時提出業績數據的檢討及分析報告，並研擬因應對策，不斷調整、改變及加強，直到業績回到原訂預算為要求目標。因此，各業務及幕僚單位，都要隨時提出分析與改進對策報告。

【原則 15】跨部門討論

董事長經常問：這個報告有沒有跟哪些部門討論過。因此，撰寫報告必須做好跨部門、跨主管的討論會議，以集思廣益、建立共識，有利團隊合作。

【原則 16】報告的完整性

　　董事長要求撰寫報告完成之後，要再仔細的思考一下，看看是否有遺漏的地方，使報告的每個面向及每個環節都能被考慮到、被想到，而使報告的撰寫能夠達到完整性的目的。因此，須多思考，提升自己的思考力。

【原則 17】戰術兼具戰略觀點

　　董事長是一個了解戰術行動，又同時能兼具戰略觀點的領導者，因此，撰寫報告時，要能見樹又見林；要能站在高處看，才能看得遠、看得深及看得廣，培養戰略性視野的能力。撰寫報告不能只往狹處看，要能跳高、跳遠來看待一切事情，這樣每個人才能夠不斷成長與進步。

【原則 18】沒有其它方案了嗎？（多個方案並呈）

　　撰寫報告提出方案計劃時，如果董事長並不滿意此案或認為此方案不可行時，經常會問：沒有其它方案了嗎？因此，我們應注意最好提出不同思考方向的備案，以多方案並呈說明為宜。要站在董事長的思考層次，來提出多元化的比較性方案，以利董事長正確的決策與指示。

【原則 19】提出新計劃時，最好提出與舊計劃或舊作業方式之效益比較

　　董事長也經常問新方案、新方式、新制度、新人力配置、新作業與既有的方式，兩者相互比較，何者效益為大的問題考量。

十五、撰寫任何報告或企劃案時，應思考的十要點：6W/3H/1E

1. What	做什麼事？達成何種目標？
2. Why	為何如此做？為何是如此方案？為何是如此做法？為何是如此策略？
3. Who	派誰去做？派哪些團隊去做？人才在哪裡？
4. Where	在哪裡做？
5. When	何時做？時程表為何？
6. Whom	對誰做？
7. How to Do	如何做？計劃為何？方案為何？策略為何？方式為何？
8. How Much	花多少錢做？預算多少？

9. How Long	做多久？多長時間？
10. Evaluation	有形效益及無形效益評估

十六、提高企劃力的八力

(一) 組織力。

(二) 資訊情報力。

(三) 邏輯力。

(四) 前瞻力。

(五) 創造力。

(六) 表現力。

(七) 協調力。

(八) 說服力。

十七、企劃人員成功的九大守則

(一) 加強充實學理知識本質學能。

(二) 不斷吸收工作上多層面實務知識。

(三) 加強外部人脈存摺。

(四) 隨時了解外部環境的變化。

(五) 應多做小組討論，集思廣益使其更完整。

(六) 做好跨部門溝通協調。

(七) 精進電腦文書及簡報的美編能力。

(八) 自我不斷進步，超前公司的發展步伐，力求創新。

(九) 要成為對公司有生產力、貢獻力價值的幕僚人員。

十八、企劃人員的七大禁忌

(一) 切忌紙上談兵。

(二) 切忌只做規劃，而不關心其他部門執行的狀況。

(三) 切忌一案到底，應隨時提出調整方案。

(四) 切忌高高在上，應避免其他部門的不配合或製肘。

(五) 切忌內部一言堂，應有自己獨立的思考及見解。

(六) 切忌匆匆提出不成熟企劃案誤導大家。

(七) 不能道聽塗說，應求證。

十九、PPT 簡報撰寫原則

(一) 簡報撰寫的美編水準要夠；一眼望穿，這是精心編製的高水準美編表現。美編猶如一位女生的外在打扮及化妝，是一個外在美的表現。

(二) 簡報撰寫要注意它的邏輯性順序；簡報的大綱及內容一定要有邏輯性與系統性的撰寫表現，就像一部好電影一樣，從頭到尾都很有邏輯性的發展，不可太混亂。

(三) 簡報撰寫要掌握圖優於表，表優於文字的表達方式；不能寫太冗長的文字，但也不能寫太少的文字，能用圖形或表格方式表達的，絕對優於一大串的文字內容，因為圖表有使人一目瞭然之良好效果。

(四) 簡報內容一定要站在對方（聽簡報者）的角度立場為出發點；包括客戶的角度及立場、老闆的角度及立場、股東的角度及立場、投資事業的角度及立場、合作夥伴的角度及立場、消費者的角度及立場等。

(五) 簡報撰寫內容要從頭到尾多看幾遍、多討論幾次，一定要盡可能完整周全，勿有遺漏處。多想想對方會問些什麼問題，盡可能在簡報內容裡一次呈現，才代表一個完美 (Perfect) 無懈可擊、可圈可點的簡報內容。

(六) 簡報撰寫內容要給對方高度的信心，且沒有太多的質疑。簡報內容要展現出貴公司團隊及專案小組已有萬全的準備及經驗。

(七) 簡報撰寫要「To the point」（切中要點，精準有力）。

(八) 簡報內容應適度運用一些有學問的及有學識基礎的專業理論用詞串在裡頭。如果能夠「實務＋學問」，那就是一項頂級的簡報內容了。因為，有時候聽簡報的對象可能都是老闆級、高階主管級、專業性很強的，或是碩、博士以上學歷的一群人，要展現出有學識基礎的專業東西出來。
例如：法說會、國外策略聯盟合作案、大型客戶會談等。

二十、理想簡報人，注意要點

(一) 簡報人必須事前對簡報內容有充分的演練及熟悉，而不是一個簡報機器而已。一定要讓對方感受到：您的事業、您的投入、您的用心、您的準備，以及您帶給對方的信賴感。

(二) 簡報人要看對方的階層與職務，而派出相對的負責簡報人員。

(三) 簡報時間應該好好掌握，務必在對方要求的時間內完成。原則上，一項簡報應盡可能在 30 分鐘內完成，除非是超大型的簡報，涉及很多專業面向，才能夠超過 30 分鐘。

(四) 簡報人應展現的「態度」是：謙虛中帶有自信、誠懇中帶有專業、平實而不浮華、團體而非個人英雄。

(五) 簡報人不宜緊張，要有大將之風，要見過世面。

(六) 簡報人口齒應清晰、服裝應端莊、精神應有活力、神情不宜太侷促、要面帶笑容、落落大方、說話要吸引別人注意。

國家圖書館出版品預行編目(CIP)資料

企劃案撰寫實務：理論與案例／戴國良著; --
二版. -- 台北市：五南圖書出版股份有限公司,
2022.12
　面；　公分

ISBN 978-626-343-538-4(平裝)

1.CST: 企劃書

494.1　　　　　　　　　　111018924

1FAH

企劃案撰寫實務：
理論與案例

作　　者 ― 戴國良

發 行 人 ― 楊榮川

總 經 理 ― 楊士清

總 編 輯 ― 楊秀麗

主　　編 ― 侯家嵐

責任編輯 ― 吳瑀芳

文字校對 ― 許宸瑞

封面設計 ― 王麗娟

出 版 者 ― 五南圖書出版股份有限公司

地　　址：106台北市大安區和平東路二段339號4樓

電　　話：(02)2705-5066　　傳　　真：(02)2706-6100

網　　址：https://www.wunan.com.tw

電子郵件：wunan@wunan.com.tw

劃撥帳號：01068953

戶　　名：五南圖書出版股份有限公司

法律顧問：林勝安律師事務所　林勝安律師

出版日期：2020年11月初版一刷
　　　　　2022年10月初版二刷
　　　　　2022年12月二版一刷

定　　價：新臺幣520元

經典永恆・名著常在

五十週年的獻禮 —— 經典名著文庫

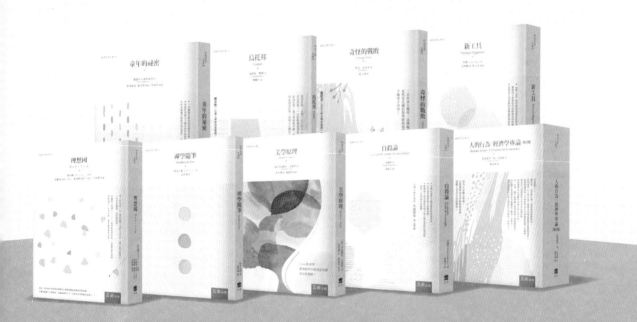

五南，五十年了，半個世紀，人生旅程的一大半，走過來了。

思索著，邁向百年的未來歷程，能為知識界、文化學術界作些什麼？

在速食文化的生態下，有什麼值得讓人雋永品味的？

歷代經典・當今名著，經過時間的洗禮，千錘百鍊，流傳至今，光芒耀人；

不僅使我們能領悟前人的智慧，同時也增深加廣我們思考的深度與視野。

我們決心投入巨資，有計畫的系統梳選，成立「經典名著文庫」，

希望收入古今中外思想性的、充滿睿智與獨見的經典、名著。

這是一項理想性的、永續性的巨大出版工程。

不在意讀者的眾寡，只考慮它的學術價值，力求完整展現先哲思想的軌跡；

為知識界開啟一片智慧之窗，營造一座百花綻放的世界文明公園，

任君遨遊、取菁吸蜜、嘉惠學子！